机械基础

（第2版）

主　编　范　军　吴泽军　胥　进
副主编　冯垒鑫　宋　兵　马利军
参　编　陈小玲　王　媛　何　霞　李　益
主　审　陈德航

北京理工大学出版社
BEIJING INSTITUTE OF TECHNOLOGY PRESS

内容提要

本书根据教育部颁布的中等职业学校专业课程教学大纲，并参照相关的最新国家职业技能标准和行业职业技能鉴定规范中的有关要求编写而成。

考虑本书既有理论性又有实践性的特点和机电液一体化的发展趋势，将本书分为八个项目，包括认识机械零（部）件、熟悉工程材料、认识工程力学（选学）、认识机械连接、认识机械传动、认识常用机构、认识液压传动、熟悉节能环保与安全等方面的知识及训练。

本书可作为中等职业技术学校机电、数控技术应用专业及相关专业的教学用书，也可供中、高职衔接加工制造类专业中职段相关课程教学使用，还可作为相关行业的岗位培训教材及自学用书。

图书在版编目（CIP）数据

机械基础 / 范军，吴泽军，胥进主编. —2版. —北京：北京理工大学出版社，2019.10
ISBN 978-7-5682-7769-3

Ⅰ.①机…　Ⅱ.①范…②吴…③胥…　Ⅲ.①机械学　Ⅳ.①TH11

中国版本图书馆CIP数据核字（2019）第239879号

出版发行 / 北京理工大学出版社有限责任公司
社　　址 / 北京市海淀区中关村南大街5号
邮　　编 / 100081
电　　话 / （010）68914775（总编室）
　　　　　（010）82562903（教材售后服务热线）
　　　　　（010）68948351（其他图书服务热线）
网　　址 / http://www.bitpress.com.cn
经　　销 / 全国各地新华书店
印　　刷 / 定州市新华印刷有限公司
开　　本 / 787毫米×1092毫米　1/16
印　　张 / 19
字　　数 / 445千字
版　　次 / 2019年10月第2版　2019年10月第1次印刷
定　　价 / 44.00元

责任编辑 / 封　雪
文案编辑 / 封　雪
责任校对 / 周瑞红
责任印制 / 边心超

北京理工大学出版社中等职业教育加工制造类系列教材

专家委员会

主任委员：

邓三鹏：天津职业技术师范大学

副主任委员（排名不分先后）：

范　军：四川职业技术学院

孙建军：天津职业技术师范大学

王晓忠：无锡机电高等职业技术学校

胥　进：四川省射洪县职业中专学校

杨　捷：武汉机电工程学校

张国军：盐城机电高等职业技术学校

周旺发：天津博诺机器人技术有限公司

委员（排名不分先后）：

白桂彩：连云港工贸高等职业技术学校

蔡万萍：江苏省射阳中等专业学校

陈　冰：江苏省连云港中等专业学校

陈德航：四川职业技术学院

陈海滨：江苏省海门中等专业学校

陈洪飞：江苏省常熟职业教育中心校

陈　丽：武汉机电工程学校

党丽峰：镇江高等职业技术学校

董国军：四川省射洪县职业中专学校

范次猛：无锡交通高等职业技术学校

韩喜峰：武汉机电工程学校

姜爱国：无锡交通高等职业技术学校

乐　为：盐城机电高等职业技术学校

李菲飞：江苏省海门中等专业学校

李　海：普宁职业技术学校

李志江：江苏省徐州技师学院

刘科建：江苏省徐州技师学院

刘衍益：无锡交通高等职业技术学校

刘永富：无锡机电高等职业技术学校

卢　松：江苏省淮安工业中等专业学校

陆浩刚：江苏省惠山中等专业学校

马利军：四川省射洪县职业中专学校

石　磊：武汉机电工程学校

唐建成：江苏省徐州技师学院

滕士雷：无锡机电高等职业技术学校

王　著：盐城机电高等职业技术学校

王红梅：唐山劳动技师学院

王锦昌：江苏省连云港中等专业学校

王志慧：连云港工贸高等职业技术学校

邬建忠：江苏省惠山中等专业学校

吴　玢：苏州工业园区工业技术学校

吴泽军：四川省射洪县职业中专学校

夏宝林：四川职业技术学院

夏春荣：无锡交通高等职业技术学校

邢丽华：无锡机电高等职业技术学校

徐自远：无锡机电高等职业技术学校

杨耀雄：河源技师学院

郁　冬：江苏省靖江中等专业学校

喻志刚：武汉机电工程学校

翟雄翔：扬州高等职业技术学校

张立炎：清远工贸职业技术学校

张　萍：无锡机电高等职业技术学校

张长红：连云港工贸高等职业技术学校

钟伟东：河源技师学院

周成东：盐城机电高等职业技术学校

周　静：江苏省盐城高级职业学院

周亚男：唐山劳动技师学院

周　玉：四川省射洪县职业中专学校

周中艳：江苏安全技术职业学院

庄金雨：宿迁经贸高等职业技术学校

前　言

本书根据教育部颁布的中等职业学校专业课程教学大纲，并参照相关的最新国家职业技能标准和行业职业技能鉴定规范中的有关要求编写而成。编者以"专业与产业、职业岗位对接，专业课程内容与职业标准对接，教学过程与生产过程对接，学历证书与职业资格证书对接，职业教育与终身学习对接"的职教理念为指导思想，针对学生知识基础，听取企业、行业专家和高职院校专家意见，结合中等职业教育培养目标和教学实际需求，编写本书。

本书可供中等职业学校机电类、加工制造类专业的"机械基础"课程教学使用。本书在编写时力求体现以下特色：

（1）学以致用，突出培养目标。全书在结构安排和表达上，强调知识的应用和目标的培养。每个任务基本以"任务目标—任务引入—知识链接—任务实施—同步练习—任务小结"的模式编写，明确了培养目标，强化了知识的应用。

（2）注重把握住由浅入深、循序渐进的原则。遵从中等职业技术学校学生的认知规律，通过大量生产中的案例和图文并茂的表现形式，使学生较轻松地掌握所学内容，在内容上力求简明具体，避免不必要的推理论证。知识深度符合中等职业学校机电类、加工制造类专业应知应会的基本标准。

（3）内容整合重组。本书为同时适用于中、高职衔接加工制造类中职阶段的学习，在内容上进行了大力度的整合，突出基础，坚持够用、实用的原则，摒弃"繁、难、偏、旧"的知识，较全面地展现了机械所涉及的基础知识。

（4）注重师生互动和学生自主学习。本书以"问答方式"展现知识内容，以"一问一答"形式突出问题、突出知识点。教师运用问答方式，可在课堂上强化师生间的互动；学生通过问答方式，可明确需要了解或掌握的内容，便于自主学习。

（5）结合实际，适合学情。参与本书编写的都是从事多年中职学校教学的一线骨干教师、企业一线技师、企业专家，经验丰富，了解学生，能很好地把握知识的重点、难点，并能很好地结合实际操作进行教学，知识梳理更有条理，重点更突出。

本书以首批国家改革创新示范校射洪职业中专学校为主任单位，联合多所中等职业学校的骨干教师、企业专家在四川职业技术学院的指导下编写而成。四川职业技术学院承担了四川省教育体制改革试点项目"构建终身教育体系与人才培养立交桥，全面提升职业院校社会服务能力"的探索与研究，积极搭建中、高职衔接互通立交桥。构建中、高职衔接教材体系，既能满足中等职业院校学生在技能方面的培养需求，也能满足学生在升入高等职业院校学习时对专业理论知识的需要。

由于编者学识和水平所限，本书难免存在不足和错漏之处，敬请广大读者批评指正。

编　者

目　录

机械是人类生产和生活的基本要素之一，是人类物质文明最重要的组成部分。机械的发明是人类区别其他动物的一项主要标志，机械技术在整个技术体系中占有基础和核心地位。

机械技术与人类社会的历史一样源远流长，它对人类社会生产和经济的发展起着极其重要的作用，是推动人类社会进步的重要因素。中国的机械工程技术历史悠久，成就十分辉煌，不仅对中国的物质文化和社会经济的发展起到了重要的促进作用，而且对世界技术文明的进步做出了重大贡献。

一、机械的概念

1. 中国古代文献中"机械"一词的含义

"机械"一词由"机"与"械"两个汉字组成，探讨该词的含义，首先须了解这两个字在古汉语中的意思。

"机"在古汉语中原指某种或某一类特定的装置，后来又泛指一般的机械。古代常以"机"指弩上发箭的装置，即弩机。

"械"在古代是指器械、器物等实物。与"机"原指局部的关键机件有所不同，"械"在中国古代原本便指某一整体器械或器具，如图 0-1 所示。这两字连在一起，组成"机械"一词，便成为一般性的机械概念了。

图 0-1　中国古代弩车

2. 西方古今的机械概念

英文的"machine"一词，其含义要比现代机械学界定的"机器"(machinc)概念要广。在一般使用上，它与汉语的"机械"一词类同。美国罗伯特·欧布林(Robert Obrien)所著《机器》一书中指出：英文的"machine"(机械)一词来源于希腊文 mechine 及拉丁文 mecina，两者原意都指的是"巧妙的设计"。Machine 作为一般性的机械概念出现，主要是为了区别于手工工具。在西方，一般性的机械概念的提出，可追溯到古罗马时期，如图 0-2 所示。西方有关机械的一般性概念随着机械的发展逐渐发生了变化，随着机械工程科学的建立和发展而深化。从区分机械与手工工具开始，到区别复杂机械与简单机械和工具，进而形成了机械工程学中最基本的机器和机构概念。

图 0-2　西方古代投石车

二、机械发展史

人类有几千年灿烂文明的发展史，伴随着人类的诞生和发展，机械也诞生和逐步发展起来。人类千年前已开始使用简单的纺织机械。晋朝时，人们在连机椎和水碓中应用了凸轮原理，如图 0-3 所示。西汉时，人们应用轮系传动原理制成了指南车和计里鼓车；东汉张衡发明的候风地动仪是世界上第一台地震仪，如图 0-4 所示。目前许多机械中仍在采用的青铜轴瓦和金属人字圆柱齿轮，都可以在我国东汉年代的文物中找到原始形态。

图 0-3　水碓

图 0-4　候风地动仪

18 世纪初，以蒸汽机的出现为代表，产生了第一次工业革命，人们开始设计制造各种各样的机械，如火车、纺织机、汽轮船，如图 0-5、图 0-6 所示。

图 0-5　18 世纪的火车

图 0-6　18 世纪珍妮纺织机

19 世纪中后期到 20 世纪初的第二次工业革命中，内燃机的出现，促进了汽车、飞机等运输工具的出现和发展，如图 0-7、图 0-8 所示。

图 0-7　1898 年问世的"雷诺"牌汽车

图 0-8　1927 年 5 月 21 日林德伯格驾驶"圣路易斯精神号"飞机在巴黎布尔歇机场着陆

20 世纪中后期，以机电一体化技术为代表，人们在机器人、航空航天、海洋舰船等领域开发出了众多高新机械产品，如火箭、卫星、航天飞机(图 0-9)、国际空间站(图 0-10)、航空母舰、深海探测器等。

图 0-9　美国航天飞机

图 0-10　国际空间站

进入21世纪，智能机械、微型机构、仿生机械的蓬勃发展，将促进材料、信息、计算机技术、自动化等领域的交叉与融合，进一步丰富和发展机械学科知识，如图0-11、图0-12所示。

图 0-11 用光刻技术做成的
微米尺寸的微机械

图 0-12 2011 年 3 月 25 日高仿真机器人
"唐明皇"和"杨贵妃"在接受测试

三、机械的基本内容

1. 零件

构成机器的不可拆分的制造单元，称为零件。

2. 构件

构件是指相互之间能做相对运动的机件。机器中每一个独立的运动单元体称为一个构件。构件可以由一个零件组成，也可以由一组零件组成。例如：平带传动中，小带轮通过平带带动大带轮旋转。大、小带轮与平带之间都有相对运动，均是构件；而每个带轮与其连接的轴，以及联系带轮与轴的键，相互之间没有相对运动，所以不能看成构件。带轮、轴、键分别作为构件系统的制造单元，均是零件。

3. 机构

构件组成机构。机构是具有确定相对运动的构件组合，是用来传递运动和动力的构件系统。机构是能运动的，而这种运动又是有一定规律的。例如：带传动机构将电机轴的旋转运动，传递到大带轮轴上，并使它们转动方向相同；大带轮的转速是按一定比例减慢的。

4. 机器及其特征

机器是人们根据使用要求而设计的一种执行机械运动的装置，用来变换或传递能量、物料与信息，以代替或减轻人们的体力劳动和脑力劳动。机器的共同特征：

（1）组成：由一系列人造的机构（构件）组合而成。

（2）运动特性：组成的各部分之间具有确定的相对运动。

（3）功、能量关系：能够代替人的劳动完成有用功或者实现能量的转换。

我们生活中所见的、所使用的机器很多，例如汽车、高铁、飞机、轮船等都是机器。

5. 机器的组成

一台完整的机器组成通常包括原动部分、传动部分、执行部分、控制部分和辅助部分等。

(1)原动部分——机器动力的来源。常见的有电动机、内燃机和空气压缩机等。

(2)传动部分——将原动部分的运动和动力传递给工作部分的中间环节。

(3)执行部分——直接完成机器工作任务的部分。处于整个传动装置的终端,其结构形式取决于机器的用途。

(4)控制部分——显示和反映机器的运行位置和状态,控制机器正常运行和工作,包括自动检测、自动控制两个部分。

各部分相互之间的关系如下:

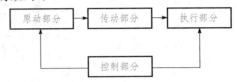

机器一般由机构组成,机构由构件组成,构件又由零件组成。一般常将机器和机构统称为机械。

6. 机器与机构的区别

机器与机构的区别在于:机构能按一定规律传递运动或转变运动形式;机器则是能代替或部分代替人们的劳动,用它做有用的机械功或能量转换。机器的功能需要多种机构配合才能完成。

四、本课程的主要内容

机械或机器的基础就是机构、构件、零件。本课程是以常用的机械零件、金属材料基础知识、工程塑料、工程力学基础知识、常用的机械连接、常用的传动机构、液压传动作为主要内容。通过本课程学习,可熟悉和掌握一般机械中常用的机构和通用零件的结构、性能等,并为学习其他机械类课程和机床基本操作技能打下必要的基础。

五、如何学习本课程

本课程详细介绍机械的基础知识。全书采用项目教学,以任务驱动、展开机械的基础知识。每个项目都有任务实施,任务深入浅出,浅显易懂。

学习本课程要贯彻理论联系实际的原则;注意端正学习态度,明确学习目的,脚踏实地、一点一滴地学懂;注意在试验、实习、生产劳动中积累经验,观察、思考问题,加深对理论知识的理解,不断提高分析问题、解决问题的能力。

项目一 认识机械零(部)件

机器由许多不同的零件组成,轴类零(部)件是其重要组成部分。机器中的转动零件都必须与轴连接并支承在轴上,而轴又要支承在轴承上并与机架相连。本项目内容主要是以轴类零(部)件为主,让读者认识轴、轴承和弹簧等。

任务一 认识轴

任务目标

1. 能对常用轴进行分类。
2. 熟悉一般的转轴的组成部分。
3. 了解轴的一些工艺性。
4. 了解对轴上零件进行轴向定位的方法。
5. 了解对轴上零件进行周向定位的方法。

任务引入

机器中的转动零件都必须与轴连接并支承在轴上,轴类零件是组成机器的一类重要零件。汽车变速箱齿轮轴如图 1-1 所示。

图 1-1　汽车变速箱齿轮轴

知识链接

一、常用轴的种类和应用

轴是机械产品中的重要零件之一，用来支承做回转运动的传动零件(如齿轮、带轮、链轮等)、传递运动和转矩、承受载荷，以及保证装在轴上的零件具有确定的工作位置和一定的回转精度。

1. 轴按轴线形状的分类

● 按轴线形状的不同，轴分哪几类?

按轴线形状的不同，可以把轴分为直轴、曲轴两大类。此外，还有一些特殊用途的轴，如凸轮轴(凸轮与轴连成一体的轴)，挠性钢丝软轴(由几层紧贴在一起的钢丝层构成的软轴)。

1)直轴

直轴在生产中应用最为广泛，按其外形不同，可分为光轴和阶梯轴两种，如图 1-2 所示。

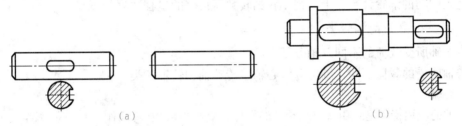

(a)　　　　　　　　　　　　　　(b)

图 1-2　直轴

(a)光轴；(b)阶梯轴

2)曲轴

曲轴可以将旋转运动转变为往复直线运动，或将往复直线运动转变为旋转运动。曲轴是内燃机、曲柄压力机等机器上的专用零件，如图 1-3 所示。曲轴的旋转是发动机的动力源，也是整个机械系统的源动力。奔驰汽车发动机的曲轴箱内就安装了由锻钢制造的曲轴。

图 1-3　曲轴

3)一些特殊用途的轴

(1)凸轮。凸轮轴是活塞发动机里的一个部件，如图 1-4 所示。它的作用是控制气门的开启和闭合动作。奔驰汽车就应用了持续可调节的进气门凸轮轴和排气门凸轮轴，以确保最优化地向气缸提供新鲜混合气。

（2）挠性钢丝软轴。挠性钢丝软轴可以把回转运动和转矩，灵活地传递到任何位置；也可应用于连续振动的场合，以缓和冲击，如图1-5所示。所谓"软轴"，就是像自行车线闸用的拉线那样有钢丝芯的螺旋管，管壁和内芯之间有润滑油，外管固定而内芯可以转动，这个内芯的转速与动力源的转速有着恒定的比例关系。

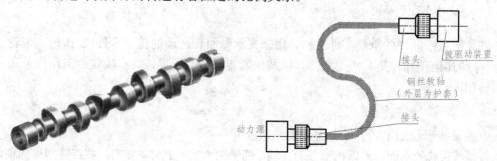

图1-4　凸轮轴　　　　　　　　　　　　图1-5　挠性钢丝软轴

例如：在一些汽车的变速箱的输出轴上就装有一根"软轴"，一直通到驾驶员面前的里程表里去。软轴通到车速表，使得指针能把车的行驶速度指示出来。同时，软轴旋转还传到车速表中间的滚轮计数器上，把车轮的转数所代表的里程数累计下来。

2. 轴按所受载荷的分类

● 按轴所受载荷的不同，轴分哪几类？

按轴所受的载荷不同，轴可分为心轴、传动轴和转轴三类。

1）心轴

心轴的应用特点是：用来支承转动的零件，只承受弯矩（弯曲作用），不传递转矩（传递动力）。在工作中，若心轴不转动，则称为固定心轴；若心轴转动，则称为转动心轴。

图1-6（a）为自行车前轮轴（固定心轴）。图1-6（b）为火车车轮轴（转动心轴）。

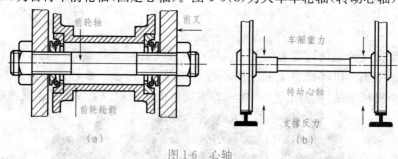

图1-6　心轴

（a）自行车前轮轴（固定心轴）；（b）火车车轮轴（转动心轴）

2）传动轴

传动轴是只承受转矩，不承受弯矩或承受很小弯矩的轴，如汽车传动轴（图1-7）。汽车的传动轴是汽车传动系中传递动力的重要部件，它的作用是与变速箱、驱动桥一起将发动机的动力传递给车轮。

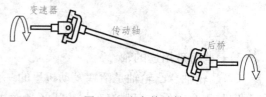

图1-7　汽车传动轴

二、轴的结构设计

1. 一般转轴的组成部分

● 一般转轴有哪些组成部分？

轴的结构设计就是根据工作条件，确定轴的合理外形、各段轴径、长度以及全部结构尺寸。

如图1-8所示，为了便于装拆，一般的转轴均为中间大、两端小的阶梯轴。它包括的结构有：

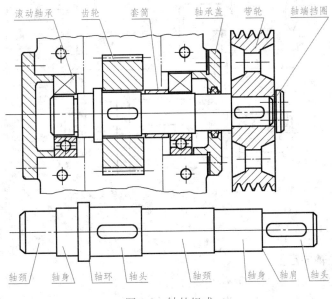

图 1-8　轴的组成

轴颈：轴与轴承配合处的轴段。

轴头：安装轮毂的轴段(如皮带轮的轮毂、齿轮的轮毂)。

轴身：轴头与轴颈之间的轴段。

轴肩和轴环：阶梯轴上截面尺寸变化的部位，用作零件轴向固定的阶台。轴环的长度短。

注意：轴颈的直径必须符合轴承内孔的直径系列。轴头的直径必须符合与其相配的轮毂的直径。

2. 常见的轴结构的工艺性

● 轴结构的工艺性主要包括哪些？

所谓轴结构的工艺性，是指：轴的结构应尽量简单，有良好的加工和装配工艺性，以利减少劳动量，提高劳动生产率及减少应力集中，提高轴的疲劳强度。主要有：

(1)阶梯轴的直径应中间大，并且由中间向两边依次变小，以便于轴上零件的装拆。

(2)为去掉毛刺，利于装配，轴端应倒角，一般倒角度数为45°。

(3)对阶梯轴的截面尺寸变化处应采用圆角过渡，减少应力集中现象。应力集中是指：

受力构件由于外界因素或自身因素，几何形状、外形尺寸发生突变而引起局部范围内应力显著增大的现象，易造成构件破坏。

（4）采用紧定螺钉、圆锥销钉、弹性挡圈、圆螺母等定位时，需在轴上加工出凹坑、横孔、环槽、螺纹等，均会引起较大的应力集中，应尽量不用。用套筒定位则无应力集中。

（5）轴上的某轴段需磨削时，应留有砂轮的越程槽；需切制螺纹时，应留有退刀槽。

（6）为减少加工时的换刀时间及装夹工件时间，轴上所有圆角半径、倒角尺寸、退刀槽宽度应尽可能统一；当沿轴的长度方向上有几个键槽时，最好将键槽开在轴的同一条母线上，以便一次装夹后就能加工。如图 1-9 所示。

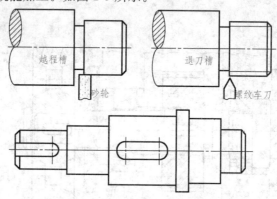

图 1-9　轴的结构工艺示意图

3. 轴上零件的定位

1）轴上零件的轴向定位

● 轴上零件的轴向定位及固定有哪些方法？

轴上零件的轴向定位和固定是为了防止零件的轴向移动。轴向定位和固定的常用方法有：轴肩、轴环、套筒、圆螺母和垫圈、弹性挡圈、轴端挡圈以及紧定螺钉等，详见表 1-1。

表 1-1　轴上零件的轴向定位和固定方法

固定方式	结构图形	应用说明
轴肩或轴环结构		固定可靠，承受轴向力大；轴肩、轴环高度 h 应大于轴的圆角半径 R 或倒角高度 C。一般取 $h_{min} \geq (0.07 \sim 0.1)d$；但安装滚动轴承的轴肩、轴环高度 h 必须小于轴承内圈高度 h_1，以便轴承的拆卸。轴环宽度 $b \approx 1.4h$
套筒结构		同上，多用于两个相距不远的零件之间

续表

固定方式	结构图形	应用说明
圆螺母与垫圈结构	双圆螺母 止动垫圈 圆螺母	常用于轴承之间距离较大且轴上允许车制螺纹的场合
弹性挡圈结构	弹性挡圈	承受轴向力小或不承受轴向力的场合，常用作滚动轴承的轴向固定
轴端挡圈结构	轴端挡圈	用于轴端要求固定可靠或承受较大轴向力的场合
紧定螺钉结构	锁紧螺钉 锁紧挡圈	承受轴向力小或不承受轴向力的场合

2)轴上零件的周向定位

● 轴上零件的周向定位及固定有哪些方法？

轴上零件的周向定位的目的是：限制轴上零件相对于轴的转动，以满足机器传递扭矩和运动的要求。如图 1-10 所示，轴上零件常用的周向固定方法有键连接、销连接、成形连接、过盈配合等。力不大时，也可采用紧定螺钉作为周向固定的方法。

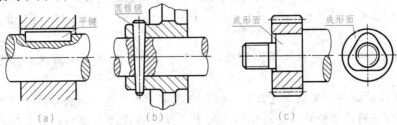

（a）　　　　　（b）　　　　　（c）

图 1-10　轴上零件的周向固定

（a）键连接；（b）销连接；（c）成形连接

三、提高轴的强度的措施

●提高轴的强度的措施有哪些?

(1)改进轴的结构，降低应力集中。应力集中多产生在轴截面尺寸发生急剧变化的地方，要降低应力集中，就要尽量减缓截面尺寸的变化。

直径变化处应采用半径尽可能大的圆角过渡；轴上尽可能不开槽、孔及制螺纹，以免削弱轴的强度；为了减小过盈配合处的应力集中，可采用卸荷槽，如图1-11所示。

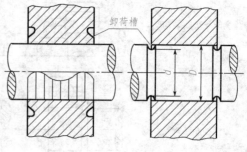

图1-11　卸荷槽

(2)提高轴的表面质量。因疲劳裂纹常发生在轴表面质量差的地方，故提高轴的表面质量有利于提高轴的强度。除控制轴的表面粗糙度外，还可采用表面强化处理，如渗碳、碾压、喷丸等方法。

(3)改变轴上零件的位置，减小载荷。如图1-12所示，轴上转矩需由两轮输出，输入轮1宜置于两输出轮2和3中间。

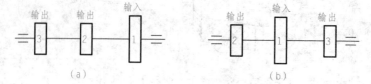

图1-12　轴上零件的合理布置
(a)不合理；(b)合理

任务实施

1. 任务

以东风EQ1090E型汽车为例，装配其传动轴。

2. 任务实施所需工具

齿轮油、扳手等。

3. 任务实施步骤

(1)在万向节轴承上涂抹润滑脂(按规定，为2号锂基脂或齿轮油)，配好油封，套于十字轴上，分别压入前后传动轴端万向节叉、伸缩套叉和凸缘叉孔中，再装上盖板和锁环，紧固并锁止。

(2)在传动轴伸缩套管内涂抹润滑脂，然后将叉套于后传动轴的花键轴上，并旋紧油封盖。

(3)将前传动轴凸缘叉与变速器第二轴凸缘连接，并将前传动轴安装于传动轴中间支承座架上，然后分别用螺栓将后传动轴两端的十字节装到前传动轴和后桥主动齿轮轴的凸缘叉上，旋紧凸缘固定螺栓、螺母。

(4)传动轴花键护套及十字轴油嘴必须齐全完整。

同步练习

1. 轴的作用是什么？对轴有哪些要求？
2. 试分别说明心轴、转轴和传动轴的应用特点，各举一应用实例。
3. 一般的转轴有哪些组成部分？它们各有什么作用？
4. 轴的结构的工艺性主要有哪些？
5. 试述轴上零件轴向固定的目的。一般阶梯轴上的零件的轴向固定常用哪些方法？
6. 试述轴上零件周向固定的目的。一般阶梯轴上的零件的周向固定常用哪些方法？
7. 提高轴的强度的措施有哪些？

任务小结

　　轴类零件是机器上典型的零件之一，它一般不能直接在商店里买到，需要运用机床加工生产。轴的结构既要考虑其使用功能，也要考虑它的生产工艺和装配工艺。关于轴的材料，读者可先了解一下，在后面的内容里有详细介绍。

任务二　认识滑动轴承

任务目标

1. 了解滑动轴承的主要类型及特点。
2. 认识滑动轴承的轴瓦的结构。
3. 了解滑动轴承的润滑目的。

任务引入

　　通过任务一我们认识了轴，那么轴在机器上是怎么安装的呢？要了解轴的安装，我们必须去认识另一种零件——轴承。轴承是支承轴颈的部件，有时也用来支承轴上的回转零件。根据轴承工作的摩擦性质，轴承可分为滑动摩擦轴承(简称滑动轴承)和滚动摩擦轴承(简称滚动轴承)两类。我们先了解滑动轴承吧。

知识链接

　　轴承是机器中用来支承轴的一种重要部件，用以保持轴线的回转精度，减少轴和支承之间由于相对转动而引起的摩擦和磨损。

滑动轴承是工作时，轴承和轴颈的支承面间形成直接或间接滑动摩擦的轴承。对于要求不高或有特殊要求的场合，如高速、重载、冲击力较大，使用最多的轴承就是滑动轴承。滑动轴承一般由轴瓦和轴承座构成。轴瓦是直接与轴颈接触的工作部分，它的好坏决定了轴承的质量。

一、滑动轴承的主要类型及特点

● 滑动轴承的主要类型有哪些？

按照受载荷的方向，轴承可分为径向轴承和推力轴承两类。轴承上的反作用力与轴中心线垂直的轴承称为径向轴承，用于承受径向载荷。轴承上的反作用力与轴中心线方向一致的轴承称为推力轴承。根据轴系和拆装的需要，滑动轴承可分为整体式和剖分式两类。

1. 径向滑动轴承

● 径向滑动轴承的主要类型有哪些？各有什么特点？

1）整体式滑动轴承

整体式滑动轴承如图1-13所示。

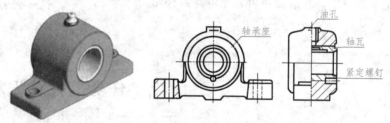

图1-13　整体式滑动轴承

整体式滑动轴承最常用的轴承座材料为铸铁。轴承座用螺栓与机座连接，顶部设有装油杯的螺纹孔。轴承孔内轴向压入用减摩材料制成的轴套，轴套上开有油孔，并在内表面上开有油槽以输送润滑油。

整体式滑动轴承结构简单，价格低廉，适用于轻载、低速或间歇工作的场合，如小型齿轮油泵、减速箱等。但是，整体式滑动轴承有以下缺点：①若滑动表面磨损使间隙过大，则无法调整轴承间隙。②轴颈只能从轴承端部装入，对于粗重的轴或轴颈位于轴中间的轴，安装不方便。若采用剖分式滑动轴承，可以克服这两项缺点。

2）剖分式滑动轴承

剖分式滑动轴承（图1-14）由上轴瓦、螺栓、轴承盖、轴承座、下轴瓦等组成。为了提高安装的对心精度，在剖分面上设置有阶梯形止口。

剖分式滑动轴承装拆方便，轴瓦磨损后可方便更换及调整间隙，因而应用广泛，但其结构较复杂，主要应用于中、高速，重载工作的机器中。

2. 推力滑动轴承

● 普通推力滑动轴承推力面有哪些类型？各有什么特点？

推力滑动轴承用来承受轴向推力并限制轴做轴向移动。止推面可以利用轴的端面，也可在轴的中段做出凸肩或装上推力圆盘。

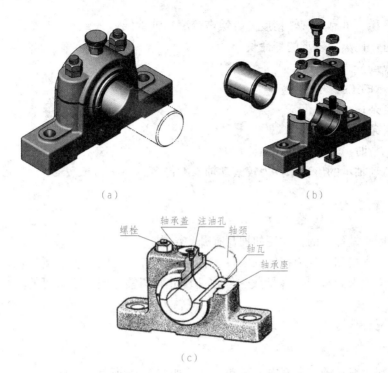

图 1-14　剖分式滑动轴承

(a)装配示意图；(b)爆炸示意图；(c)各零件名称

　　常见的推力轴颈形状如图 1-15 所示。图(a)为实心端面推力轴颈，由于跑合时中心与边缘的磨损不均匀，越接近边缘部分磨损越快，以致中心部分压强极高。图(b)为空心端面推力轴颈，其端面上压力的分布得到明显改善，并有利于储存润滑油。图(c)为单环形推力轴颈。图(d)为多环形推力轴颈，由于支承面积大，故可承受较大的载荷，它还能承受双向轴向载荷。

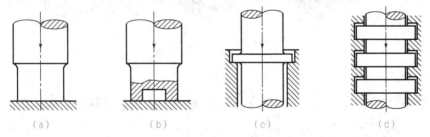

图 1-15　普通推力轴颈

(a)实心端面推力轴颈；(b)空心端面推力轴颈；(c)单环形推力轴颈；(d)多环形推力轴颈

3. 滑动轴承的特点

●滑动轴承有哪些特点？

1)滑动轴承的主要优点

(1)普通滑动轴承结构简单，制造、装拆方便。

(2)具有良好的耐冲击性；如果能保证液体摩擦润滑，滑动表面被润滑油分开而不发生直接接触，则可以大大减小摩擦损失和表面磨损，且油膜具有一定的吸振能力。

(3)运转平稳、可靠、旋转精度高、噪声较滚动轴承低。

(4)高速时，比滚动轴承的寿命长。

(5)可做成剖分式。

2)滑动轴承的主要缺点

(1)维护复杂；

(2)对润滑条件要求高；

(3)边界润滑时，轴承的摩擦损耗较大；

(4)普通滑动轴承的启动摩擦力较滚动轴承大得多。

二、轴瓦的结构

●轴瓦是用来做什么的？常用的轴瓦有哪些结构？

轴瓦是轴承直接和轴颈相接触的零件。轴瓦应具有一定的强度和刚度，在滑动轴承中定位可靠，便于注入润滑剂，容易散热，并且装拆、调整方便。不重要的轴承也可以不装轴瓦。

常用的轴瓦有整体式和剖分式两种结构。

1. 整体式轴瓦(轴套)

整体式轴瓦一般在轴套上开有油孔和油槽，如图 1-16 所示。粉末冶金制成的轴套一般不带油槽。这是因为粉末冶金制成的轴套中含有许多微小的孔隙；经油浸渍后，能储存足够的润滑油而具有自润滑和减摩作用。

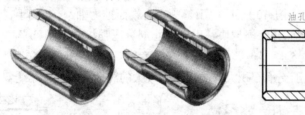

图 1-16　整体式轴瓦

2. 剖分式轴瓦

剖分式轴瓦由上、下两半瓦组成，如图 1-17 所示。上轴瓦开有油孔和油槽。

图 1-17　剖分式轴瓦

●轴瓦上的油孔和油槽是怎么回事？

为使润滑油均布于轴瓦工作表面，且避免降低油膜的承载能力，需在轴瓦的非承载区

16

开设油孔和油槽,如图1-17、图1-18所示。油槽不宜过短,以保证润滑油流到整个轴瓦与轴颈的接触表面。但是,油槽不能与轴瓦端面相通,以减少端部泄油。

简而言之:轴瓦上的油孔用来供应润滑油,油槽则用来输送和分布润滑油。

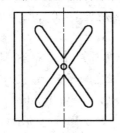 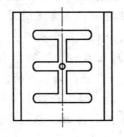 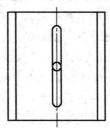

图1-18 油槽

●轴承衬是怎么回事?

为了节省贵重金属、改善轴瓦表面的摩擦性质或其他需要,常在轴瓦内表面上浇注一层或两层减摩材料(轴承合金),通常称为轴承衬。为使轴承衬牢固地粘在轴瓦的内表面上,常在轴瓦上预制出各种形式的沟槽,如图1-19所示。轴承衬的厚度应随轴承直径的增大而增大,一般为0.5~6 mm。

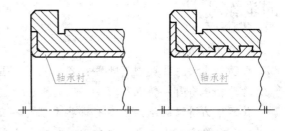

图1-19 浇注轴承合金的轴瓦

三、滑动轴承的润滑

滑动轴承润滑的主要目的是减少摩擦和磨损,以提高轴承的工作能力和使用寿命,同时起冷却、防尘、防锈和吸振作用。

常用的润滑材料有润滑油和润滑脂。润滑油中,矿物油用得最多。向轴承供给润滑油或润滑脂很重要,尤其是润滑油。润滑脂是半固体状的油膏,供给方法和润滑油不同。

具体的润滑方法将在项目八介绍。

任务实施

1. 任务

选配曲轴轴承。

2. 任务实施所需要的材料、设备

干净的煤油、钢片或铜片、内径量表、千分尺等。

3. 任务实施步骤

(1)选配轴承前,应检查轴承座孔是否符合标准;清洗轴承座及盖、曲轴及曲轴箱;检查轴承盖端面是否平整,其端面及内孔最大深度均应符合规定要求。

(2)按需要在轴承盖两端各垫垫片(钢片或铜片)数片,以使轴承座孔正圆(对不采用垫片的发动机，不宜采用）。装上轴承盖，拧紧螺栓，用内径量表测量轴承座孔，如圆柱度偏差超过 0.025 mm，则应按规定的修理尺寸修正。

（3）根据曲轴轴颈的修理尺寸，选配分级相同的轴承。轴承可用特制的千分尺测量其厚度，轴承外径与轴承座孔的尺寸应相适应，其厚度偏差不应超过 0.20 mm。用金属物轻敲轴承，如有清脆响声，表示轴承合金与底板接合良好。

（4）将选配适当的轴承嵌入轴承座及盖内，检验轴承外圆与座孔的密合（接触面积应不小于 75%），榫槽与座盖上的凹槽嵌合良好，轴承上的油孔应与轴承座上的油道相连通。检查轴承两端面的凸出高度，一般两端边缘应高出轴承座平面 0.03～0.06 mm。

总之，选配应注意合金的接合状况，凸榫、轴承背面应配合良好，轴承的修理尺寸级别和轴承的宽度应符合要求。

同步练习

1. 轴承的功用是什么？
2. 滑动轴承的主要类型有哪些？各运用于哪些场合？
3. 滑动轴承有哪些特点？
4. 普通推力滑动轴承推力面有哪些类型？各有什么特点？
5. 轴瓦和轴承衬有什么重要作用？各有什么特点？
6. 轴瓦上的油槽、油孔有什么作用？
7. 对轴瓦上开的油槽有什么要求？
8. 滑动轴承润滑的主要目的是什么？

任务小结

通过对滑动轴承的学习，你已经初步认识了滑动轴承的主要类型及其各自的特点，了解了轴瓦的用途。读者一定要去学校的实训室或工厂现场看一看、学一学。

任务三 认识滚动轴承

任务目标

1. 了解滚动轴承的结构。
2. 能对滚动轴承进行分类。
3. 能识别滚动轴承的基本代号。
4. 了解滚动轴承常见的失效形式。

任务引入

　　滚动轴承是标准件(标准件就是按照国家标准、行业标准或者国外的标准生产的零件，主要是为了维修、替换方便，由专门的轴承厂成批生产)。滚动轴承安装、维修方便，价格也较便宜，因此应用很广。读者一定要认真学习，注意与滑动轴承比较其优缺点。

知识链接

　　滚动轴承用滚动摩擦取代了滑动摩擦，具有摩擦力小、功率耗损少，启动容易等优点，应用广泛。

一、典型的滚动轴承的结构

●滚动轴承的结构是怎样的？
典型的滚动轴承由内圈、外圈、滚动体(滚球或滚子)和保持架组成，如图 1-20 所示。

图 1-20　滚动轴承的结构
(a)深沟球轴承；(b)推力球轴承；(c)圆锥滚子轴承

●滚动轴承是怎样工作的？
　　当内外圈相对旋转时，滚动体将沿着内外圈上的凹槽滚道滚动。滚动轴承多数情况是内圈随轴回转，外圈箍在轴承座孔中不动；也有外圈回转、内圈不转的情况；或者内外圈分别按不同转速回转等使用情况。滚动轴承的内圈与轴颈装配在一起，外圈与轴承座孔装配在一起，如图 1-21 所示。

　●滚动体有哪些类型？
　　滚动体是滚动轴承的核心元件，它使相对运动表面间的滑动摩擦变为滚动摩擦。根据不同轴承结构的要

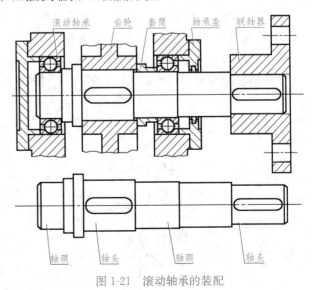

图 1-21　滚动轴承的装配

求，滚动体有滚球、球面滚子、圆柱滚子、滚针、圆锥滚子等，如图1-22所示。滚动体的大小和数量直接影响着轴承的承载能力。

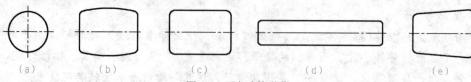

| (a) | (b) | (c) | (d) | (e) |

图1-22 滚动体种类

(a)滚球；(b)球面滚子；(c)圆柱滚子；(d)滚针；(e)圆锥滚子

●保持架有什么作用？

保持架的作用是使滚动体均匀地分布在滚道内，并减少滚动体间的摩擦和磨损，如图1-23所示。

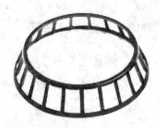

图1-23 轴承保持架

二、常用的滚动轴承的类型

●常用的滚动轴承可分为哪些类型？

(1)按承载方向分为承载径向载荷的向心轴承；承载轴向载荷的推力轴承；承载径向载荷和轴向载荷的向心推力轴承。

(2)按滚动体形状分为球轴承和滚子轴承两大类。

(3)按可否调心分为调心轴承和非调心轴承。

●常见的滚动轴承的类型和代号是怎样的？它们主要有哪些性能？

滚动轴承的类型、代号、结构简图及主要性能等，见表1-2。

表1-2 常见滚动轴承的类型、代号、结构简图、主要性能

类型及代号	结构简图	承载方向	主要性能及应用
调心球轴承 (1)			其外圈的内表面是球面，内、外圈轴线间允许角偏移为2°~3°，极限转速低于深沟球轴承。可承受径向载荷及较小的双向轴向载荷。用于轴变形较大以及不能精确对中的支承处
调心滚子轴承 (2)			轴承外圈滚道是球面，主要承受径向载荷及一定的双向轴向载荷，但不能承受纯轴向载荷，允许角偏移为0.5°~2°。常用在长轴或受载荷作用后轴有较大变形及多支点的轴上

续表

类型及代号	结构简图	承载方向	主要性能及应用
圆锥滚子轴承（3）			可同时承受较大的径向及轴向载荷，承载能力大于"7"类轴承。外圈可分离，装拆方便，成对使用
推力球轴承（4）			只能承受轴向载荷，而且载荷作用线必须与轴线相重合，不允许有角偏差，极限转速低
双向推力轴承（5）			能承受双向轴向载荷。其余与推力轴承相同
深沟球轴承（6）			可承受径向载荷及一定的双向轴向载荷。内外圈轴线间允许角偏移为 $8'\sim16'$
角接触球轴承（7）	7000C 型（$\alpha=15°$） 7000AC 型（$\alpha=25°$） 7000B 型（$\alpha=40°$）		可同时承受径向及轴向载荷。承受轴向载荷的能力由接触角 α 的大小决定。α 大，承受轴向载荷的能力高。由于存在接触角 α，承受纯径向载荷时，会产生内部轴向力，使内、外圈有分离的趋势，因此这类轴承要成对使用。极限转速较高
推力滚子轴承（8）	GB/T 4663—1994		能承受较大的单向轴向载荷，极限转速低
圆柱滚子轴承（N）			能承受较大的径向载荷，不能承受轴向载荷，极限转速也较高，但允许的角偏移很小，为 $2'\sim4'$。设计时，要求轴的刚度大，对中性好
滚针轴承（NA）			不能承受轴向载荷，不允许有角度偏斜，极限转速较低。结构紧凑，在内径相同的条件下，与其他轴承比较，其外径最小。适用于径向尺寸受限制的部件

三、滚动轴承的基本代号

●如何识读滚动轴承的基本代号?

(1)国家标准 GB/T 272—1993 规定的轴承代号由三部分组成:

前置代号　　　基本代号　　　后置代号

前置代号和后置代号都是轴承代号的补充,只有在对轴承有特殊要求时才使用,一般情况可部分或全部省略。读者要是遇到这些代号,可查阅相关书籍。

基本代号才是轴承代号的核心。

轴承基本代号包括三项内容:

类型代号　　　尺寸系列代号　　　内径代号

类型代号:用数字或字母表示不同类型的轴承。

尺寸系列代号:由两位数字组成。前一位数字代表宽度系列(向心轴承)或高度系列(推力轴承),后一位数字代表直径系列。尺寸系列表示内径相同的轴承可具有不同外径,而同样外径又有不同宽度或高度,由此来满足各种不同要求的承载能力。

内径代号:轴承公称内径的大小,用数字表示,见表1-3。

表1-3　滚动轴承的内径代号

代号	04~99	00	01	02	03
内径/mm	(代号数字乘以5等于内径)	10	12	15	17
注意:内径尺寸为22 mm、28 mm、32 mm 或大于500 mm 的轴承,内径代号直接用内径尺寸表示。					

(2)轴承基本代号识读示例。

【例1-1】 N2208

N 表示圆柱滚子轴承。

22 表示尺寸系列代号为22。宽度系列代号为2,直径系列代号为2。

08 表示轴承内径 $d=8\times5=40$(mm)。

【例1-2】 30213

3 表示圆锥滚子轴承。

02 表示尺寸系列代号。宽度系列代号为0(正常宽度),直径系列代号为2。

13 表示轴承内径 $d=13\times5=65$(mm)。

四、滚动轴承常见的失效形式

●滚动轴承常见的失效形式有哪些?

1. 疲劳点蚀

实践证明,有适当的润滑和密封,安装和维护条件也正常时,由于滚动体沿着套圈滚动,在相互接触的物体表层内产生变化的循环接触应力,经过一定次数循环后,导致表层下(不深处)形成微观裂缝。微观裂缝被渗入其中的润滑油挤裂而引起点蚀。

2. 塑性变形

在过大的静载荷和冲击载荷作用下,滚动体或套圈滚道上出现不均匀的塑性变形凹坑。

这时，轴承的摩擦力矩、振动、噪声都将增加，运转精度降低。这种情况多发生在转速极低或摆动的滚动轴承中。

3. 磨粒磨损、黏着磨损

滚动轴承在密封不可靠，以及多尘的运转条件下工作时，易发生磨粒磨损。通常在滚动体与套圈之间，特别是滚动体与保持架之间有滑动摩擦，如果润滑不充分，也会发生黏着磨损，并引起表面发热、胶合。转速越高，发热及黏着磨损越严重。

其他还有锈蚀、电腐蚀和由于操作、安装、维护不当引起的元件破裂等失效形式。

任务实施

1. 任务

装拆汽车变速器主轴轴承。

2. 任务实施所需工具

钉锤、紫铜棒、双(三)拉杆拆卸器。

3. 实施步骤

(1)一般来说，尺寸大、载荷大、振动大、转速高或工作温度高等情况下，应选用紧一些的配合；而经常拆卸的或游动套圈则采用较松的配合。

(2)安装时，可采用温差法(加热包容件或冷却被包容件)进行快速装配；也可借用紫铜棒敲入，但不能用手锤直接敲打滚动轴承。拆卸时，可借用紫铜棒敲出，也可采用温差法拆卸或用专用工具拆卸轴承。装卸方法如图1-24所示。

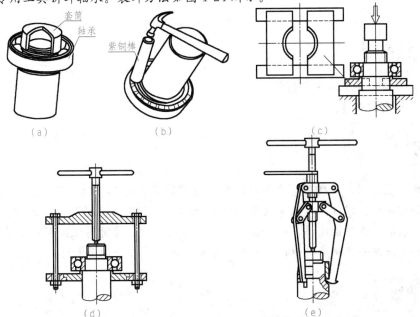

图1-24 轴承的装卸

(a)垫套筒敲入轴承；(b)垫紫铜棒敲出轴承；(c)用压力机将内圈压出；

(d)用双拉杆拆卸器；(e)用三拉杆拆卸器

同步练习

1. 典型滚动轴承由哪些零件组成？滚动轴承是怎样工作的？
2. 滚动体有哪些类型？保持架有什么作用？
3. 简述滚动轴承的类型及其性能、特点。
4. 向心轴承、推力轴承和向心推力轴承的承载能力各有什么不同？
5. 说明滚动轴承 215、23208、6208、6202、2210、7312、8213 等轴承代号的含义。
6. 滚动轴承常见的失效形式主要有哪些？

任务小结

　　在这个任务里，我们了解了滚动轴承的结构，认识了滚动轴承的分类及其类型，清楚了滚动轴承的基本代号，了解了滚动轴承常见的失效形式。滚动轴承是标准件，很多都可以直接买到，我们一定要学会认识它、使用它！

任务四　认识和使用弹性零件

任务目标

1. 认识弹簧的类型、主要功用。
2. 了解弹簧的制造。

任务引入

　　受载后产生变形，卸载后通常立即恢复原有形状和尺寸的零件，称为弹性零件。机械中各种弹簧都是弹性零件，而且是最常用的弹性零件。弹簧不仅能实现机械能与变形能的相互转换，也能实现弹性连接，即被连接件在有限的相对运动时仍保持固定联系的动连接。为了提升奔驰汽车的座椅的舒适性，开发专家特别关注其中的弹簧零件。

知识链接

一、弹簧的类型

　　弹簧是机械设备中广泛应用的弹性零件。它在外载荷作用下，能够产生弹性变形；当外载荷卸除时，变形消失，弹簧恢复原状。由于这种特有的性能实现了机械能与变形能的相互转换，故弹簧在各种机器和仪表中得到了广泛的应用。

●弹簧有哪些类型？

弹簧的类型很多，见表1-4。

表1-4　弹簧的类型

按载荷分 按形状分	拉伸弹簧	压缩弹簧		扭转弹簧	弯曲弹簧
螺旋形		圆柱形	锥形		
其他形		环形	碟形	蜗卷形	板簧

二、弹簧的主要功用

●弹簧的主要功用有哪些？

弹簧的主要功用有：

(1)缓冲吸振：弹簧可改善被连接件的工作平稳性，如汽车下的板簧、火车车厢下的弹簧，各种缓冲器的缓冲弹簧等。

(2)控制运动：弹簧能适应被连接件的工作位置变化，如内燃机中的阀门弹簧、离合器中的控制弹簧等。

(3)储存能量：弹簧可提供被连接件所需动力，如钟表弹簧、玩具中的弹簧。

(4)测量载荷：弹簧可用于测量被连接件所受外力的大小，如弹簧秤、测力器中的弹簧等。

三、弹簧的制造

●弹簧是怎样制造的？

螺旋弹簧的制造工艺包括卷制、端部加工、热处理、工艺试验和强压处理等过程。

弹簧的卷绕方法有冷卷和热卷两种，弹簧丝直径小于10 mm时用冷卷法；反之，则用热卷法。冷卷是用已经过热处理的冷拉碳素弹簧钢丝在常温下卷绕，卷成后一般不再经淬火和回火处理。热卷法是在热态下卷制弹簧，卷成后必须经过淬火、中温回火等处理。

为了使载荷作用线与弹簧轴线趋于重合，弹簧端部需进行加工，对于压缩弹簧，可将其端面磨平[图1-25(a)]；对于拉伸及扭转弹簧，两端应制作拉钩或杆臂[图1-25(b)]。

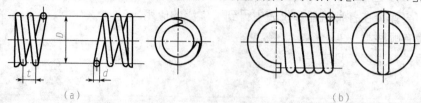

(a)   (b)

图 1-25   圆柱形弹簧

(a)圆柱形压缩弹簧；(b)圆柱形拉伸弹簧

对重要的弹簧，应进行工艺试验，以检查材料缺陷和热处理效果。强压处理或喷丸处理是为了提高弹簧的静强度或承受动载荷的疲劳强度。例如：用超过弹簧材料弹性极限的载荷，将弹簧压缩2～3次，使簧丝产生残余应力，从而提高弹簧的静强度。经过强压处理和喷丸处理的弹簧不许再进行热处理。

很多弹簧已经标准化，我们可以根据使用情况选用。

任务实施

1. 任务

诊断、排除汽车行驶中钢板弹簧产生的噪声。

2. 任务实施所需工具

润滑油、锉刀、平垫圈、镶套等。

3. 任务实施步骤

汽车在行驶中，听到一种"呱嗒、呱嗒"的噪声，一般是吊耳缺润滑油或磨损所致。处理时，对吊耳进行检查，若缺少润滑油，应加润滑油；若吊耳与钢板弹簧两边的接触面磨损凹下很深，可用锉刀将凸的地方锉去修平，加装适当的平垫圈。若吊耳销孔磨损失圆，可以用镶套或堆焊修复。

同步练习

1. 弹簧主要有哪些类型？

2. 弹簧的主要功用有哪些？

3. 弹簧的制造方法有哪些？

任务小结

大多数弹簧属于标准件，在《机械设计手册》上可以查到其类型及参数，我们可以根据使用情况选用。弹簧在机械中被广泛使用，它也可以作为弹性连接零件，我们在后面介绍"机械连接"时就不再单独介绍了。在本任务中有些概念读者可能还不懂，如"热处理"，我们将在后面介绍。

项目二 熟悉工程材料

德国戴勒姆-奔驰公司发展至今已有近百年的历史。奔驰汽车之所以享誉世界，除了其制造工艺先进、生产技术水平高之外，精选高质量的材料也是重要原因之一。

产品是以材料为基础的。材料质量的优劣，直接影响产品的内在质量和使用性能；材料成本的高低，也直接影响产品的成本。合理选用材料，是保证产品质量、提高经济效益的有效途径。奔驰公司在提高材料质量的同时，也注重材料的合理性、经济性和工艺性，因而使奔驰产品在赢得质量、赢得信誉的同时，也赢得了较好的经济效益。

常用机械零件的材料有金属和非金属两大类。金属材料主要有钢、铸铁、铝和铜等；非金属材料主要有工程塑料、复合材料及新型材料等。在这个项目里，我们一起去认识一下制造零件的工程材料。

任务一　认识材料的力学性能

任务目标

理解强度、刚度、塑性、硬度、冲击韧性、疲劳抗力和断裂韧性等力学性能。

任务引入

材料在受力过程中要表现出一些性能，我们也叫作材料的力学性能。它主要包括强度、刚度、塑性、硬度、冲击韧性、疲劳抗力和断裂韧性等。我们只有千方百计地提高制造零件材料的力学性能，才能使机器运转更好、寿命更长。例如：在发生碰撞或翻车时，为使奔驰轿车的乘客舱更好地抵抗变形，使乘客能够获得安全空间，就必须应用高强度的钢板和面板。

知识链接

金属材料是机械工程材料中应用最广泛的材料。金属材料的性能分为使用性能和工艺性能。

使用性能是指为保证零件的正常工作和一定的工作寿命，材料应具备的性能，包括物理性能、化学性能和力学性能。

工艺性能是指为保证零件的加工过程顺利进行和零件的加工质量，材料应具备的性能，包括铸造性能、锻造性能、焊接性能、切削加工性能和热处理性能等。

铸造是将金属熔炼成符合一定要求的液体并浇进铸型里，经冷却凝固、清整处理后得到具有预定形状、尺寸和性能的铸件的工艺过程。铸造性能是金属在铸造生产中所表现出来的工艺性能，如金属的流动性和收缩性等。

锻造是一种利用锻压机械对金属坯料施加压力，使其产生塑性变形以获取具有一定机械性能、一定形状和尺寸的锻件的加工方法。锻造性能是金属材料在锻压加工中能承受塑性变形而不破裂的能力。

●什么是材料的力学性能？

力学性能是指材料在不同环境下，承受各种外加载荷（拉伸、压缩、弯曲、扭转、冲击、交变应力等）时，所表现出的力学特征，是确定各种工程设计参数的主要依据。常用的力学性能指标主要有强度、塑性、硬度和韧性等，这些力学性能指标可通过国家标准试验来测定。

一．强度、刚度和塑性

金属材料在逐渐增大的外力作用下，一般依次产生弹性变形、塑性变形直至断裂。试验证实，当外力不超过某个限度时，变形固体所产生的变形在外力卸除后能够完全消失，这种变形称为弹性变形。当外力超过某个限度时，外力卸除后，仅有部分变形能够消失，部分变形不能消失而残留下来；不能消失的变形称为塑性变形。测定金属材料强度、刚度和塑性的常用方法是拉伸试验。

1. 强度

●什么是金属材料的强度，其指标主要有哪些？

在外力作用下，金属抵抗破坏（塑性变形或断裂）的能力称为强度。金属材料常用的强度指标是屈服强度和抗拉强度。

1）屈服强度

当应力达到一定值时，应力虽不增加（或者在小范围内波动），而变形却急剧增加的现象，称为屈服现象。

屈服强度是指当金属材料呈现屈服现象时，在试验期间达到塑性变形发生而力不增加的应力点，应区分上屈服强度（R_{eH}）和下屈服强度（R_{eL}），如图 2-1 所示。

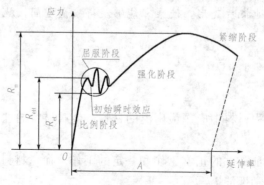

图 2-1 应力-延伸率曲线图

上屈服强度（R_{eH}）：试样发生屈服，而力首次下降前的最高应力。

下屈服强度（R_{eL}）：在屈服期间，不计初始瞬时效应时的最低应力。

屈服强度是表征在拉伸力作用下，金属抵抗明显塑性变形的能力。由于下屈服点的数值较为稳定，因此以它作为材料抗力的指标。

2）抗拉强度（R_m）

最大力（F_m）：试样在屈服阶段之后所能抵抗的最大力。对于无明显屈服的金属材料，为试验期间的最大力。

应力：试验期间任一时刻的力除以试样原始横截面积（S_0）之商。

抗拉强度（R_m）：相应最大力（F_m）的应力，即试样断裂前承受的最大拉应力。抗拉强度是表征在拉伸力作用下金属抵抗断裂的能力。

金属的强度越高，零件使用时越安全可靠。

2. 刚度

●金属材料的刚度指的是什么？

在外力作用下，金属抵抗弹性变形的能力称为刚度。它是材料或结构弹性变形难易程度的表征。

刚度与物体的材料性质、几何形状、边界支持情况以及外力作用形式有关。材料的弹性模量和剪切模量越大，刚度越大。细杆在受侧向外力作用时刚度很小，若使杆只承受轴向力，则它也能具有较大的刚度。

3. 塑性

●金属材料的塑性指的是什么，常用的指标有哪些？

金属材料在外力作用下，产生永久变形而不致引起破坏的能力称为塑性。常用的塑性指标是断后伸长率和断面收缩率。

1）断后伸长率（A）

试样拉断后，原始标距的伸长量与原始标距的百分比称为伸长率，用符号 A 表示。这里的标距是指用来测定试样长度变化的试样部分的原始长度。

2）断面收缩率（Z）

试样拉断后，颈缩处横截面积的最大缩减量与原始横截面积的百分比，称为断面收缩率，用 Z 表示。

金属材料的断后伸长率和断面收缩率越大，表示其塑性越好。塑性好的金属，因断裂前可产生大量的塑性变形，从而易于对其进行塑性变形压力加工。

二、冲击韧性、断裂韧性和疲劳抗力

1. 冲击韧性

●金属的冲击韧性指的是什么？

快速作用于零件的外力称为冲击力或动载荷。在冲击力作用下，金属抵抗断裂的能力，称为冲击韧性。金属的冲击韧性指标用冲击试验测定。

2. 断裂韧性

●钢件的断裂韧性指的是什么？

对于高强度钢件和大型中低强度钢件，即便其工作应力低于材料的强度指标，也有可能发生断裂。研究表明，这是由于冶炼、加工和使用等原因，使材料内部存在各种裂纹（或孔洞、夹杂物等），在应力作用下，材料中的裂纹发生快速失稳扩展而导致低应力脆断。因此，材料抵抗裂纹失稳扩展的能力称为断裂韧性。它成为衡量材料抵抗低应力脆断能力的重要性指标。

3. 疲劳抗力

循环应力是随时间呈周期性变化的应力。疲劳抗力是指材料或零件抵抗循环应力作用而不发生断裂的能力。

三、硬度

●金属材料的硬度指的是什么？

金属材料的硬度是指金属材料抵抗硬物压入其表面的能力，即抵抗局部塑性变形的能力。它是衡量金属材料软硬程度的依据。目前生产中，测定硬度最常用的方法是布氏硬度和洛氏硬度。

●硬度试验方法有哪些，各自的适用范围和符号是怎样的？

金属材料的硬度是通过硬度试验测定的。常用的硬度试验方法有：布氏硬度试验法，测得的硬度称为布氏硬度；洛氏硬度试验法，测得的硬度称为洛氏硬度；维氏硬度试验法，测得的硬度为维氏硬度。

1. 布氏硬度

布氏硬度在布氏硬度计上测得。其测试原理是用直径为 D 的硬质合金球作为压头，以相应的试验力 F 压入试样表面，保持一定时间后卸除试验力，测量试样表面积压痕的直径 d。布氏硬度与试验力除以压痕表面积的商成正比。

布氏硬度：材料抵抗通过硬质合金球压头施加试验力所产生永久压痕变形的度量单位，符号为 HBW。标注布氏硬度时，硬度值写在符号 HBW 之前，如 600 HBW。

布氏硬度试验法主要用于测硬度较低且较厚的材料和零件，如铸铁、有色金属和硬度不高的钢。

2. 洛氏硬度

洛氏硬度在洛氏硬度计上测得。其测试原理是在试验力作用下，将压头（金刚石圆锥、硬质合金球体或钢球压头）压入试样表面，经规定保持时间，卸除主试验力，测量在初试验力下的残余压痕深度 h。残余压痕深度越浅，金属硬度越高；反之，金属硬度越低。

洛氏硬度：材料抵抗通过对应某一标尺的金刚石圆锥体压头或硬质合金球形压头施加试验力所产生永久压痕变形的度量单位，符号为 HR。如 70HR30N：表示总试验力为 294.2 N 的 30 N 标尺测得的表面洛氏硬度值为 70。

洛氏硬度试验法主要用于测量高硬度淬火件、较小与较薄件的硬度，具有中等厚度或较厚硬化层零件的表面硬度，硬度较低的退火件、正火件及调质件的硬度，经退火回火等处理零件的硬度等。

3. 维氏硬度

维氏硬度在维氏硬度计上测得。其原理是在试验力 F 作用下，将相对面夹角为 136°的正四棱锥体金刚石压入试样表面,保持一定时间后卸除试验力,在试样表面留下对角线长度为 d 的正四棱锥体压痕,以残余压痕衡量金属硬度。

以试验力 F 除以压痕表面积 S 所得的商作为维氏硬度值,符号为 HV。维氏硬度标注时,硬度值写在符号 HV 之前,如 640 HV。

维氏硬度:材料抵抗通过金刚石正四棱锥体压头施加试验力所产生永久压痕变形的度量单位。

维氏硬度试验的测试精度较高,测试的硬度范围大,被测试样的厚度或表面深度几乎不受限制,如能测很薄的工件、渗氮层、金属镀层等。但是,维氏硬度试验操作不够简便,试样表面质量要求较高,故在生产现场很少使用。

任务实施

1. 任务

用台式硬度计测量汽车变速箱齿轮洛氏硬度。

2. 任务实施所需要的设备

台式硬度计、汽车变速箱齿轮。

3. 任务实施步骤

(1)试验规定在 10 ℃~35 ℃的室温进行。

(2)齿轮试样平稳地放置在刚性支承物上,并使压头轴线与试样表面垂直,避免试样产生位移。

(3)使压头与齿轮试样表面接触,在无冲击和振动的情况下施加试验力,初试验力保持不应超过 3 s。在不小于 1 s 且不大于 8 s 的时间内,从初试验力增加到总试验力,并保持 4 s±2 s,然后卸除主试验力,保持初试验力,经过短暂稳定后,进行读数。为了读数准确,在试验过程中,硬度计应避免受到任何冲击和震动。

(4)在多处取值时,两相邻压痕中心间距离至少应为压痕直径的 4 倍,但不得小于 2 mm。任一压痕中心距试样边缘距离至少应为压痕直径的 2.5 倍,但不得小于 1 mm。

同步练习

1. 什么是强度?什么是刚度?什么是塑性?什么是硬度?

2. 什么是冲击韧性?什么是断裂韧性?什么是疲劳极限?

3. 常用的硬度试验方法有哪三种,各用在什么场合?

任务小结

在这个任务中,我们学习了材料的力学性能,读者思考一下:有什么办法可以提高材料的力学性能呢?请注意后面的内容。

任务二　了解材料的热处理

任务目标

1. 理解钢的热处理的定义及作用。
2. 理解钢的预备热处理——退火与正火。
3. 理解钢的补充热处理——去应力退火与人工时效。
4. 理解钢的最终热处理——淬火与回火。
5. 了解钢的最终热处理——表面热处理，包括表面淬火、渗碳、渗氮和渗硼等。
6. 了解灰铸铁、球墨铸铁的热处理方法。
7. 了解热处理的常见缺陷。

任务引入

通过合适的热处理，可以将零件的使用性能成倍、成十倍甚至成百倍地提高，真正达到"化腐朽为神奇"之功效。

相传，800多年前，北宋徽宗皇帝做了一个梦，梦到了雨过天晴。他对梦中见到的雨后天空的那种颜色非常喜欢，就给烧瓷工匠传下旨意："雨过天晴云破处，这般颜色做将来。"徽宗的这道圣旨不知难倒了多少工匠，最后在窑即将烧好之际，一工匠纵身跳入窑内，以身殉窑，终于烧制出了"雨过天晴云破处"的那种颜色。

金庸小说《倚天屠龙记》中，断了的屠龙刀在烧红后将鲜血喷于断口方可接好。

上述传说或故事给我们隐隐约约展示了"热处理"的功用。古代很多宝剑的打造，除了选择上好的材料以外，还必须在打造的过程中把握好火候，进行热处理。

我们一起去看看怎样用神奇的热处理提高零件的使用性能吧。

知识链接

一、钢的热处理

钢铁材料是以铁、碳为基本组元的合金，也是生产中应用最广泛的金属材料。铁、碳合金的成分和温度不同，其组织和性能也不同。铁、碳合金按碳含量不同主要分为三类：①工业纯铁（$\omega_c \leqslant 0.02\%$）；②碳钢（$0.02\% < \omega_c \leqslant 2.06\%$），按室温、组织不同，碳钢又可分为共析钢（$\omega_c = 0.8\%$）、亚共析钢（$\omega_c < 0.8\%$）和过共析钢（$\omega_c > 0.8\%$）三种；③白口铸铁（生铁）（$2.06\% < \omega_c < 6.67\%$）。

●什么是钢的热处理?

钢的热处理是指将固态钢进行加热、保温和冷却,以获取所需的组织和性能的工艺方法。

●钢的热处理的作用主要有哪些?

通过适当的热处理,能显著提高钢的力学性能,以满足零件的使用要求和延长零件的使用寿命;能改善钢的加工工艺性能(如切削加工性能、冲压性能等),以提高生产率和加工质量;还能消除钢在加工(如铸造、焊接、切削、冷变形等)过程中产生的残余内应力(金属内各部分因变形度或变形特点等不同,而产生并残留在金属内部的应力),以稳定零件的形状和尺寸。因此,热处理在机械制造中应用十分广泛。

●常用热处理方法的分类有哪些?

钢的热处理方法很多,按其作用不同,可分类如下:

①预备热处理;②补充热处理;③最终热处理。

1. 钢的预备热处理

预备热处理是指为消除毛坯、工件的热加工缺陷或加工硬化(金属塑性变形时,随变形度增大,其强度和硬度升高、塑性和韧性降低的现象),为后续加工和最终热处理做准备的热处理。常用方法有退火、正火等。

●什么是钢的退火,有何作用?

退火是将钢加热至一定温度,保温一定时间后,缓慢冷却的热处理工艺。

退火主要用于消除某些钢晶体粗大或晶粒大小不均匀等热加工缺陷;同时消除残余内应力,降低硬度,以利于切削加工。

●什么是钢的正火,有何作用?

正火是将钢加热到一定温度,保温一定时间后,在空气中冷却的热处理工艺。

由于正火的冷速快于退火,因此正火钢的强度、硬度高于退火钢(有利于减小零件切削加工表面的粗糙度),且生产周期短,故对中、低碳的亚共析钢通常采用正火来代替退火。此外,正火可用作某些要求不高的中碳钢零件的最终热处理。

2. 钢的补充热处理

●为什么要对钢进行补充热处理?

钢在铸造、焊接、切削加工和冷变形加工过程中会产生残余内应力。存在残余内应力的零件在放置或工作过程中,残余内应力随金属原子的运动而逐渐松弛,零件逐渐变形。因此,残余内应力的存在,对精度要求较高的零件有害。

为了消除或减小工件在加工过程中产生的残余内应力,以稳定零件的尺寸和形状的热处理,称为补充热处理。其作用是,将存在残余内应力的工件加热到一定温度并保温适当时间,以加剧原子运动,使残余内应力较快地松弛,从而消除或减小工件的残余内应力,以稳定零件的尺寸和形状。

对需要进行补充热处理的工件,应预留加工余量,以便通过后续切削加工校正其变形。

●常用的补充热处理方法有哪些?

常用的补充热处理方法有去应力退火和人工时效。

(1)去应力退火。将具有残余内应力的钢制件加热至 550 ℃~650 ℃并保持适当时间,然后缓慢冷却的补充热处理，称为去应力退火。

去应力退火主要用于铸件、焊接件或经切削粗加工的退火态在制精密零件。

(2)人工时效。将存在残余内应力的钢制件加热至 250 ℃～280 ℃，或 150 ℃以下温度并保持较长时间的补充热处理，称为人工时效。

250 ℃～280 ℃的人工时效主要用于高强度弹簧钢丝(带)和通过冷变形成形的弹簧，以减小弹簧的冷变形残余内应力，提高其有效强度和稳定弹簧尺寸。

150 ℃以下温度的人工时效主要用于经切削半精加工的在制精密零件。

3. 钢的最终热处理

钢的最终热处理是指使零件获得最终使用性能的热处理。常用方法有淬火、回火、表面淬火、化学热处理(渗碳、渗氮和渗硼等)。

1)淬火与回火

●什么是钢的淬火，有何作用？

淬火是将钢加热到一定温度，保温一定时间后，快速冷却的热处理工艺。经淬火的钢，具有高硬度和高脆性。

生产中最常用的淬火介质(即用于快速冷却的介质)是水和油。

(1)水。常采用 5％～10％食盐的盐水溶液。盐水的冷却能力强，常用于碳钢零件的淬火冷却，其缺点是易引起零件的淬火变形和淬火开裂。

(2)油。常采用矿物油。油的冷却能力比水弱得多，主要用于合金钢(加入钛、钒、钨、钼、铬、锰等合金元素所形成的多元合金)零件的淬火冷却，且零件的淬火变形与淬火开裂倾向较小。

冷却能力介于水、油之间的淬火介质有水玻璃溶液、饱和硝酸水溶液等。

●什么是钢的回火，有何作用？

回火是将淬火钢重新加热至一定温度，并保温一定时间，然后冷却至室温的热处理工艺。回火的作用是：消除或减小淬火应力，降低淬火钢的脆性，达到零件要求的使用性能，稳定钢件的组织和尺寸。

●按回火温度不同，回火可分为哪三类？各有什么作用，主要用于什么场合？

对于要求不同力学性能的淬火件，应采用不同温度回火：

(1)低温回火。回火温度：150 ℃～250 ℃。作用：保持淬火钢硬度基本不变或略有降低的条件下，降低淬火钢的脆性和淬火应力，稳定钢件的组织和尺寸。低温回火常用于：要求高硬度(56～64 HRC 或 53～58 HRC)的各种工具、耐磨零件、渗碳淬火和表面淬火零件等。

(2)中温回火。回火温度：350 ℃～500 ℃。作用：使淬火钢的硬度降低至 35～52 HRC，使钢获得高的强度和足够的韧性。中温回火主要用于：各种弹簧、热作模具及某些螺钉、销钉等高强度零件。

(3)高温回火。回火温度：500 ℃～650 ℃。作用：使淬火钢的硬度降低至 20～32 HRC，使钢获得具有一定强度和高韧性的良好的综合力学性能。淬火和高温回火的复合热处理，称为调质。调质主要用于要求综合力学性能良好的重要零件，如主轴、曲轴、某些齿轮和表面淬火件、渗氮零件等。

由上可见，随着回火温度的升高，钢的强度、硬度均降低，塑性、韧性均提高。注意：

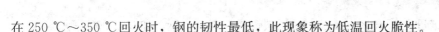

在 250 ℃～350 ℃回火时,钢的韧性最低,此现象称为低温回火脆性。

●什么是钢的淬硬性与淬透性?

钢的淬硬性是指淬火钢获得最高硬度的能力。淬火钢的最高硬度越高,其淬硬性越高。钢的淬硬性主要取决于钢的含碳量;钢的含碳量越高,则钢的淬硬性越高。通常淬火、再回火后的硬度要求越高,所选用的钢的含碳量也越高。

淬火冷却时,零件表面的冷速大,越接近心部,冷速越小。淬透性是指在规定淬火条件下,钢获得的高硬度层(淬硬层)深度的能力。获得的淬硬层的深度越深,钢的淬透性越好。

碳钢的淬透性较差,含碳量对钢的淬透性影响不大;合金钢的淬透性较好,且合金元素含量越高,其淬透性越好。

2)表面热处理

钢的表面热处理是指仅改变钢表层的组织和化学成分,以提高表层性能的热处理工艺。表面热处理常用于:工件表层要求具有高强度、高硬度,耐磨性好,而心部要求具有良好的综合力学性能的零件,如一些齿轮、主轴、曲轴、导轨、凸轮等。

钢的表面热处理的方法主要有表面淬火和化学热处理。

●什么是表面淬火,表面淬火的常用方法有哪些?

钢的表面淬火是指对钢件表层进行淬火,以提高表层硬度和耐磨性的表面热处理工艺。其原理是将钢件表层快速加热至一定温度,然后快速冷却,使表层淬火;心部仍保持原来经调质或正火后的组织,从而使钢件的表层硬而耐磨,而心部综合力学性能良好,并有较高的疲劳抗力。

表面淬火的常用方法有感应加热淬火和火焰加热淬火。感应加热淬火是利用感应电流在零件表层产生热效应,使零件表层快速加热至一定温度,随即快速冷却的表面淬火工艺。火焰加热淬火是利用可燃气体的火焰对零件表面快速加热至一定温度,然后快速冷却的表面淬火工艺。

为了提高零件心部的综合力学性能,减小零件的表面淬火应力和表面脆性;零件在表面淬火前应先进行调质或正火,表面淬火后应进行低温回火。

●表面淬火主要用于哪些场合?

表面淬火主要用于表层要求较高的硬度(52～58 HRC)和耐磨性,心部要求良好的综合性能(22～28 HRC)的零件,有时还用于要求较高疲劳抗力的调质钢零件。此外,有时表面淬火也可用于碳素工具钢、低合金工具钢和铸铁零件,以提高其耐磨性。

●什么是化学热处理?用于强化零件表面的化学热处理主要有哪些?

化学热处理是指将钢件置于含有某些元素的活性介质中加热、保温,使介质分解释放出的这些元素的活性原子渗入钢件表层,以改变钢表层的化学成分和性能的表面热处理工艺。

用于强化零件表面的化学热处理主要有渗碳、渗氮和渗硼等。

●什么是渗碳,渗碳的目的是什么?渗碳的常用方法有哪些?

渗碳是将低碳钢件在渗碳介质中加热至 900 ℃～950 ℃保温,使碳原子渗入钢件表层,以增加其表层含碳量的化学热处理工艺。零件渗碳后,还需进行淬火＋低温回火,方能使零件表层获得高硬度和耐磨性,心部获得较高的强韧性和较高的疲劳抗力。渗碳零件一般选用渗碳钢，即含碳量在 $0.15\%\sim0.25\%$ 的低碳钢或低碳合金钢，如 20、20Cr 等。

渗碳的常用方法有气体渗碳和固体渗碳。气体渗碳是将工件置于气体渗碳剂中进行渗碳的方法。固体渗碳是将工件在固体渗碳剂中进行渗碳的方法。

●什么是渗氮，渗氮的目的是什么？常用方法有哪些？

渗氮(氮化)是向钢表层渗入氮原子的化学热处理工艺。其目的是提高零件的表面硬度、耐磨性、疲劳抗力和耐蚀性等。常用的方法有气体渗氮、离子渗氮和软渗氮(低温碳、氮共渗)。

●什么是渗硼，渗硼的常用方法有哪些？

渗硼是将钢件置于 800 ℃～1 000 ℃ 的含硼介质中，使硼原子渗入钢的表层形成高硬度的硼化物层的化学热处理工艺。渗硼件具有极高的表面硬度和耐磨性，良好的减摩性和抗黏着性；在 800 ℃ 以下能保持高硬度和抗氧化性；对硫酸、盐酸和碱具有良好的耐蚀性；钢件渗硼后，还应进行淬火、低温回火的热处理，提高心部的硬度和强度，以增强机体对表面硼化层的支承作用。

渗硼的常用方法有盐浴渗硼和固体渗硼。

二、铸铁的热处理

1. 灰铸铁常用的热处理

●灰铸铁常用的热处理方法有哪些？

灰铸铁热处理的主要目的是消除铸造应力和提高铸铁表面硬度与耐磨性。

(1)低温退火。将灰铸铁制件加热至 530 ℃～550 ℃，保温后缓慢冷却的方式，称为低温退火。其作用是消除铸件的铸造应力，防止铸件变形，稳定尺寸。

(2)天然时效。在实际生产中，当时间允许时，常将铸铁件在露天长期放置数月乃至数年，以达到减小铸造应力的目的，这种处理称为天然稳定化处理，又称"天然时效"。

(3)表面淬火。将灰铸铁制件的局部表面快速加热到 900 ℃～1 000 ℃ 高温，然后进行快冷淬火的工艺，以提高灰铸铁制件表面硬度和耐磨性，提高疲劳抗力。

另外，灰铸铁还可根据需要进行正火或高温退火，以改善切削性能。

2. 球墨铸铁常用的热处理

●球墨铸铁常用的热处理方法有哪些？

(1)去应力退火。其目的是消除铸造应力。对于形状复杂、壁厚不均匀的铸件，应及时进行去应力退火。

(2)正火。其目的是提高球墨铸铁的强度、硬度和耐磨性。

(3)等温淬火。等温淬火是将加热保温的工件投入到某一温度的盐浴中，保温足够时间后空冷的淬火方式。等温淬火可使球墨铸铁具有高强度、高硬度和较高韧性的良好配合，可满足高速、大功率、复杂受力等工作条件下零件力学性能的要求，但等温淬火工艺目前主要适用于截面尺寸不大的零件。

(4)调质。其主要适用于受力复杂的重要零件，如连杆、曲轴等。

(5)软氮化(碳、氮共渗)。其可在球墨铸铁表面形成较高硬度的渗碳层，从而提高铸件的疲劳抗力、表面硬度和耐磨性。

三、常见热处理的缺陷

●常见热处理的缺陷有哪些，它们有什么危害？

零件在热处理(尤其是淬火)时，常产生各种热处理缺陷，而使零件的质量和性能降低，甚至成为废品。因此，应尽量避免热处理缺陷的产生。钢常见热处理缺陷有下列几种。

1. 淬火变形与淬火开裂

工件淬火时，由于产生很大的淬火应力而易于变形和开裂。

淬火时，工件形状和尺寸发生变化的现象称为淬火变形。例如，薄板的翘曲、细长工件的弯曲、零件孔的胀大或缩小等。淬火变形量如果超过后续加工余量，且不能够进行矫正，则工件成为废品。

淬火时，工件产生裂纹的现象称为淬火开裂。淬火开裂的工件为废品。

2. 过热与过烧

工件淬火时，因加热温度过高或保温时间过长，使晶粒显著粗化的现象称为过热。过热不仅降低工件的强度和韧性，而且易于引起淬火变形和淬火开裂。对于过热的工件，一般可通过正火消除缺陷，然后重新淬火。

工件淬火时，因加热温度过高并接近熔化温度，使得晶界氧化或熔化的现象称为过热。过烧使工件因力学性能急剧恶化(强度极低而脆性大)且无法挽救而报废。

3. 氧化与脱碳

工件淬火加热时，加热介质中的氧、二氧化碳和水汽等与钢表面的氧化作用导致钢件表面形成氧化物的现象，称为氧化。氧化降低零件尺寸精度和表面质量，使淬火工件出现软点(局部小区域的表面硬度偏低)。

工件淬火加热时，加热介质中的氧、二氧化碳和水汽等与钢表层的碳的作用导致钢件表层碳含量降低的现象，称为脱碳。脱碳不仅降低淬火件的硬度、耐磨性和疲劳抗力，而且增大工件淬火开裂倾向。

工件在以空气为加热介质的炉中淬火加热时，氧化、脱碳严重。采用盐浴炉、真空炉进行加热，可防止氧化与脱碳。

任务实施

1. 任务

对变速器主轴进行火焰加热表面淬火。

2. 任务实施所需要的设备

20割矩火焰切割机、氧气、乙炔、变速器主轴、喷水柱。

3. 任务实施步骤

(1)乙炔和氧气之比以 1：1.25～1：1.5 为宜，火焰呈蓝色、中性。

(2)火焰与工件距离为 8～15 mm。

(3)用推进法对工件进行表面加热，保持线速度为 100～180 mm/min。

(4)把工件加热至 300 ℃～500 ℃。

(5)用喷水柱对工件进行连续淬火，保持距离在 10～20 mm。太近，水易溅火；太远，淬硬层不足。

同步练习

1. 简述热处理的含义、作用与分类。
2. 什么是退火、正火？各有什么作用？
3. 去应力退火和人工时效的作用是什么？各用于何种情况？
4. 什么是淬火？什么是钢的淬硬性和淬透性？
5. 什么是回火？什么是调质？
6. 按回火温度的不同，回火分哪三类，各有什么作用？
7. 什么是钢的淬硬性、淬透性？
8. 对钢的表面进行表面热处理的目的是什么？表面热处理的方法有哪些？
9. 灰铸铁的常用热处理有哪些，各有什么作用？
10. 球墨铸铁的常用热处理有哪些，各有什么作用？
11. 常见的热处理缺陷主要有哪些？它们有什么危害？

任务小结

在这个任务中，我们学习了钢和铸铁的热处理，读者在以后的工作中一定要利用好神奇的热处理，它可以大大提高零件的使用性能和使用寿命。

任务三　认识工业用钢

任务目标

1. 了解钢材中的夹杂物。
2. 了解钢的分类。
3. 认识常用钢的牌号。
4. 认识常用的结构钢的类型、特点及应用场合。
5. 认识常用的刃具钢的类型及应用场合。
6. 认识常用的模具钢的类型及应用场合。
7. 认识常用的特殊钢的类型及应用场合。

任务引入

梅赛德斯-奔驰公司采用"适当地方运用适当材料"的原则精心选择材料。这些材料组合包括钢材、铝材和塑料，其中钢材依然占据主导地位。

工业用钢分为碳钢和合金钢两大类。碳钢是指碳含量为 0.02%～2.06%，并含有少量硅、锰、硫、磷等和非金属夹杂物的铁碳合金。合金钢是指为改善钢的性能，而在碳钢基础上专门加入某些化学元素（称为合金元素）所形成的多元合金。高强度或超高强度合金钢更受梅赛德斯-奔驰公司的工程师们的青睐，这些合金钢以最低的重量实现了最高的刚度。

碳钢的性能可满足一般机械零件、工具、工程构件和日用轻工业产品的使用要求，且价格低廉。合金钢的性能优于碳钢，能满足较高性能或较大尺寸的机械零件和工具的使用要求。

知识链接

一、钢材质量

●钢材中的杂质主要有硅、锰、硫、磷等杂质元素和非金属夹杂物，那它们对钢材的性能有哪些影响呢？

硅（Si）和锰（Mn）在钢中属于无害杂质元素。它们可提高钢的强度和硬度，锰还可以减少硫（S）对钢的危害。

硫和磷（P）在钢中属于有害元素。当钢在 1 000 ℃～1 200 ℃进行热压力加工时，因硫的存在而使钢易于开裂，这种现象称为热脆性。磷在钢中，使钢在室温和低温时的脆性增大，这种现象称为冷脆性。冷脆使钢材的室温变形能力和低温抗脆断能力变差。

非金属夹杂物有氧化物、硫化物、氮化物和硅酸盐等，它们的存在使钢的力学性能特别是韧性和疲劳抗力降低。

因此，要提高钢材质量和性能，就应减少硫、磷和非金属夹杂物的含量。

●钢中常加入的合金元素有哪些？

合金元素是指为了改善钢的性能而专门加入钢中的化学元素。钢中常加入钛（Ti）、钒（V）、钨（W）、钼（Mo）、铬（Cr）、锰（Mn）、钴（Co）、镍（Ni）、硅（Si）、铝（Al）、硼（B）、铜（Cu）以及稀土元素等。

二、钢的分类

为了便于钢的生产和使用，应对钢进行分类和编号。

●钢按化学成分可分为哪些类型？

钢按化学成分可分为碳钢和合金钢两大类。

（1）碳钢。按钢中碳的含量分为：

低碳钢——$\omega_c < 0.25\%$

中碳钢——ω_C＝0.30%～0.60%

高碳钢——ω_C＞0.60%

(2)合金钢。按钢中合金元素总量分为：

低合金钢——ω_{Me}＜5%

中合金钢——ω_{Me}＝5%～10%

高合金钢——ω_{Me}＞10%

●钢按质量可分为哪些类型？

按钢中硫(S)、磷(P)的含量分为普通钢、优质钢、高级优质钢三类。

普通钢——钢中 S、P 含量较高(ω_S≤0.050%，ω_P＜0.045%)，例如碳素结构钢、低合金结构钢等。

优质钢——钢中 S、P 含量较低(ω_S≤0.035%，ω_P≤0.035%)，例如优质碳素结构钢、合金结构钢、碳素工具钢和合金工具钢、弹簧钢、轴承钢等。

高级优质钢——钢中 S、P 含量很低(ω_S≤0.02%，ω_P≤0.03%)，例如合金结构钢和工具钢等。高级优质钢通常在钢号后面加符号"A"或汉字"高"，以便识别。

●钢按用途可分为哪些类型？

钢按其主要用途分为结构钢、工具钢和特殊性能钢三类。

(1)结构钢主要用于制造各种机械零件和工程结构件等。

(2)工具钢主要用于制造工具、模具、量具及刃具等。

(3)特殊性能钢具有特殊物理性能和化学性能等，如防锈、耐磨、耐腐蚀等。

●钢按脱氧程度可分为哪些类型？

1. 镇静钢

镇静钢：钢液用锰铁、硅铁和铝充分脱氧，浇入锭模(把熔融金属浇入并凝固成形的模或容器)后能平静凝固的钢。镇静钢质量好，但生产成本较高。机械制造所用的钢多为镇静钢。

2. 沸腾钢

沸腾钢：钢液脱氧不完全，钢液中的氧化铁与碳反应生成 CO(一氧化碳)气体，使钢液产生沸腾现象的钢。沸腾钢质量不如镇静钢，但生产成本较低。

3. 半镇静钢

半镇静钢：脱氧程度介于镇静钢和沸腾钢之间的钢。

三、常用钢的牌号表示法

1. 碳钢

●碳钢的牌号是怎样规定的？

(1)碳素结构钢。碳素结构钢是指保证一定力学性能，平均碳含量 ω_C＝0.06%～0.38%，并含有较多有害杂质的普通碳钢。碳素结构钢的牌号由 Q(屈服点)、屈服点数值(单位为 MPa)、质量等级符号和脱氧方法符号(F、BZ、Z、TZ)组成。质量等级(按硫、磷含量)从高至低分为 A、B、C、D 四级。脱氧方法用汉语拼音字首表示："F"代表沸腾钢，

"BZ"代表半镇静钢，"Z"代表镇静钢(可省略)，"TZ"代表特殊镇静钢(比镇静钢脱氧程度更充分、更彻底)。

例如，Q235-A. F 表示屈服强度 $R_{eL} \geqslant 235$ MPa，质量等级为 A，沸腾碳素结构钢。

(2)优质碳素结构钢。优质碳素结构钢是保证 $\omega_C = 0.08\% \sim 0.7\%$ 和含较少硫、磷等有害杂质的优质钢。其牌号用平均碳含量 ω_C 的万倍数的两位数字表示。例如，45 钢表示 $\omega_C = 0.45\%$ 的优质碳素结构钢。较高含锰量的优质碳素结构钢，其牌号是两位数字后加"Mn"，如 65Mn 钢代表 $\omega_C = 0.65\%$ 的较高含锰量的优质碳素结构钢。

(3)碳素工具钢。碳素工具钢是 $\omega_C = 0.65\% \sim 1.35\%$ 的优质钢和高级优质钢。其牌号是用字母 T("碳"的汉语拼音首字母)和一位或两位数字表示，数字代表钢中 ω_C 的千倍数。例如，T8 代表 $\omega_C = 0.8\%$ 的优质碳素工具钢。如果在 T8 后面加"A"——T8A，表示其为高级优质碳素工具钢。

(4)铸造碳钢。铸造碳钢的牌号，用"ZG"("铸钢"二字汉语拼音首位字母)代表，后面第一组数字为屈服强度数值，第二组数字为抗拉强度。例如，ZG200-400 表示屈服强度 $R_{eL} \geqslant 200$ MPa，抗拉强度 $R_m \geqslant 400$ MPa 的一般工程用铸造碳钢。

2. 合金钢

● 合金钢的牌号是怎样规定的?

我国合金钢牌号用"数字、化学元素符号等"的组合表示。

(1)合金钢的碳含量在牌号中用数字表示。

① 合金结构钢的碳含量用其万倍数的两位数字标在牌号前面，如 40MnVB、30CrMnSi 等。

② $\omega_C < 1\%$ 的合金工具钢用其 ω_C 的千倍数即一位数字标在牌号前面，如 9SiCr、9MnSi 等。

③ $\omega_C \geqslant 1\%$ 的合金工具钢及高速工具钢，其牌号中不标碳含量，如 CrWMn、Cr12MoV 等。

(2)合金元素在牌号中用化学元素符号表示。

① 某合金元素在钢中的平均含量小于 1.5% 时，在牌号中只标元素符号，不标含量数字。

② 某合金元素在钢中的平均含量在 1.5% ~ 2.49%，元素符号后标数字 2。

③ 某合金元素在钢中的平均含量在 2.5% ~ 3.49%，元素符号后标数字 3；其余依此类推。

例如：40Cr——平均 $\omega_C \approx 0.4\%$，平均 $\omega_{Cr} < 1.5\%$；9Mn2V——平均 $\omega_C \approx 0.9\%$，平均 $\omega_{Mn} \approx 2\%$，平均 $\omega_V < 1.5\%$。

四、结构钢

结构钢分为机器用钢和工程用钢。

机器用钢主要用于制造机器零件，它们多为优质碳素结构钢、优质或高级优质合金结构钢。此类钢制造的零件一般需经过热处理后使用。按热处理和用途特点，机器用钢分为渗碳钢、调质钢、弹簧钢、滚动轴承钢和易切削钢等。

工程用钢主要用于各种工程构件，它们多数是普通质量的碳素结构钢和低合金结构钢。用此类钢制造的工程构件一般经冷加工或焊接后直接使用，而不进行热处理。

1. 渗碳钢

●什么是渗碳钢？常用的渗碳钢有什么特点，有哪些类型，用于什么场合？

用作需要经过渗碳及淬火、低温回火零件的钢，称为渗碳钢。渗碳钢的碳含量低（一般为 0.1%～0.25%）。

渗碳钢零件的热处理是渗碳、淬火、低温回火。经此热处理后，零件表面获得较高的硬度（58～64 HRC）和耐磨性，心部获得较高的韧性和较高的强度，同时零件还具有较高的疲劳抗力。

渗碳钢分为碳素渗碳钢和合金渗碳钢。

（1）碳素渗碳钢。碳素渗碳钢主要用作受力较小、截面尺寸小于 10 mm、形状简单的渗碳淬硬零件，如小型活塞销。常用碳素渗碳钢是 20 钢。

（2）合金渗碳钢。钢中的合金元素含量越多，淬透性越好，心部强度越高，淬火变形越小。①常加入铬（Cr）、锰（Mn）、镍（Ni）等元素，以提高钢的淬透性，并能在淬火后使较大截面零件的心部获得较高的韧性和强度。②加入少量钨（W）、钼（Mo）、钒（V）、钛（Ti）等元素，能形成稳定而细小的碳化物，提高淬硬层的耐磨性，防止渗碳时晶粒长大。

常用的低淬透性合金渗碳钢有 20Cr、20Mn2 等，它们适用于截面尺寸不超过 20 mm 的中等受力的渗碳淬硬零件，如机床齿轮、齿轮轴、螺杆、活塞销等。

常用的中淬透性合金渗碳钢有 20CrMnTi、20CrMnMo 等，它们适用于截面尺寸为 20～35 mm、形状复杂、受力较大的渗碳淬硬零件，如汽车、拖拉机、工程机械的变速齿轮、凸轮、活塞销等。

常用的高淬透性合金渗碳钢有 12CrNi3、12Cr2Ni4 等，它们适用于截面尺寸很大（大于 35 mm）、受力很大、淬火变形很小的渗碳淬硬零件，如机车轴承、飞机发动机齿轮等。

2. 调质钢

●什么是调质钢？常用的调质钢有什么特点，有哪些类型，用于什么场合？

主要用作需要经过调质处理零件的钢，称为调质钢。碳含量过低，调质后强度不足；碳含量过高，则韧性不足。调质钢的碳含量为 0.3%～0.5%。

调质钢的热处理有：①调质。零件经调质后具有较高的韧性和足够的强度。②零件调质后，对其表面进行淬火，然后整体低温回火。经此热处理后，表面具有较高的硬度和耐磨性，心部具有良好的综合力学性能，零件还具有较高的疲劳抗力。③调质及渗氮。渗氮钢（38CrMoAlA）零件先调质，然后表面渗氮，使零件表面具有很高的硬度和耐磨性。④调质钢零件也可根据需要进行淬火、中温回火，以获得较高的强度。

调质钢分为碳素调质钢和合金调质钢。

（1）碳素调质钢。碳素调质钢主要用于截面尺寸小于 20 mm、受力不大、形状简单的调质零件。例如，机床中的主轴、齿轮，柴油机中的曲轴、连杆等。常用的碳素调质钢有 45、40Mn 钢等。

（2）合金调质钢。合金调质钢中常加入铬（Cr）、锰（Mn）、镍（Ni）等元素，以提高钢的淬透性，减小零件的淬火变形。加入少量钨（W）、钼（Mo）、钒（V）、钛（Ti）等元素，能形成稳定而细小的碳化物，提高钢的韧性。W 和 Mo 还具有减小高温回火脆性的作用。

低淬透性合金调质钢，主要用于中等受力、形状较复杂、截面尺寸为 20～40 mm 的调质件。常用的低淬透性合金调质钢有 40Cr、40Mn2 等。

中淬透性合金调质钢，主要用于受力大、形状复杂、截面尺寸大(40～60 mm)的调质件，如汽车、拖拉机、机床的轴，齿轮，联轴器等。常用的中淬透性合金调质钢有 40MnVB、30CrMnSi 等。

高淬透性合金调质钢，主要用于受力很大、形状复杂、截面尺寸很大(大于 60 mm)的调质件，如锻压机的偏心轴、压力机曲轴等。常用的高淬透性合金调质钢有 40CrNiMo、40CrMnMo 等。

3. 弹簧钢

●什么是弹簧钢？常用的弹簧钢有哪些类型，各用于什么场合？

弹簧钢是指主要用于制造弹簧的钢。

弹簧工作时，在交变载荷、冲击载荷或振动的作用下，通过弹性变形吸收能量，缓和冲击载荷，吸收振动，起到减震作用，如汽车弹簧、火车弹簧等；也可利用弹簧储存的弹性能驱动机械零件，如气阀弹簧、钟表发条等。因此，为了保证弹簧有良好的工作性能，弹簧应有较高的弹性极限，以保证其有较高的弹性变形能力而不发生塑性变形；应有较高的疲劳抗力，以防止弹簧发生疲劳断裂；还应有一定的塑性和韧性，以防止冲击断裂和脆性断裂。

弹簧钢分为碳素弹簧钢与合金弹簧钢两类。

(1)碳素弹簧钢。碳素弹簧钢的碳含量为 0.6%～0.85%，常用的碳素弹簧钢有 70 钢、65Mn 钢等。这类钢主要用于强度不很高、截面尺寸小于 12 mm 的小型弹簧，经淬火、中温回火至硬度 45～52 HRC 后使用。碳素弹簧钢还可经过处理、加工成直径或厚度小于 6 mm、具有高强度的弹簧丝或钢带，用于冷变形成形为一定形状的弹簧。

(2)合金弹簧钢。合金弹簧钢中常加入铬(Cr)、锰(Mn)、硅(Si)等元素，提高钢的淬透性，使大截面弹簧淬火、回火后获得高而均匀的弹性极限。某些合金弹簧钢中还加入少量的钼(Mo)、钒(V)，以防止淬火时出现晶粒长大和出现高温回火脆性，使弹簧具有一定的韧性。这类钢常用于强度高、截面尺寸较大(长、宽大于 12 mm)的弹簧，经淬火、中温回火至硬度为 45～54 HRC 后使用。如 60Si2Mn 钢常用于截面长、宽尺寸在 12～25 mm 范围内的弹簧；50CrVA 钢(A 表示高级优质钢)常用于截面长、宽尺寸在 25～35 mm 范围内的弹簧。

4. 滚动轴承钢

●什么是滚动轴承钢？常用的滚动轴承钢有什么特点，牌号是怎样规定的，用于什么场合？

滚动轴承由滚动体和内外圈组成。滚动轴承钢是指主要用于制造滚动轴承零件的钢。

滚动轴承钢的碳含量高($\omega_C = 0.95\% \sim 1.05\%$)，以保证较高的淬硬性和耐磨性；钢中加入少量合金元素 Cr($\omega_{Cr} = 0.4\% \sim 1.65\%$)，以提高钢的接触疲劳抗力，并提高钢的淬透性；此外，钢中的有害杂质元素(P、S 和非金属夹杂物)需严格控制，以保证钢具有较高的接触疲劳寿命。滚动轴承零件常用的热处理是淬火、低温回火，硬度一般为 62 HRC 左右。

滚动轴承钢的牌号由"G"("滚"字汉语拼音字首)、化学符号 Cr 和数字组成，数字代表

ω_{Cr} 的千倍数。例如 GCr15 代表 $\omega_{Cr}=1.5\%$ 的滚动轴承钢。

常用的滚动轴承钢有 GCr9、GCr15 和 GCr15SiMn 等。GCr9 常用于制造直径为 $10\sim 20$ mm 的钢球；GCr15 常用于制造壁厚接近 20 mm 的中小型套圈和直径小于 50 mm 的钢球；GCr15SiMn 常用于制造壁厚大于 30 mm 的大型套圈和直径为 $50\sim 100$ mm 的钢球。

5. 低淬透性钢

● 什么是低淬透性钢？低淬透性钢有什么特点，常用的低淬透性钢有哪些，各用于什么场合？

低淬透性钢是指淬透性很低，专供感应加热表面淬火件使用的优质结构钢。

低淬透性钢可以代替渗碳钢用于汽车、拖拉机和农机中的中小模数齿轮，以及用于承受冲击载荷的花键轴、活塞销等零件，并经正火和感应加热表面淬火、低温回火后使用。

调质钢制成的中小模数齿轮表面淬火时齿心硬度过高；而低淬透性钢用于中小模数齿轮时，即便感应加热使齿轮全部热透，在冷却时也只能使齿轮表层淬硬，而齿的心部仍保持良好的强韧性。常用的低淬透性钢有 55Ti、60Ti、70Ti 等。55Ti 常用于制造模数 5 以下的小齿轮；60Ti、70Ti 常用于制造模数 6 以上的大中型齿轮。

6. 易切削钢

● 什么是易切削钢？易切削钢有什么特点，牌号是怎样规定的，常用的易切削钢有哪些，各用于什么场合？

易切削结构钢简称易切削钢。它具有优良的切削加工性，即切削抗力小、排屑容易、加工表面粗糙度小、刀具寿命长。它主要用作成批大量生产、在自动机床上加工以及对力学性能要求不高的各种紧固件（螺钉、销钉）和小型零件。

易切削钢的牌号由"Y"（"易"字汉语拼音首字母）和数字组成，数字代表钢平均碳含量的万倍数。如 Y12 代表 $\omega_C=0.12\%$ 的易切削钢。常用的易切削钢有 Y12、Y15、Y20、Y30 等。Y12、Y15 常用于不重要的标准件，如螺栓、螺母、销钉等。Y20 常用于仪器、仪表渗碳件。Y30 常用于强度较高的标准件、小零件。Y40Mn、Y45Ca 常用于制造强度、硬度较高的零件，如机床丝杠、齿轮轴、花键轴、螺钉、销钉等。

7. 常用碳素结构钢

● 常用的碳素结构钢有哪些，各用于什么场合？

碳素结构钢一般经焊接或机械加工后直接使用，不进行热处理、铸造和锻造加工。此类钢一般具有良好的塑性和焊接性能以及一定的强度，主要用于一般工程构件和要求不高的机械零件。例如：Q195、Q215 用作桥梁、钢架、铆钉、地脚螺钉、开口销和冲压零件等；Q235 用作心轴、转轴、吊钩等，其中 Q235-C、Q235-D 因质量相对较好，可用作重要焊接结构件；Q255、Q275 用作摩擦离合器、主轴、刹车钢带等。

8. 低合金结构钢

● 什么是低合金结构钢，常用的低合金结构钢有哪些，各用于什么场合？

低合金结构钢是指保证一定力学性能，碳含量为 $0.1\%\sim 0.25\%$，并含有少量合金元素的普通低碳低合金钢。此类钢一般经焊接或机械加工后直接使用，而不进行热处理、铸造和锻造加工；与碳素结构钢相比，低合金结构钢具有较高的强度，良好的塑性和韧性，优良的焊接性，还具有较好的耐大气腐蚀能力。

例如，09MnV 常用于拖拉机轮圈、建筑结构、冷弯型钢及各种容器。16Mn 常用于桥梁、电视塔、汽车的纵横梁、厂房结构等。15MnTi 常用于船舶、压力容器、电站设备等。15MnV 常用于船舶、压力容器、桥梁车辆、起重机械等。

五、刃具钢

用于制造刃具（用于切削加工的刀具）的钢称为刃具钢。用于切削加工的刀具主要有车刀、铣刀、刨刀、钻头、丝锥、板牙、锯条和锉刀等。

刀具切削材料时，其刃口承受切屑的剧烈摩擦，摩擦热使刃口温度升高，刃口还承受较大的压应力和一定的冲击载荷，因此，对刀具的要求是：硬度高（≥60 HRC）、耐磨性好、热硬性好（热硬性又称"红硬性"，是钢在高温下保持高硬度的能力）、强度较高和一定的韧性。

常用的刀具材料有碳素工具钢、低合金刃具钢、高速工具钢和硬质合金（粉末冶金材料）等。

1. 碳素工具钢

● 什么是碳素工具钢，常用的碳素工具钢有哪些，用于制成什么刀具？

常用的碳素工具钢有 T7、T8、T10 等。碳素工具钢主要用于切削软材料，以及切削速度很低、热硬性不做要求的手用刀具，经淬火、低温回火至 60～64 HRC 后使用。

例如：T7、T7A 常用于制成受冲击力、韧性较好的木工刀具；T8、T8A 常用于制成受冲击力、硬度较高的木工刀具；T10、T10A 常用于制成不受剧烈冲击、耐磨的手用丝锥、手用锯条等；T12、T12A 常用于制成不受冲击、耐磨的锉刀、刮刀、手用丝锥等。

2. 低合金刃具钢

● 什么是低合金刃具钢，常用的低合金刃具钢有哪些，用于制成什么刀具？

在碳素工具钢的基础上，加入少量铬（Cr）、锰（Mn）、硅（Si）、钨（W）、钒（V）等合金元素，形成低合金刃具钢。

铬（Cr）、锰（Mn）、硅（Si）等元素能提高钢的强度和淬透性，减小淬火变形；钨（W）、钒（V）等元素能提高钢的耐磨性，细化晶粒，提高钢的韧性。低合金刃具钢经淬火、低温回火后，获得高硬度（60～64 HRC）、高耐磨性。

常用的低合金刃具钢有 9SiCr、Cr2、9MnSi、CrMn 等。9SiCr 常用于制成切削速度较低的薄刃口刀具，如丝锥、板牙、铰刀、低速切削钻头等。Cr2 常用于制成切削速度较低、切削软材料的车刀、插刀、铰刀和钻头等。9MnSi 常用于制成长铰刀、长丝锥、木工凿子、手用锯条等。CrMn 常用于制成长丝锥、拉刀等。

3. 高速工具钢

● 高速工具钢有哪些特点，常用的高速工具钢有哪些，用于制成什么刀具？

刀具在高速切削软材料或低速切削硬材料时，因刃口承受剧烈摩擦，其温度升至 600 ℃左右，热硬性、耐磨性较低的碳素工具钢和低合金刃具钢制成的刀具难以满足高速的要求，需使用高速工具钢（即高速钢）。

高速钢的碳含量高（$\omega_c=0.75\%\sim0.9\%$）、合金元素（W、Mo、V、Cr）含量高。加入大量钨（W）、钼（Mo）能使钢获得高硬度，并有效提高钢的热硬性和耐磨性；钒（V）的加入也可进一步提高钢的热硬性；铬(Cr)的作用是提高钢的淬透性。因此，高速钢具有高硬度(65 HRC)、高耐磨性、高热硬性(600 ℃时保持硬度 60 HRC)和高强度；高速钢还具有较高的淬透性和较小的淬火变形。

常用普通高速钢主要有钨系高速钢(如 W18Cr4V、W9Cr4V2)和钨钼系高速钢(如 W6Mo5Cr4V2、W9Mo3Cr4V)。

W18Cr4V 钢(简称 18−4−1)是使用历史最长的钨系高速钢，其热硬性高、耐磨性好、磨削性好，但存在碳化物不均匀度大、脆性大、热塑性差的缺点，目前已很少使用。

W6Mo5Cr4V2 钢(简称 6−5−4−2)热硬性高，耐磨性好，碳化物不均匀度改善，其强度和韧性高于 W18Cr4V 钢，高温(950 ℃～1 100 ℃)热塑性好；目前应用很广泛。W6Mo5Cr4V2 钢可代替 W18Cr4V 钢制作车刀、铣刀、滚刀，还可用于制作热扭成形的麻花钻等。

随着工业的发展，出现了高性能高速钢。高性能高速钢的硬度、耐磨性和热硬性均超过普通高速钢，主要用作加工硬度超过 32 HRC 的高强度钢，以及难加工的耐热钢和特种合金的切削刀具。常用高性能高速钢有高碳 W6Mo5Cr4V2Al、W6Mo5Cr4V2Co5、W18Cr4VCo5 等。

六、模具钢

用于制造模具主要工作零件的钢称为模具钢。常用的模具主要有冷作模、热作模和塑料模等。

1. 冷作模具钢

●什么是冷作模具钢，常用的冷作模具钢有哪些，各用于什么场合？

用于冲压常温金属的模具称为冷作模具。常用的冷作模具有冲裁模、引深模、拉丝模和冷挤模等。冷作模具的主要工作零件是凸模和凹模，用于制造冷作模中凸模和凹模的钢称为冷作模具钢。

常用的冷作模具钢主要有：

(1)碳素工具钢。碳素工具钢(如 T8A、T10A 等)主要用于制造冲裁软材料板(硬纸板、铝板等)，工作寿命不长、形状简单的小截面冲裁模。热处理方式为淬火、低温回火。

(2)合金模具钢。低合金模具钢 9Mn2V、9CrWMn、CrWMn 等主要用作冲裁较硬金属(铜和铜合金)板，以及工作寿命较长、形状复杂、截面较大的冲裁模，也可用作引深铝板的引深模。其中，CrWMn 应用较广泛。

中、高合金模具钢 Cr4W2MoV、Cr12MoV 等，主要用作冲裁硬金属(钢、硅钢)板，以及工作寿命较长、形状复杂的大截面冲裁模，也可用作引深铜、软钢等的引深模，以及冷挤软金属(铝和铝合金)的冷挤模。其中 Cr12MoV 应用较广泛。

(3)中碳高速钢。$\omega_c = 0.6\%$ 的 W6Mo5Cr4V2 高速钢称为中碳高速钢。中碳高速钢既有高速钢的硬度和热硬性，又具有较高的强度、韧性和疲劳抗力，因此，中碳高速钢也用于制造冷挤模，并有较高的寿命。

2. 热作模具钢

●什么是热作模具钢，常用的热作模具钢有哪些，各用于什么场合？

用于成形高温金属的模具称为热作模。常用热作模有热锻模、热挤模和压铸模等。用

于制造热作模主要工作零件的钢称为热作模具钢。

常用的热作模具钢有：

1）低合金热作模具钢

例如：5CrMnMo、5CrNiMo 钢常用作小型锤锻模；5CrMnMoSiV 钢常用作压力机锻模，也可用作大型锤锻模。

2）中合金热作模具钢

例如：4Cr5MoSiV、4Cr5MoSiV1、4Cr5W2Si 钢主要用作成形铝合金、铜合金的热挤模和压铸模，也可用作大型压力机锻模。

3）高合金热作模具钢

例如：3Cr2W8V、4Cr3Mo3W2V 钢常用作低碳钢的热挤模，也常用作成形铜合金的热挤模和压铸模。

此外，中碳高速钢也可用作成形低碳钢的热挤模和压铸模，其工作寿命高于热作模具钢。

3. 塑料模具钢

●什么是塑料模具钢，常用的塑料模具钢有哪些，各用于什么场合？

用于成形塑料制件和制品的模具称为塑料模，如注塑模、挤塑模、吹塑模和压塑模等。用于制造塑料模主要工作零件的钢称为塑料模具钢。

常用塑料模具钢有：

（1）调质钢。常用的调质钢有 45、55、50Cr 等，常用于形状简单、尺寸较小、精度不高且生产量不大的一般注塑模，经淬火回火至 50～55 HRC 后使用。

（2）热作模具钢。常用的热作模具钢有 5CrMnMo、5CrNiMo、4Cr5MoSiV 等。5CrMnMo、5CrNiMo 常用于制造形状较复杂、尺寸较大、精度和表面质量要求较高、生产量较大的一般注塑模，经淬火回火至 50～55 HRC 后使用。4Cr5MoSiV 一般用于制造成型温度较高的塑料的注塑模，经淬火回火至 48～52 HRC 后使用。

（3）冷作模具钢。常用的冷作模具钢有 9Mn2V、CrWMn、Cr4W2MoV、Cr12MoV 等。这类钢一般用作生产热固性塑件及加有玻璃纤维的热塑性塑件等高耐磨件的注塑模。9Mn2V、CrWMn 用于形状不太复杂，精度要求不太高的中小型模具；Cr4W2MoV、Cr12MoV 用于形状复杂、精度要求高、淬火变形很小的大型模具。

（4）不锈钢。常用的不锈钢有 3Cr13、4Cr13、9Cr18、Cr18MoV 等。这类钢耐蚀性好，用于有耐蚀性要求的塑料模。其中，9Cr18、Cr18MoV 常用于要求高耐蚀性和高耐磨性的塑料模。

（5）易切预硬模具钢。常用的易切预硬模具钢有 3CrMo、8Cr2MnWMoVS 等。3CrMo 钢一般用作形状较复杂、尺寸较大、精度和表面质量要求较高、生产量较大的一般注塑模。8Cr2MnWMoVS 一般用作大型精密塑料模。

（6）合金渗碳钢。常用的合金渗碳钢有 20Cr、12CrNi3、12Cr2Ni4 等。这类钢适用于作冷挤法制造型腔的塑料模。

七、特殊钢

具有特殊物理、化学性能的钢称为特殊钢。常用的特殊钢有不锈钢、耐热钢和耐磨钢等。

1. 不锈钢

●什么是不锈钢，常用的不锈钢有哪些，各用于什么场合？

不锈钢是指在大气及其他腐蚀性介质中不易锈蚀的钢。按其成分特点，不锈钢分为铬不锈钢和铬镍不锈钢。

(1)铬不锈钢。铬不锈钢是指碳含量为 0.1%～1.0%、铬含量为 13%～18% 的不锈钢。例如：1Cr13、2Cr13 用于制作耐腐蚀介质、受冲击、要求具有较高韧性的零件，如汽轮机叶片、水压机阀、机载雷达齿轮等；3Cr13、4Cr13 用于制作热油泵轴、阀片、阀门、弹簧、手术刀片及医疗器械等；9Cr18、90Cr18MoV 用于制作不锈切片、机械刀具、手术刀片、耐蚀工具、耐蚀轴承、耐蚀耐磨零件等。

(2)铬镍不锈钢。碳含量低于 0.12%、铬含量为 17%～25%、镍含量为 8%～25% 的不锈钢称为铬镍不锈钢。铬镍不锈钢常用于制造在腐蚀性介质(如硝酸、大多数有机酸和无机酸的水溶液等)中使用的容器、管道、结构零件和医疗器械等。常用的铬镍不锈钢有 0Cr19Ni9、1Cr18Ni9、1Cr18Ni9Ti 等。

2. 耐热钢

●什么是耐热钢？

耐热钢是指在高温下能持续工作的钢。耐热钢应具有高温化学稳定性和热强性。高温化学稳定性是指钢在高温下长期工作时抵抗氧化的能力。热强性是指钢在高温下抵抗塑性变形与断裂的能力。

3. 耐磨钢

●什么是耐磨钢？

耐磨钢是指在巨大压力和高冲击载荷作用下具有高耐磨性的钢。耐磨钢是碳含量为 0.9%～1.5%、锰含量为 11%～14% 的高锰钢。

高锰钢难于切削加工，常采用铸造成形。故高锰钢的基本牌号为 ZGMn13，"ZG"表示"铸钢"，"Mn13"表示钢的平均锰含量为 13%。高锰钢主要用于制作承受高压力、强烈摩擦及高冲击载荷的零件，如锤式破碎机的锤头、挖掘机的斗齿、坦克和拖拉机的履带板等。

任务实施

1. 任务
通过网络认识常用的汽车用钢。

2. 任务实施所需要的设备
电脑(或智能手机)、网络。

3. 任务实施步骤
(1)上网搜索常用的汽车用钢。

(2)将汽车上用钢件制造的零件的名称和牌号相互对应，列出表格。

同步练习

1. 什么是碳素钢？什么是合金钢？

2. 钢材中的主要杂质有哪些，对钢有什么影响？

3. 什么是低碳钢？什么是中碳钢？什么是高碳钢？

4. 什么是低合金钢？什么是中合金钢？什么是高合金钢？

5. 什么是普通钢？什么是优质钢？什么是高级优质钢？

6. Q275-A、F、45钢、T8、ZG200-400、20Mn2、Cr12MoV各是什么钢？代号的含义又是什么？

7. 什么是渗碳钢？常用的渗碳钢有哪些类型，各用于什么场合？

8. 什么是调质钢？常用的调质钢有哪些类型，各用于什么场合？

9. 什么是弹簧钢？常用的弹簧钢有哪些类型，各用于什么场合？

10. 什么是低淬透性钢？常用的低淬透性钢有哪些，各用于什么场合？

11. 什么是易切削钢？常用的易切削钢有哪些，各用于什么场合？

12. 常用的碳素结构钢有哪些，各用于什么场合？

13. 什么是低合金刃具钢，常用的低合金刃具钢有哪些，用于制成什么刀具？

14. 什么是碳素工具钢，常用的碳素工具钢有哪些，用于制成什么刀具？

15. 常用的高速工具钢有哪些，用于制成什么刀具？

16. 什么是冷作模具钢？常用的冷作模具钢有哪些，用于什么场合？

17. 什么是热作模具钢？常用的热作模具钢有哪些，用于什么场合？

18. 什么是塑料模具钢？常用的塑料模具钢有哪些，用于什么场合？

19. 什么是不锈钢？常用的不锈钢有哪些，用于什么场合？

任务小结

本任务我们认识了在工业上常用的各种钢，组成奔驰汽车的绝大部分零件由钢材制作而成，在日常生活中我们也大量用到钢材制作的零件，如厨房里的锅瓢碗筷、工人用的劳动工具、农民用的农具等。读者在以后的学习工作中接触钢材时一定要认清、识别、使用好我们曾经学习、认识过的"老朋友"！

任务四　认识铸铁材料

任务目标

1. 认识灰铸铁的性能和牌号。

2. 认识球墨铸铁的性能和牌号。

3. 熟悉可锻铸铁、蠕墨铸铁、合金铸铁等。

任务引入

　　铸铁也是我们制造零件的常用材料，它是 $\omega_C > 2.11\%$，以铁和碳为基本组元并含有较多硅、锰、磷、硫等杂质元素的合金。铸铁因具有良好的铸造性能，熔炼方便，价格便宜，而在工业中广泛应用。工业铸铁一般含碳量为 2.5%～3.5%。

知识链接

一、常见的铸铁分类

　　根据碳的存在形式，铸铁可分为三大类：
　　(1)白口铸铁。白口铸铁(断口呈银白色)硬度高，塑性、韧性差，难以切削加工，一般不直接用于制造机械零件。
　　(2)灰口铸铁。灰口铸铁(断口呈灰色)是机械制造中最常用的铸铁。根据铸铁中石墨形态不同，灰口铸铁又分为灰铸铁、球墨铸铁和可锻铸铁等。
　　(3)麻口铸铁。麻口铸铁是介于白口铸铁和灰铸铁之间的一种铸铁。麻口铸铁性能不好，故极少应用。

二、灰铸铁

　　灰铸铁的组织由基体和片状石墨组成。
　　●灰铸铁有哪些性能？
　　与钢或工业纯铁相比，灰铸铁的抗拉强度、塑性和韧性很低，而抗压强度和硬度差距不大。灰铸铁中石墨的作用使灰铸铁具有钢所不及的性能：铸造性能好、切削加工性良好、减摩性好(石墨的自润滑作用)、减震性好。
　　●灰铸铁的牌号是怎样规定的？灰铸铁常应用于哪些场合？
　　我国灰铸铁的牌号由"灰铁"的汉语拼音首字母"HT"和表示抗拉强度的一组数字组成。例如，HT150 表示灰铸铁、抗拉强度 $R_m \geqslant 150$ MPa。
　　灰铸铁主要用于受力不大或主要受压、形状复杂而需要铸造成形的薄壁空腔零件，如各种手轮、支座、机床床身、机架等。例如：HT100 主要用于受力很小、不重要的零件，如盖、手轮、重锤等；HT150 主要用于受力不大的铸件，如底座、罩壳、刀架座、普通机器的座子等；HT200、HT250 主要用于较重要的铸件，如机床床身、齿轮、划线平板、底座等；HT300、HT350 主要用于要求高强度、高耐磨性、高度气密性的重要零件，如重型机床床身、机架、高压油缸、泵体等。

三、球墨铸铁

　　石墨呈球状分布的铸铁称为球墨铸铁(简称球铁)。在铸铁液中加入球化剂进行球化处

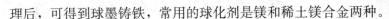

理后，可得到球墨铸铁，常用的球化剂是镁和稀土镁合金两种。

●球墨铸铁有哪些性能？

球墨铸铁的组织由基体组织和球状石墨组成。

球墨铸铁的抗拉强度与某些钢相近，塑性和韧性大为改善，同时也具有较好的铸造性，良好的切削加工性，以及良好的耐磨性和减震性。

●球墨铸铁的牌号是怎样规定的？球墨铸铁常应用于哪些场合？

球墨铸铁的牌号由"球铁"的汉语拼音首字母"QT"和两组数字组成。第一组数字表示最低抗拉强度，第二组数字代表最小伸长率。如 QT400-15 表示球墨铸铁最低抗拉强度为 400 MPa、最低断后伸长率为 15%。

球墨铸铁有时被用来代替 45 钢生产受力较大、受冲击与震动、形状复杂的较重要的零件和耐磨件，如柴油机曲轴、压缩机汽缸、连杆、齿轮、凸轮轴等；也可代替灰铸铁生产要求较高的箱体类零件及压力容器。

四、可锻铸铁

石墨呈团絮状分布的铸铁称为可锻铸铁。由白口铸铁经石墨化退火可获得可锻铸铁。

●可锻铸铁的牌号是怎样规定的？

可锻铸铁的牌号是由"KTH"（"可""铁""黑"三字汉语拼音的大写首字母）或"KTZ"（"可""铁""珠"三字汉语拼音的大写首字母）和表示最低抗拉强度和最低断后伸长率的百分数组成。

例如：牌号 KTH350-10 表示最低抗拉强度为 350 MPa、最低断后伸长率为 10% 的黑心可锻铸铁；牌号 KTZ650-02 表示最低抗拉强度为 650 MPa、最低断后伸长率为 2% 的珠光体可锻铸铁。

●可锻铸铁常应用于哪些场合？

可锻铸铁主要用于制造承受冲击和震动的零件，如农用机械、汽车及机床零件，管道配件，柴油机曲轴、连杆、凸轮轴等。由于可锻铸铁的石墨化退火时间较长，能耗高，生产率低，力学性能不如球墨铸铁，故其应用正逐步减少。

例如：KTH350-10、KTH300-06、KTH330-08，用于制造管道配件、低压阀门、汽车及机床零件等；KTZ450-06、KTZ550-04、KTZ650-02，用于制造强度要求较高、耐磨性较好的铸件，如曲轴、连杆、凸轮轴、活塞环等。

五、蠕墨铸铁

我国是研究蠕墨铸铁最早的国家之一。蠕墨铸铁是指石墨呈蠕虫状形态的铸铁。蠕墨铸铁的力学性能介于灰铸铁与球墨铸铁之间。

●蠕墨铸铁的牌号是怎样规定的？

蠕墨铸铁的牌号为 RuT＋数字。牌号中，"RuT"是"蠕"字汉语拼音加"铁"字汉语拼音的大写首字母；后面是数字，表示最低抗拉强度。例如，牌号 RuT300 表示最低抗拉强度为 300 MPa 的蠕墨铸铁。

●蠕墨铸铁常应用于哪些场合?

蠕墨铸铁主要用于代替灰铸铁或铸钢生产汽车底盘零件、变速箱箱体、气缸盖、气缸套、液压阀、玻璃模具、排气管等。

六、合金铸铁

合金铸铁是指含有合金元素并具有某些特殊性能的铸铁。

●合金铸铁常应用于哪些场合?

常用的合金铸铁有耐蚀铸铁、耐热铸铁和耐磨铸铁。

耐蚀铸铁可用于化工行业中的泵体、蒸馏塔、耐酸管道、阀门、反应锅等。目前应用较普遍的是高铝耐蚀铸铁、高铬耐蚀铸铁、高硅耐蚀铸铁。

耐热铸铁可用来代替耐热钢制造耐热零件。如加热炉底板、热交换器、坩埚等。常用的耐热铸铁有中硅铸铁、高铬铸铁、镍铬硅铸铁等。

耐磨铸铁主要用于制造发动机气缸套、拖拉机配件、犁铧、粉碎机锤头等耐磨零件。常用的耐磨铸铁有磷铬钼铸铁、磷铬钼铜铸铁、稀土镁锰铸铁等。

任务实施

1. 任务

通过网络认识生活中常见的铸铁产品。

2. 任务实施所需要的设备

电脑(或智能手机)、网络。

3. 任务实施步骤

(1)上网搜索生活中常见的铸铁产品。

(2)将生活中用铸铁制造的产品的名称和牌号相互对应,列出表格。

同步练习

1. 灰铸铁主要有哪些性能?HT200、HT250 的含义是什么?灰铸铁主要用于哪些场合?

2. 球墨铸铁主要有哪些性能?QT400-15 的含义是什么?球墨铸铁主要用于哪些场合?

3. 可锻铸铁、蠕墨铸铁、合金铸铁各有哪些应用?

任务小结

本任务我们学习了铸铁,读者应注意与工业用钢进行比较,看看它们分别适用于生产制造什么零件,各自有什么优缺点。

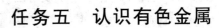

任务五 认识有色金属

任务目标

1. 认识铝合金的类型及其应用。
2. 认识铜合金的类型及其应用。

任务引入

除黑色金属(钢、铁)以外的其他金属与合金，统称为有色金属。有色金属具有许多与钢铁不同的特性。用于机械行业的有色金属主要有铝及铝合金、铜及铜合金、滑动轴承合金等。有色金属也是我们制造零件的常用材料。

奔驰汽车在许多部位都运用了铝合金材料。例如：为满足S级轿车的轻量化设计，工程师们就采用了铝合金材料的发动机罩。这种发动机罩比类似钢制发动机罩轻8 kg。S级轿车的轮毂支架也是由铝合金材料压铸而成。铝合金在航天航空中也有很重要的运用，在飞机上主要用作结构材料，如蒙皮、框架、螺旋桨、油箱、起落架支柱等。铜合金由于良好的耐海水腐蚀性能，在军舰和商船中应用广泛，例如：军舰和大部分商船的螺旋桨都用铝青铜或黄铜制造；为防止船壳被海生物污损而影响航行，经常采用包覆铜加以保护或用刷含铜油漆的办法来解决。

知识链接

一、铝及铝合金

铝的特点有：密度小(2.7 g/cm^3)，约为钢或铁的1/3；电导性和热导性较好，仅次于银和铜；对大气有良好的耐蚀性，但对酸、碱、盐的耐蚀性差；塑性好，强度低等。

1. 工业纯铝

● 什么是工业纯铝，常用来做什么？

纯度为98%～99.7%的铝，称为工业纯铝。它常制成铝丝、铝线、铝箔、铝棒、铝管等各种规格的压力加工产品等。工业纯铝的压力加工产品按纯度不同有L1、L2等七个代号。代号中的"L"是"铝"的汉语拼音首字母，数字代表序号，数字越大纯度越低。工业纯铝主要用于制作导电体、导热体和耐大气腐蚀而强度要求不高的用品、制件，如导线、散热片等。

2. 铝合金

● 什么是铝合金？铝合金有哪些类型，各用于什么场合？

在铝中加入某些合金元素所形成的合金，称为铝合金。铝合金的比强度（强度与密度之比）高，可用于制作质量小或耐蚀的受力件。

铝合金分为变形铝合金和铸造铝合金。

(1) 变形铝合金。变形铝合金主要有防锈铝合金、硬铝合金、超硬铝合金和锻铝合金。

① 防锈铝合金。常用的防锈铝合金（简称防锈铝）具有良好的耐蚀性、塑性和焊接性能。例如：5A05（代号：LF5）常用于焊件、冲压件、铆钉、油管、耐蚀零件、电子仪表外壳等。3A21（代号：LF21）常用于焊接油箱、油管、铆钉、轻载零件等。

② 硬铝合金。硬铝合金（简称硬铝）经过不同的热处理，可具有较高的强度或者具有良好的塑性。硬铝的耐蚀性比防锈铝和纯铝差，故一般在其板材表面包覆一层纯铝，以提高其表面耐蚀性。

例如：2A01（代号：LY1）工作温度不超过 100 ℃，常用作铆钉。2A12（代号：LY12）称为高强度硬铝，用于制造较高强度结构件——飞机蒙皮、螺旋桨叶片、电子设备框架等。

③ 超硬铝合金。超硬铝合金（简称超硬铝）是在硬铝基础上加入合金元素锌所形成的合金，其强度超过硬铝，但其耐蚀性和焊接性能较差，也可用包覆纯铝的方法提高其表面耐蚀性。

例如：7A04（代号：LC4）常用于制造质量小、受力大的构件，如飞机桁架、蒙皮接头及起落架部件等。中国发展的 7A06（代号：LC6）常用于制造主要受力构件，如飞机大梁、桁架、起落架等。

④ 锻铝合金。锻铝合金（简称锻铝）具有良好的锻造性能，经处理后可获得较高硬度。锻铝主要用于制造形状复杂的锻件。

例如：2A50（代号：LD5）用于制造形状复杂、中等强度的锻件。2A14（代号：LD10）用于制造承载重载荷的锻件，如发动机风扇叶片等。

(2) 铸造铝合金。铸造铝合金分为铝硅铸造合金、其他铸造合金（包括铝铜铸造合金、铝镁铸造合金和铝锌铸造合金）。

① 铝硅铸造合金。与其他铸造铝合金相比，铝硅铸造合金具有良好的铸造性能、耐蚀性和足够的强度，且密度小，故应用最广泛。它常用于铸造质量小、形状复杂的结构零件，如航空、仪表产品中的壳体、支架，汽车、摩托车中的活塞、气缸盖等。

例如：$ZAlSi7Mg$（代号：ZL101）常用于铸造飞机、仪器的零件。$ZAlSi12$（代号：ZL102）常用于铸造仪表、抽水机壳体等外形复杂件。$ZAlSi9Mg$（代号：ZL104）常用于铸造电动机壳体、气缸体等。$ZAlSi12CuMgNi$（代号：ZL109）常用于铸造活塞及高温下工作的零件。

② 其他铸造合金。铝铜铸造合金具有较高的强度和耐热性，铝镁铸造合金具有较高的强度和耐蚀性，但它们的铸造性能较差。铝锌铸造合金密度大且耐蚀性差。

例如：铝铜铸造合金 $ZAlCu5Mn$（代号：ZL201）常用于铸造内燃机气缸头、活塞等。铝铜铸造合金 $ZAlCu10$（代号：ZL202）常用于铸造高温下工作不受冲击的零件。铝镁铸造合金 $ZAlMg10$（代号：ZL301）常用于铸造舰船配件。铝锌铸造合金 $ZAlZn11Si7$（代号：ZL401）常用于铸造结构、形状复杂的汽车、飞机仪器零件等。

二、铜及铜合金

铜的特点有：电导性和热导性好，对大气和淡水有良好的耐蚀性，塑性高、强度较低。在铜中加入某些合金元素所形成的合金，称为铜合金。铜合金根据主加元素的不同，可分

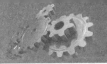

为黄铜、青铜、白铜。在工业上最常用的是黄铜和青铜。

1. 工业纯铜

●什么是工业纯铜，常用它来做什么？

纯度为 99.9%～99.5% 的铜，称为工业纯铜。纯铜呈紫红色，又称紫铜。工业纯铜的加工产品按纯度不同有 T1、T2 等七个代号。代号中的"T"是"铜"的汉语拼音首字母，数字代表序号，数字越大纯度越低。工业纯铜主要用于制造导电体、导热体和有特殊要求的零件，如导线、电刷、热交换器和抗磁干扰的仪表零件。

2. 黄铜

●什么是黄铜？黄铜有哪些类型，各用于什么场合？

黄铜是以锌作为主要添加元素的铜合金，具有美观的黄色。

按成分不同，黄铜分为普通黄铜和特殊黄铜；按加工特点不同分为压力加工黄铜和铸造黄铜。

(1)普通黄铜。仅由铜和锌组成的铜合金，称为普通黄铜。普通黄铜具有优良的电导性、热导性、良好的耐蚀性，还因锌的合金化强化而具有较高的强度。

以压力加工并可用于塑性成形的黄铜，称为压力加工黄铜。压力加工普通黄铜的代号由"H"（"黄"的汉语拼音首字母）和数字组成，其数字代表平均铜含量，如 H70 表示铜的平均含量为 70% 的普通黄铜。

普通黄铜中常用的牌号有：H96，常用于制造导管、冷凝器、导电件等；H90、H80，颜色呈美丽的金黄色，又称金黄铜，可作装饰品、奖章等；H70，又称"七三黄铜"，用于制造弹壳、电子零件、铜管、散热器等，故有"弹壳黄铜"之称；H68，常用于制造冷冲及冷挤零件，如弹壳、散热器壳等；H62，又称"六四黄铜"，常用于制造销钉、铆钉、螺钉、螺母、垫圈水管、油管等，应用较广；H59，常用于制造热压与热轧零件，如垫圈、垫片、螺钉等。

(2)特殊黄铜。在普通黄铜中加入其他合金元素所组成的铜合金，称为特殊黄铜。常加入的元素有锡、硅、铅、铝、锰等，分别称为锡黄铜、硅黄铜、铅黄铜、锰黄铜等。加入合金元素是为了提高黄铜的强度、耐蚀性，降低季裂（经冷变形后的金属内有拉伸应力存在，又处于潮湿等特定环境中所发生的断裂）倾向，改善铸造性能、切削性能等加工性能。

压力加工特殊黄铜的牌号由"H"和主要添加元素化学符号、铜含量、主要添加元素的含量组成。例如：HPb59-1 表示含铜的平均质量分数 $\omega_{Cu}=59\%$，含铅的平均质量分数 $\omega_{Pb}=1\%$ 的铅黄铜，其余为锌。

常用的特殊黄铜有：锡黄铜 HSn62-1，强度高，在海水中有较高的耐蚀性，常用于制造船舶的耐蚀零件。铅黄铜 HPb59-1，主要用于制造热冲压和需切削加工的零件，如销钉、螺母、衬套、垫圈等。锰黄铜 HMn53-2，主要用于船舶和弱电流工业用耐磨件等。铝黄铜 HAl60-1-1，主要用于齿轮、蜗轮、轴瓦、衬套等耐蚀性、高强度零件。

此外，黄铜也可用作铸件。用作铸件的黄铜称为铸造黄铜，其牌号由"Z"（"铸"的汉语拼音首字母）和元素符号 Cu、元素符号 Zn 及其含量，其他元素符号及其含量组成。例如，ZCuZn38 是常用的铸造普通黄铜，主要用于一般结构件和耐蚀件，如法兰、阀座、螺母等；ZCuZn25Al6Fe3Mn3 是铸造特殊黄铜，主要用于较高强度零件和耐磨零件，如桥梁支承板、螺母、螺杆、滑块、蜗轮等。

3. 青铜

● 什么是青铜？青铜有哪些类型，各用于什么场合？

青铜是指铜与锌、镍以外的元素组成的铜合金，按化学成分不同，分为普通青铜（锡青铜）、特殊青铜（无锡青铜）两类。

(1)锡青铜（普通青铜）。在铜中主要加入元素锡(Sn)所形成的合金，称为锡青铜。锡青铜具有较高的强度，并在大气、淡水、海水和水蒸气中具有较好的耐蚀性。锡青铜也是人类历史上应用最早的一种合金，我国古代遗留下来的一些古镜、钟鼎等文物便由这些合金制成。压力加工锡青铜的牌号由"Q"和主要添加元素化学符号——锡(Sn)、主要添加元素的含量，其他元素含量组成。例如，QSn4-3 表示含锡的平均质量分数 $\omega_{Sn}=4\%$，含其他元素的质量分数 $\omega_{Zn}=3\%$，含铜的平均质量分数 $\omega_{Cu}=93\%$ 的锡青铜。

常用的压力加工锡青铜有：QSn4-3，常用于制造导电弹簧和化工机械；QSn6.5-0.1，常用于制造导电弹簧和耐磨零件，如齿轮、电刷盒、振动片、接触器等；QSn4-4-2.5（平均 $\omega_{Sn}=4\%$，$\omega_{Zn}=4\%$，$\omega_{Pb}=2.5\%$，平均 $\omega_{Cu}=89.5\%$），常用于制造航空、汽车和其他工业上用的轴承、轴套和衬套等。

铸造青铜的牌号用"铸"字的汉语拼音首字母"Z"和基体金属的化学元素符号铜(Cu)，以及主加化学元素和辅加元素符号、名义百分含量的数字组成。例如，ZCuSn10Pb1 表示含锡的平均质量分数 $\omega_{Sn}=10\%$ 的铸造锡青铜。ZCuSn10Pb1、ZCuSn6Pb3 的铸造性能、耐磨性和耐蚀性好，常用于制造轴瓦、衬套、齿轮、蜗轮等。

(2)铝青铜。在铜中主要加入合金元素铝所形成的合金，称为铝青铜。铝青铜比黄铜和锡青铜具有更高的强度、硬度和耐磨性，以及更好的耐蚀性。一般压力加工铝青铜，如 QAl5、QAl7 等主要用于制造仪器、仪表中的耐蚀弹性零件。一般铸造铝青铜，如ZCuAl10Fe3Mn2等，主要用于制造强度和耐磨性较高的耐磨零件，如齿轮、蜗轮、轴承、管嘴等。

(3)铍青铜。在铜中主要加入合金元素铍(Be)所形成的合金，称为铍青铜。常用铍青铜的铍含量为 $1.7\%\sim2.5\%$。例如，QBe2 经过一系列的处理，可具有高的弹性极限、疲劳抗力和耐磨性。

铍青铜广泛用于电子、仪表行业中的导电弹簧和精密弹性零件，钟表的齿轮、轴承等耐磨零件，以及防爆工具。高性能铍青铜还应用于塑胶注塑成形模具的内镶件、模芯、导热嘴、汽车模具等。

4. 白铜

● 什么是白铜，常用于什么场合？

白铜是以镍为主要添加元素的铜合金，因色白而得名。工业白铜分结构白铜和电工白铜两大类。

(1)结构白铜的机械性能和耐蚀性能好、色泽美观，广泛应用于制造精密机械、精密仪器、仪表中的耐蚀零件，眼镜配件，化工机械和船舶构件等。世界上第一艘核动力潜艇的推进机构中，就使用了重达 30 t 的白铜冷凝管。

(2)电工白铜一般具有良好的热电性能，是制造精密电工仪器、变阻器、精密电阻、热电偶等的重要材料。

任务实施

1. 任务

通过网络认识生活中常见的有色金属产品。

2. 任务实施所需要的设备

电脑(或智能手机)、网络。

3. 任务实施步骤

(1)上网搜索生活中常见的有色金属产品。

(2)将生活中常见的有色金属产品的名称和牌号相互对应,列出表格。

同步练习

1. 什么是工业纯铝?工业纯铝常用来做什么?

2. 变形铝合金有哪些,各用于什么场合?

3. 铸造铝合金有哪些,各用于什么场合?

4. 什么是工业纯铜?工业纯铜常用来做什么?

5. 什么是普通黄铜?常用的普通黄铜有哪些,各用于什么场合?

6. 什么是特殊黄铜?常用的特殊黄铜有哪些,各用于什么场合?

7. 什么是锡青铜(普通青铜)?常用的锡青铜有哪些,各用于什么场合?

8. 什么是铝青铜?常用的铝青铜有哪些,各用于什么场合?

9. 什么是铍青铜?用于什么场合?

任务小结

我们在这个任务里只学习了工业纯铝、铝合金、工业纯铜、铜合金等材料,有色金属还包括黄金、铂金、白银等贵重金属,读者要熟练掌握它们的特点及用途,注意与黑色金属进行比较,看看它们分别适用于生产制造什么零件,各有什么优缺点。

任务六　了解粉末冶金材料

任务目标

1. 了解硬质合金的类型及应用场合。

2. 了解含油轴承材料与铁基结构材料的用途。

任务引入

用粉末冶金法制得的金属材料称为粉末冶金材料。各种粉末冶金材料具有各自独特的性能，在机械、家电、电子等行业中得到广泛应用。在航空航天领域，绝大多数军用飞机和民用飞机都采用粉末冶金刹车片。

知识链接

用金属粉末或金属与非金属的粉末作为原料，经配料、压制成形和烧结等工艺制取金属材料的方法，称为粉末冶金。粉末冶金既是一种金属材料的生产方法，也是一种制造零件的工艺方法。用粉末冶金法制得的金属材料，称为粉末冶金材料。粉末冶金材料主要有硬质合金、减摩材料、难熔金属及含油轴承材料等。

一．硬质合金

● 什么是硬质合金？硬质合金有哪些性能，分哪几类，有哪些用途？

硬质合金是以高硬度难熔金属的碳化物（WC、TiC 等）微米级粉末为主要成分，以钴（Co）或镍（Ni）、钼（Mo）为粘结剂，在真空炉或氢气还原炉中烧结而成的粉末冶金制品。硬质合金具有很高的硬度、强度、耐磨性、耐蚀性，被誉为"工业牙齿"，用于制造切削工具、刀具和耐磨零部件，广泛应用于军工、航天航空、机械加工、冶金、石油钻井等领域。

硬质合金中碳化物的作用是提高合金的硬度、热硬性和耐磨性；钴的作用是黏结碳化物和提高合金的韧性。因此，硬质合金的性能如下：①有很高的硬度（69～81 HRC）、热硬性（加热至 900 ℃～1 000 ℃时，硬度保持 60 HRC）和很好的耐磨性。硬质合金刀具比高速钢刀具具有更优良的切削性和更长的寿命（寿命提高 5～8 倍）。②有较低的抗弯强度、韧性和很差的热导性，当承受冲击载荷或温度急剧变化时，易于产生裂纹等。

硬质合金主要用作切削速度较高或加工硬材料及难加工材料的切削刀具，按成分不同，常用的有钨钴类硬质合金、钨钛钴类硬质合金和钨钛钽（铌）钴类硬质合金。

1. 钨钴类硬质合金

钨钴类硬质合金的牌号用"YG"（"硬钴"的汉语拼音首字母）和钴含量的数字表示，有YG3、YG6、YG8 等。例如，YG6 表示 $w_{Co}=6\%$，其余为碳化钨（WC）的钨钴类硬质合金。钨钴类硬质合金主要用于制造加工铸铁、铸造有色合金、胶木等脆性材料的高速切削（切削速度为 100～300 m/min）刀具。这类合金还可用于制造要求长寿命的各类模具（如冷冲模等），量具和其他耐磨材料（如车床顶尖、无心磨床的导杆等）。

2. 钨钛钴类硬质合金

钨钛钴类硬质合金的牌号用"YT"（"硬钛"的汉语拼音首字母）和碳化钛（TiC）含量的数字表示，有 YT5、YT14、YT15 等。例如，YT14 表示 $w_{TiC}=14\%$，其余为碳化钨和钴含量的钨钛钴类硬质合金。钨钛钴类硬质合金主要用于制造加工钢材、有色合金型材等韧性材料的高速切削刀具，或用于制造加工高硬度钢（33～40 HRC）、某类不锈钢等的切削刀具。

3. 钨钛钽(铌)钴类硬质合金

钨钛钽(铌)钴类合金又称通用硬质合金或万能硬质合金,其牌号用"YW"("硬万"的汉语拼音首字母)与序号表示,有 YW1、YW2 等。钨钛钽(铌)钴类硬质合金刀具既可切削铸铁等脆性材料,也可切削钢材等韧性材料,主要用于加工高锰钢、耐热钢、合金钢、某些不锈钢等难加工的材料。

钴具有较高的韧性,故在同类硬质合金中,钴含量越高,硬质合金的强度及韧性就越高,而硬度、热硬性及耐磨性有所降低。因此,在同类硬质合金中,钴含量较高的硬质合金适宜制造粗加工刀具,含钴量较低的硬质合金适宜制造精加工刀具。

由于硬质合金不能锻造和热处理,并难于对其进行切削加工,故硬质合金厂以各种规格的硬质合金刀片或硬质合金模具镶件提供给用户,用户采用钎焊、黏结或机械连接等方法将其固定在刀体上或模具的工作部位使用。

二、含油轴承材料与铁基结构材料

● 什么是含油轴承材料,有什么用途? 什么是铁基结构材料,有什么用途?

含油轴承材料是一种多孔材料。由于此类材料中含有许多孔隙,经油浸渍后能储存足够的润滑油而具有自润滑和减摩作用。常用的含油轴承材料有铁基含油轴承材料和铜基含油轴承材料两类。铁基含油轴承材料常用于机车、汽车、冶金和矿山机械等使用的滑动轴承。铜基含油轴承材料常用于精密机械、纺织机械等使用的滑动轴承。

铁基结构材料是以钢的粉末为主要原料制成的粉末冶金材料,它广泛用于制造各种机械结构零件,如机床的调整垫圈、法兰盘,汽车上的油泵齿轮等。

任务实施

1. 任务
通过网络认识常用的汽车用粉末冶金材料。

2. 任务实施所需要的设备
电脑(或智能手机)、网络。

3. 任务实施步骤
(1)上网搜索常用的汽车用粉末冶金材料。
(2)将汽车上用粉末冶金材料制造的零件的名称和类型相互对应,列出表格。

同步练习

1. 什么是硬质合金材料? 硬质合金有哪些性能?
2. 钨钴类硬质合金常用于什么场合? 其牌号是怎样的?
3. 钨钛钴类硬质合金常用于什么场合? 其牌号是怎样的?
4. 钨钛钽(铌)钴类硬质合金常用于什么场合? 其牌号是怎样的?
5. 含油轴承材料与铁基结构材料各有什么用途?

任务小结

本任务中我们学习了常用的粉末冶金材料的特点及其用途。粉末冶金材料还有很多，读者可通过网络进行拓展学习，注意与工业用钢进行比较，看看它们分别适用于生产制造什么零件，有什么优缺点。

任务七　认识和选用非金属材料

任务目标

1. 熟悉塑料的特性和分类。
2. 了解常用的热塑性通用材料及其应用。
3. 了解常用的热固性工程材料及其应用。
4. 了解橡胶的性能、分类及应用。
5. 了解陶瓷的性能、分类及应用。
6. 了解复合材料的性能、分类及应用。
7. 了解一些新型工程材料的特性。

任务引入

钢、铸铁、有色金属与粉末冶金都属于金属材料。但随着科技的发展和新材料的出现，越来越多的零件可由非金属材料做成。非金属材料是指除金属材料以外的其他所有固体材料。因其具有许多优点，正越来越多地应用于工业、国防和科技领域。机械工业中常用的非金属材料主要有高分子材料、陶瓷材料和复合材料。现代汽车制造中非金属材料被大量地引入了车身系统，这在环保节能以及碰撞能量吸收上有十分重要的意义。

知识链接

一、高分子材料简介

高分子材料是以高分子化合物为基料组成的材料。工业上所用的主要是合成有机高分子材料。高分子材料按其来源分为天然高分子材料与合成高分子材料；按其热行为特点分为热塑性高分子材料和热固性高分子材料；按其用途的工艺性质分为塑料、橡胶、纤维、胶粘剂和涂料。

二、塑料

●什么是塑料，塑料有什么特性？

塑料是以某些高分子化合物（树脂）为基料，加入各种添加剂经成形后，在玻璃态下使用的高分子材料。它是应用最广的高分子材料。

树脂是塑料的基本组成部分，并决定塑料的主要性能。塑料的特性有：①密度小。这对于减轻车辆、舰船、飞机和航天器等的自重具有主要意义。②良好的耐蚀性。大多数化学稳定性好，对大气、水、油、酸、碱和盐等介质有良好的耐蚀性。③良好的减摩性和耐磨性。④良好的电绝缘性。⑤良好的消声减振性。⑥良好的成形性。绝大多数塑料可直接采用注射、挤塑或压塑成形而无须切削加工，故生产效率高，成本低。

●塑料可分为哪几类？

塑料按应用范围可分为通用塑料和工程塑料。通用塑料是指产量大、价格低、用途广的常用塑料，多用于生活日用品、包装材料或性能要求不高的工程制品，如聚乙烯（PE）、聚苯乙烯（PS）、聚氯乙烯（PVC）等。工程塑料是指具有较高强度、刚度、韧性和耐热性，并主要用于机械零件和工程构件的塑料，如聚甲醛（POM）、ABS塑料、有机玻璃等。

塑料按热行为可分为热塑性塑料和热固性塑料。热塑性材料属线型结构，可重复加热塑制成形，其制品的强度、刚度和耐热性较差，但韧性较高，如聚乙烯（PE）、聚苯乙烯（PS）、聚氯乙烯（PVC）等。热固性材料属体型结构，不能重复成形，其制品的强度、刚度和耐热性较高，但脆性较大，如酚醛塑料（PF）、氨基塑料、环氧树脂塑料（EP）等。

●常用的塑料有哪些，用于什么场合？

常用的热塑性通用材料有：

聚乙烯（PE），主要用于制造薄膜、软管、塑料瓶等包装材料；也可用于低承载的结构件，如插座、高频绝缘件、化工耐蚀管道、阀件等。

聚苯乙烯（PS），主要用于制造仪表外壳、灯罩、高频插座、其他绝缘件，以及玩具、日用器皿等。

聚氯乙烯（PVC），主要用于制造化工用耐蚀构件，如管道、弯头、三通阀、泵体等，也可用于农业和工业包装用薄膜、人造革、电绝缘材料。

聚丙烯（PP），主要用于制造继电器小型骨架、插座、外罩、外壳、法兰盘、接头、化工管道、容器、药品和食品的包装薄膜。

常用的热塑性工程材料有：

尼龙（PA），尼龙6、66、610、1010用于小型耐磨机件，如齿轮、凸轮、轴承、衬套等；铸造尼龙（MC）用于大型机件等。

聚甲醛（POM），主要用于汽车、机床、化工、仪表等耐疲劳、耐磨机件和弹性零件，如齿轮、凸轮、轴承、叶轮等。

聚碳酸酯（PC），主要用于制造高精度构件及耐冲击构件，如齿轮、蜗轮、防弹玻璃、飞机挡风罩、坐舱盖、高绝缘材料等。

ABS塑料，广泛用于机械、电气、化工等行业，如齿轮、轴承、仪表盘、机壳机罩、机舱内装饰板和窗框等。

聚砜PSU，用于制造较高温度的结构件，如齿轮、叶轮、仪表外壳、电子器件中的骨架、管座等。

有机玻璃(PMMA)，用于制造透明和具有较高强度的零件、装饰件，如光学镜片、标牌、飞机与汽车的座窗等。

聚四氟乙烯(PTFE)，用于化工、电气、国防等方面，如超高频绝缘材料、液氢输送管道的垫圈、软管等。

常用的热固性工程材料有：

酚醛塑料(PF)，又称电木，广泛用于开关、插座、骨架、壳罩等电气零件。

氨基塑料，又称电玉，主要用于开关、插头、插座、旋钮等电气零件。

环氧树脂塑料(EP)，主要用于浇铸模具、电缆头、电容器、高频设备等电气零件。

三、橡胶与陶瓷

1. 橡胶

●什么是橡胶，橡胶主要有什么特性？

橡胶是以某些线型非晶态高分子化合物(生胶)为基料，加入各种配合剂制成的在高弹态使用的高分子材料。生胶是橡胶的基本组成部分。

橡胶是广泛应用的主要工业原料，它的主要特性是具有高弹性，卸载后能很快恢复原状；橡胶具有优异的吸震性和储能能力，还具有较高的强度、耐磨性、密封性和电绝缘性能等。

●常用的橡胶有哪些，各用于哪些场合？

按生胶来源不同，橡胶分为天然橡胶与合成橡胶；按应用范围不同，橡胶分为通用橡胶和特种橡胶。

(1)通用橡胶。通用橡胶产量大、用途广，主要用于制造汽车轮胎、胶带、胶管和一般工程构件。例如：

天然橡胶(代号：NR)，主要用于制造通用制品、轮胎等。

丁苯橡胶(代号：SBR)，主要用于制造通用制品、轮胎、胶板、胶布等。

顺丁橡胶(代号：BR)，主要用于制造轮胎、耐寒运输带等。

氯丁橡胶(代号：CR)，主要用于制造耐燃、耐汽油、耐化学腐蚀的管道、胶带、电线电缆的外皮、汽车门窗的嵌条等。

丁腈橡胶(代号：NBR)，主要用于制造耐油密封垫圈、输油管、汽车配件以及一般耐油制件等。

(2)特种橡胶。特种橡胶在特殊条件下(如高温、低温、酸、碱、油、辐射等)使用。例如：

聚氨酯橡胶(UR)，高强度、耐磨、耐油，主要用于实心轮胎、胶辊、耐磨件等。

硅橡胶，耐热、耐寒、抗老化、无毒，主要用于制造耐高低温的制品、绝缘件、印模材料和人造血管。

氟橡胶(FPM)，耐蚀、耐酸碱、耐热，主要用于制造高级密封件、高真空胶件等。

2. 陶瓷

●什么是陶瓷，陶瓷主要有什么特性？

陶瓷是以金属或非金属的化合物为原料,经制粉、配料、成形和烧结而制成的无机非金属材料。它与金属、高分子材料并列为三大支柱材料。陶瓷在建筑、冶金、化工、机械、电子、宇航和核工业中得到广泛应用。

陶瓷的特性主要有:

(1)极高的硬度和弹性模量。

(2)很高的热硬性和高温强度。

(3)良好的耐蚀性和抗氧化性。

(4)多样化的电性能:大多数陶瓷是良好的电绝缘体,部分陶瓷为半导体,个别陶瓷为超导体,有的陶瓷还具有光-电等转化功能。

(5)主要缺点:脆性大、抗热震性与抗拉强度低,但其抗压强度相对高得多。

●常用的陶瓷有哪些,各用于哪些场合?

按原料来源不同,陶瓷分为普通陶瓷和特种陶瓷,按用途不同分为日用陶瓷和工业陶瓷,其中工业陶瓷又分为工程结构陶瓷和功能陶瓷。

常用的工程结构陶瓷有:

(1)普通工业陶瓷,常用于受力不大的绝缘件,如绝缘的机械支撑件。

(2)化工陶瓷,常用于受力不大、强度低的耐酸、耐碱容器、反应塔、管道等。

(3)氧化铝陶瓷(刚玉),常用于高温器皿,如坩埚、热电偶导管、电阻丝导管等;切削淬火钢的刀具、拉丝模等;内燃机的火花塞、火箭导流罩、高温轴承等。

(4)氮化硅陶瓷,常用于耐蚀、耐磨、耐高温的密封环、高温轴承、热电偶导管、燃气轮机叶片,切削淬火钢、冷硬铸铁的刀具等。

(5)氮化硼陶瓷,常用于坩埚、冶金用高温容器、半导体散热绝缘零件、高温轴承、玻璃成形模具等。立方氮化硼陶瓷,主要用作切削淬火钢等的刀具。

(6)碳化硅陶瓷,常用于在 1 500 ℃以上工作的结构件,如火箭尾喷管的喷嘴,浇注金属的浇口、炉管,热电偶套管,高温轴承,高温热交换器,核燃料的包封材料等。

四、复合材料与新型工程材料

1. 复合材料

●什么是复合材料,复合材料有哪些特性?

由两种或两种以上不同性质的材料,经人工组合而成的新型多相材料称为复合材料。例如,可随意弯曲的铝塑管、铝塑板;建筑上用的复合钢板,其外表面是喷涂的钢板,里面是一层很厚的保温层。

复合材料的主要特性有:①比强度和比刚度高。比强度:材料在断裂点的强度除以其密度。比刚度:材料的弹性模量除以其密度。比强度和比刚度高,有利于减小设备或构件的自重和尺寸。②疲劳抗力高。③抗震性好。复合材料自振频率高,不易产生共振。④高温性能好。⑤良好的工作安全性、良好的耐磨性等。

●常用的复合材料有哪些,各用于哪些场合?

目前使用较广泛的是高聚物基纤维复合材料和层叠复合材料。

(1)高聚物基纤维复合材料。

①玻璃纤维增强塑料。玻璃纤维增强塑料俗称玻璃钢。热塑性玻璃钢主要用于制造各种仪表盘、收录机机壳、代替有色金属制造轴承座、轴承等。热固性玻璃钢可用于制造汽车车身、轻型船体、直升机旋翼、氧气瓶、耐蚀容器及管道等。

②碳纤维增强塑料。碳纤维增强塑料的强度、刚度和其他许多性能均超过玻璃钢。主要用作比强度和比刚度要求高的飞行器构件(如飞机机身、螺旋翼、尾翼、卫星壳体等)及重型机械的轴瓦、齿轮等。

(2)层叠复合材料。层叠复合材料是由两层或多层不同性质材料层叠复合而成。例如：在碳素钢板表面复叠一层塑料或不锈钢可提高耐蚀性，用于食品工业和化工；以金属、玻璃钢或增强塑料为面板，泡沫塑料、木屑、石棉或蜂窝格子等为心料制成的夹层复合材料，不仅密度小，刚度和抗压稳定性好，还可以获得绝热、隔声等性能。

2. 新型工程材料

● 常听说的新型工程材料有哪些？

新型工程材料的开发与应用，推动了科学的发展与进步，如半导体元件的发明与应用，使人们进入了电脑的时代。

(1)形状记忆合金。合金的形状被改变之后，一旦加热到一定的跃变温度，又可以魔术般地变回到原来的形状，人们把具有这种特殊功能的合金称为形状记忆合金。形状记忆合金具有许多优异的性能，广泛应用于航空航天。

(2)纳米材料。纳米材料是指由纳米微粒(粒径在 $1\sim100$ nm 之间)凝聚成的材料(如纤维、薄膜、块体)，或由纳米微粒与常规材料(薄膜、块体)组成的复合材料。

纳米材料具有较低的熔点，如纳米金属的粒子在空气中会燃烧，陶瓷材料的纳米粒子暴露在大气中会吸附气体并与其反应。纳米材料力学性能表现为：高强度、高硬度、良好的塑性和韧性等。

(3)超导材料。超导性是在特定温度、特定磁场和特定电流条件下电阻趋于零的材料特性。凡具有超导性的物体，称为超导材料或超导体。超导材料的电性质和磁性质是超导体两个最基本的特性。

在超导的应用上，目前处于领先地位的是制造高磁场的超导磁体。在新能源开发方面的应用有超导受控热核反应堆、超导磁流体发电等。在节能方面的应用有超导输电、超导发电机和电动机、超导变压器、超导磁悬浮列车等。

新型工程材料的发明和应用层出不穷，它们的出现将推动科学技术的快速发展。

任务实施

1. 任务

通过网络认识常用的汽车用非金属材料。

2. 任务实施所需要的设备

电脑(或智能手机)、网络。

3. 任务实施步骤

(1)上网搜索常用的汽车用非金属材料。

(2)将汽车上用非金属材料制造的零件的名称和类型相互对应，列出表格。

同步练习

1. 什么是塑料，塑料有什么特性？

2. 通用塑料指的是什么？工程塑料指的是什么？热塑性材料、热固性材料的主要特点是什么？

3. PE、PS、PVC、PP 主要有哪些用途？

4. PA、POM、PC、ABS 塑料、聚砜 PSU、PMMA、PTFE 主要有哪些用途？

5. 什么是橡胶，橡胶主要有什么特性？

6. 天然橡胶 NR、丁苯橡胶 SBR、顺丁橡胶 BR、氯丁橡胶 CR、丁腈橡胶 NBR 主要有哪些用途？

7. 聚氨酯橡胶 UR、硅橡胶、氟橡胶 FPM 主要有哪些用途？

8. 什么是陶瓷，陶瓷主要有什么特性？

9. 常用的工程结构陶瓷有哪些，各用于什么场合？

10. 什么是复合材料，复合材料有哪些特性？

11. 新型工程材料有哪些？各有什么特点？

任务小结

本任务我们学习了各种非金属材料的特点及其应用场合，很多非金属材料在日常生活中应用比较多，读者可以在平时多观察人们所用到的非金属材料。

任务八　认识轴、轴承、弹簧的材料

任务目标

1. 认识轴的常用材料及适用场合。

2. 认识滑动轴承材料及特点。

3. 认识滚动轴承的材料。

4. 认识弹簧的材料。

任务引入

通过项目一，我们认识了轴、轴承、弹簧等零件的作用、类型、特点和一些应用，那么它们常采用哪些材料制造呢？我们一起去认识、了解一下吧。

知识链接

一、轴的常用材料

●轴的常用材料有哪些？常用于什么场合？

轴的失效多为疲劳破坏，所以轴的材料应满足强度、刚度、耐磨性等方面的要求，常用的材料有以下几种。

1. 碳素钢

对较重要或传递载荷较大的轴，常用 35、40、45 和 50 号优质碳素钢，其中 45 钢应用最广泛。这类材料的强度、塑性和韧性等都比较好。进行调质或正火处理可提高其机械性能。对不重要或传递载荷较小的轴，可用 Q235、Q275 等普通碳素钢。

2. 合金钢

合金钢具有较好的机械性能和淬火性能，但对应力集中比较敏感，价格较高，因此多用于有特殊要求的轴。例如，要求质量小或传递转矩大而尺寸又受到限制的轴。常用的低碳合金钢有 20Cr、20CrMnTi 等，一般采用渗碳淬火处理，使表面耐磨性和心部韧性都较好。合金钢与碳素钢的弹性模量相差不多，故不宜用合金钢来提高轴的刚度。

3. 球墨铸铁

球墨铸铁具有价廉、吸震性好、耐磨，对应力集中不敏感，容易制成复杂形状的轴等特点，但品质不易控制，可靠性差。

常用的轴类材料及应用详见表 2-1。

表 2-1　轴的常用材料及应用

材料牌号	热处理类型	应　　用
Q275～Q235	—	用于不重要的轴
35	正火	可用于一般性转轴
	调质	
45	正火	用于强度要求较高、韧性要求较好的较重要的轴
	调质	
40Cr	调质	用于强度要求高、有强烈磨损而无很大冲击的重要轴
35SiMn	调质	可代替 40Cr，用于中小型轴
20Cr	渗碳、淬火、回火	用于要求强度高、韧性及耐磨性均较高的轴
40MnB	调质	可代替 40Cr，用于重要轴
35CrMo	调质	用于重载的轴
QT600-3	调质	用于发动机的曲轴和凸轮等

对要求较低或直径变化不大的轴，可采用圆钢加工；要求较高、直径较大和直径变化

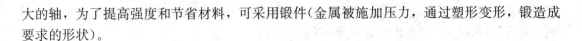

大的轴，为了提高强度和节省材料，可采用锻件(金属被施加压力，通过塑形变形，锻造成要求的形状)。

二、滑动轴承材料

●轴承材料指的是什么？

轴瓦是滑动轴承中的重要零件。轴瓦和轴承衬的材料称为轴承材料，是在轴承结构中直接参与摩擦部分的材料。

●轴瓦的主要失效形式有哪些？

轴瓦的主要失效形式是磨损，还包括由于强度不足而出现的疲劳损坏和由于工艺原因出现的轴承衬脱落等。

1. 对轴承材料的性能的要求

●对轴承材料的性能主要考虑哪些方面？

(1)强度、塑性、顺应性和嵌藏性。

强度包括冲击强度、抗压强度和疲劳强度。

顺应性：轴承材料补偿对中误差和顺应其他几何误差的能力。

嵌藏性：轴承材料嵌藏污物和外来微粒以防止刮伤和磨损的能力。

顺应性好的金属材料，一般嵌藏性也好。

(2)磨合性、减摩性和耐磨性。

磨合性：轴瓦和轴颈表面经短期轻载运行后，消除表面不平度，形成相互吻合的摩擦表面的性质。

减摩性：材料具有较低的摩擦力的性质。

耐磨性：材料具有较好的抵抗磨粒磨损和胶合磨损的性能。

(3)耐腐蚀性。

(4)润滑性能和热学性质(传热性和热膨胀性)。

(5)工艺性和经济性等。

2. 滑动轴承材料

●常用的滑动轴承的材料有哪些？各有什么特点？

轴承材料常用三大类：金属材料——轴承合金(又称白合金、巴氏合金)、青铜、铝基合金、锌基合金、减摩铸铁等；多孔质金属材料(粉末冶金材料)；非金属材料——如塑料、橡胶、硬木等。

(1)轴承合金。锡(Sn)、铅(Pb)、铜(Cu)、锑(Sb)的合金统称为轴承合金。在所有的轴承材料中，轴承合金的嵌藏性和顺应性最好，很容易与轴颈磨合，它与轴颈的抗胶合能力也较好。巴氏合金的机械强度较低，通常将它贴附在软钢、铸铁或青铜的轴瓦上使用。

(2)轴承青铜。青铜也是常用的轴承材料。其中，铸锡锌铅青铜有很好的疲劳强度，广泛用于一般轴承。铸锡磷青铜的减摩性和耐磨性都很好，机械强度也较高，适用于重载轴承。铜铅合金具有优良的抗胶合性能，在高温时可以从摩擦表面析出铅，在铜基体上形成一层薄膜，起到润滑的作用。

(3)多孔质金属材料。多孔质金属是一种粉末冶金材料，它具有多孔组织。采取措施使所有油孔都充满润滑油的轴承称为含油轴承，因此它具有自润滑性能。常用的含油轴承材料有多孔铁(铁-石墨)与多孔青铜(青铜-石墨)两种。

(4)轴承塑料。非金属轴承材料以塑料运用广泛。塑料轴承有自润滑性能，也可用油或水润滑。主要优点：摩擦系数小；有足够的抗拉强度和疲劳强度，可承受冲击载荷；耐磨性和跑合性好；塑性好等。缺点：导热性差，线膨胀系数大，吸水、吸油后体积会膨胀等，这些因素不利于轴承尺寸的稳定。

三、滚动轴承材料

● 内外圈和滚动体、保持架用什么材料制造？

滚动轴承的内外圈和滚动体的材料应具有高的硬度和接触疲劳强度、良好的耐磨性和冲击韧性等，一般用强度高、耐磨性好的含铬合金钢制造，常用牌号为 GCr15、GCr15SiMn 等(G 表示滚动轴承钢)；淬火后硬度不低于 $61\sim65$ HRC，工作表面要求磨削抛光。

保持架选用软材料制造，常用低碳钢板冲压后铆接或焊接而成。实体保持架则选用铜合金、铝合金或工程塑料等。

四、弹簧的材料

● 制造弹簧的材料有哪些？

弹簧在机器中通常要承受变载荷和冲击载荷，另外又要求有较大的变形。所以，弹簧材料应具有较高的弹性极限、屈服极限和疲劳强度，足够的韧性、塑性和良好的淬透性等。

常用的弹簧材料有优质碳素钢、合金钢、不锈钢和铜合金等。

碳素弹簧钢的价格较低，强度高，性能好，广泛应用于受静载荷和有限作用次数变载荷的小弹簧，常用的有 $25\sim80$ 号钢。

合金钢强度高、弹性好、耐高温，适用于尺寸较大及承受冲击载荷的弹簧，常用的有 65Si2MnA、50CrVA、60Si2CrA 等。

不锈钢耐腐蚀、耐高温，适用于在腐蚀性介质中工作的弹簧，常用的有 1Cr18Ni9、1Cr18Ni9Ti 等。

任务实施

1. 任务

通过网络认识常用的汽车用轴、轴承、弹簧的材料。

2. 任务实施所需要的设备

电脑(或智能手机)、网络。

3. 任务实施步骤

(1)上网搜索常用的汽车用轴、轴承、弹簧的材料。

(2)将汽车上的轴、轴承、弹簧的名称及牌号相互对应，列出表格。

同步练习

1. 常用的轴的材料有哪些? 怎样选用?
2. 轴承材料指的是什么? 轴瓦的主要失效形式有哪些?
3. 什么是顺应性? 什么是嵌藏性? 什么是磨合性?
4. 常用的滑动轴承的材料有哪些?
5. 滚动轴承内外圈以及保持架常用的材料有哪些?
6. 制造弹簧的材料有哪些?

任务小结

在这个项目中, 我们知道了轴的常用材料及热处理, 滑动轴承、滚动轴承和弹簧的材料。读者在实训加工中, 应注意零件图中零件的材料, 感受这些材料的切削加工性能, 积累机械加工工艺上的经验。

在奔驰汽车中,组装汽车的零件在汽车奔跑的过程中都要受到力的作用,很多零件还要磨损。那么这些零件究竟受到一些什么力,它们能承受吗?有没有什么办法能提高它们的强度、硬度或使用性能,让汽车跑得更快、更好、更久?我们一起去探究一下吧!

任务一　认识静力学(选学)

任务目标

1. 理解力的概念。
2. 能进行力的合成与力的分解。
3. 掌握力在坐标轴上的投影与计算方法。
4. 会运用二力平衡条件、作用力与反作用力的定律。
5. 能计算力对点的矩。
6. 能计算力偶。
7. 理解约束力与约束反力的概念。
8. 能进行简单的静力学分析、绘制受力图。
9. 理解平面力系的概念。
10. 能求解平面汇交力系、平面任意力系、平面平行力系。
11. 能计算功、力功率、效率、滑动摩擦。
12. 理解摩擦角与自锁现象。

任务引入

零件装配在机器上,机器运转起来,这些零件都要受到力的作用,那么这些零件能够承受这些力吗?它们在力的作用下能保持平衡吗?在这个任务里我们就学习一下力的基本知识,讨论物体平衡的基本规律,为正确运用力学原理分析、解决生产实践中的问题打下基础。对于中职学生来说,本任务的计算相对较难,读者可在老师的指导下作了解性学习或者选学。

知识链接

一、力的概念

●什么是力？

力是人类在长期的生产实践中，逐渐体会和总结出来的。例如，当人们用手握、拉、掷、举物体时，由于肌肉紧张而感受到力的作用。又例如，起重机吊起货物，在绳索与重物之间、起重机与绳索、起重机与地面之间都存在力的相互作用。随着人们的感觉和印象的多次反复，力的一些基本性质也逐渐为人们所认识。

力是物体之间的相互作用。一个物体受到力的作用，一定有另一个物体对它施加这种作用，力是不能摆脱物体而独立存在的。任何两个物体之间的作用总是相互的，施力物体同时也一定是受力物体。

力根据性质可分为重力、万有引力、弹力、摩擦力、分子力、电磁力、核力等；根据效果可分为拉力、张力、压力、支持力、动力、阻力、向心力等。

●力的三要素有哪些？

力对物体的效应取决于力的三要素，即力的大小、方向、作用点。只要改变其中一个要素，力的作用效果就会改变。例如用手推一物体（图3-1），如力的大小不同，或施力的作用点不同，或施力的方向不同，都会对物体产生不同的作用效果。

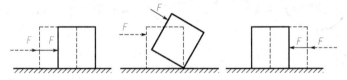

图 3-1　力的作用

在力学中，具有大小和方向的量称为矢量。因而，力的三要素可以用矢量图表示，即用带箭头的有向线段表示。线段的长度代表力的大小，线段所在的直线代表力的作用线，箭头代表力的指向，箭头的起点或终点为力的作用点。力的大小以"牛顿（N）"为单位。

如图3-2所示，从力的作用点 A 起，沿着力的方向画一条与力的大小成比例的线段 AB（如用 1 cm 长的线段表示 100 N 的力，那么 400 N 就用 4 cm 长的线段表示），然后在线段末端画出箭头，表示力的方向。文字符号用黑体字 F 表示，并以同一字母非黑体字 F 仅表示力的大小。用解析法计算力的大小时，线段 AB 的长度可以不按比例画出。

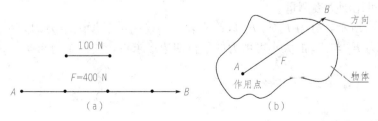

图 3-2　力的矢量图

二、力的合成与分解

●什么是"力的合成"，怎样合成？什么又是"力的分解"？

1. 力的合成

作用于一点的两个力或两个以上的力，可以合成为作用于同一点的一个力，这个力就称为合力。如图 3-3 所示，作用于物体 O 点的两个力——力 F_1 和力 F_2，合成为力 F。

作用在物体上同一点的两个力，可以按平行四边形法则合成一个合力。如图 3-3（a）所示，力 F_1、力 F_2 为作用于点 O 的两个力，以这两个力为邻边作出平行四边形 $OABC$，则从 O 点作出对角线 OB，就是力 F_1 与力 F_2 的合力 F。此合力 F 也作用于 O 点，其大小和方向由力 F_1 和力 F_2 为边构成的平行四边形的主对角线确定。

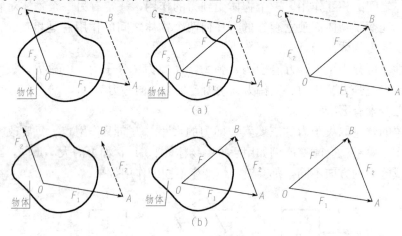

图 3-3　力的合成法则

实际上，可以画出平行四边形的一半，就得到合力 F。如图 3-3（b）所示，作 $OA /\!/ F_1$，且 $OA=F_1$，再从力 F_1 的终点 A 作 $AB /\!/ F_2$，且 $AB=F_2$；连接 OB，矢量 OB 代表 F_1 与 F_2 的合力 F 的大小和方向。合力作用点仍是力 F_1、力 F_2 的汇交点 O。三角形 OAB 为力三角形，这种求合力的方法叫力三角形法则。

2. 力的分解

已知合力求分力的过程，称为力的分解。工程上常遇到把一个力分解为方向已知的分力，分解的方法仍用平行四边形原则。

如图 3-4(a) 所示，作用在楔形上的力 F 在压入材料时，分解成两个垂直于楔形楔面的力 F_1 与 F_2，可用测力表测量。

如图 3-4(b) 所示，分力 F_1 与 F_2 以箭头表示，箭头的长度表示力的大小，其作用线垂直于楔面。分力 F_1 与 F_2 的大小可由力的平行四边形求得，这两个力与楔角 β 有关。

三、力在坐标轴上的投影

1. 力在直角坐标系上投影

●力如何在直角坐标系上投影，怎么计算？

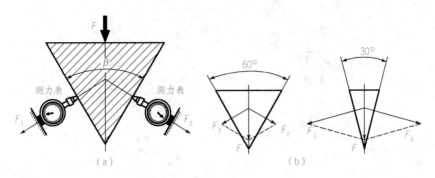

图 3-4 楔形上力的分解

如图 3-5 所示，设力 F 作用于物体上 A 点，在该力的同一平面内取 x 轴，过力的起点 A 和终点 B 向 x 轴作垂线，其垂足分别为 a 点和 b 点。线段 ab 的长度就是力 F 在 x 轴上的投影，用 F_x 表示。

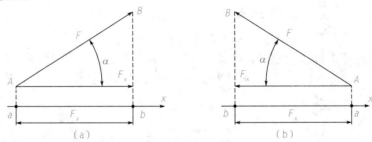

图 3-5 力在 x 轴上的投影

若从 a 到 b 的指向与 x 轴的正方向一致（或与所选的正方向相同），则 $F_x = F \cdot \cos\alpha$。如图 3-5(a)所示。

若从 a 到 b 的指向与 x 轴的正方向相反（或与所选的正方向相反），则 $F_x = -F \cdot \cos\alpha$。如图 3-5(b)所示。

式中 α 为力 F 与 x 轴所夹的锐角。正、负号仅表示方向：正号表示力的方向与所选的正方向相同；负号表示力的方向与所选的正方向相反。

如图 3-6 所示：$F_x = F \cdot \cos\alpha$，$F_y = F \cdot \sin\alpha$。

已知力 F 的投影 F_x、F_y，同样可以求出力 F 的大小：

$$F = \sqrt{F_x^2 + F_y^2}; \quad \tan\alpha = \left| \frac{F_y}{F_x} \right|$$

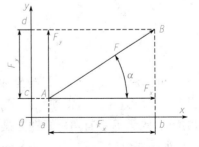

图 3-6 力在直角坐标系上的投影

● 力在坐标轴上投影的计算例题。

【例 3-1】在图 3-7 所示的齿轮传动中，主动轮的轮齿在啮合处受到从动轮的轮齿的作用力 F_n，已知 $F_n = 1\,000\ \text{N}$，压力角 $\alpha = 20°$。求力 F_n 沿齿轮圆周的切向分力 F_t 和径向分力 F_r 的大小。

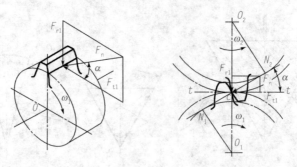

图 3-7　力在切向与径向的投影

解： 由图中的矩形，可知齿轮圆周的切向分力 F_t 和径向分力 F_r 的大小为

$$F_t = F_n \cdot \cos\alpha = 1\,000 \times \cos20° \approx 939.69(N)$$

$$F_r = F_n \cdot \sin\alpha = 1\,000 \times \sin20° \approx 342.02(N)$$

由图 3-7 所示：F_t 方向为水平向左，F_r 方向为竖直向下。

2. 力在三个正交坐标系上的投影

● 力如何在三个正交坐标系上投影，怎么计算？

根据直角坐标系上投影的原则，可得力在三个正交坐标系轴上的投影。如图 3-8 所示，设力 F 与 x 轴、y 轴、z 轴的夹角分别为 α、β、γ，则力的大小为：$F_x = F \cdot \cos\alpha$，$F_y = F \cdot \cos\beta$，$F_z = F \cdot \cos\gamma$。

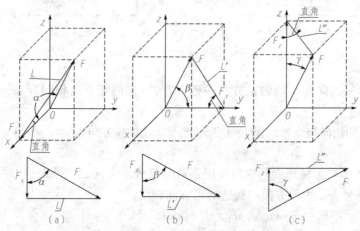

图 3-8　力在三个正交坐标轴上的投影

如图 3-9 所示，当力 F 与坐标轴 x 轴、y 轴之间的夹角不易确定时，可把力 F 先投影到坐标平面 xOy 上，得到一力 F_{xy}，然后再把此力分别投影到 x、y 轴上。已知力 F、角 γ 和角 θ，求力 F 在直角坐标轴上投影的大小。

如图 3-9(b) 所示：$F_z = F \cdot \cos\gamma$。

如图 3-9(c) 所示：$F_{xy} = F \cdot \sin\gamma$。

如图 3-9(d) 所示：$F_x = F_{xy} \cdot \cos\theta = F \cdot \sin\gamma \cdot \cos\theta$；

$$F_y = F_{xy} \cdot \sin\theta = F \cdot \sin\gamma \cdot \sin\theta。$$

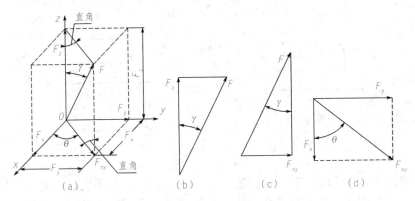

图 3-9 求 F 在三正交坐标轴上投影

●力在三个正交坐标轴上投影的计算例题。

【例 3-2】如图 3-10 所示，设力 $F = 1\,000$ N，作用于图示立方体的 A 点，其作用线与立方体的对角线 AD 重合。已知立方体中 $AB = 15$ mm，$BC = 20$ mm，$AE = 25$ mm，求力 F 在三个正交坐标轴上投影的大小。

解： 由已知条件可求得：$AC = \sqrt{AB^2 + BC^2} = \sqrt{15^2 + 20^2} = 25$(mm)

则 $\sin\theta = \dfrac{BC}{AC} = \dfrac{20}{25} = \dfrac{4}{5}$；$\cos\theta = \dfrac{AB}{AC} = \dfrac{15}{25} = \dfrac{3}{5}$

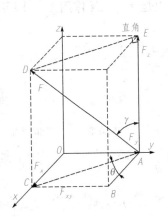

图 3-10 求力 F 在三个正交坐标轴上投影的大小

又 $AC = AE = DE = 25$ mm，故 $\gamma = 45°$，$\sin\gamma = \dfrac{\sqrt{2}}{2} \approx 0.707$。

根据前面所得出的公式，即可计算出力 F 在 x 轴、y 轴、z 轴上投影的大小：

$$F_z = F \cdot \cos\gamma \approx 1\,000 \times 0.707 = 707(\text{N})$$

$$F_{xy} = F \cdot \sin\gamma \approx 1\,000 \times 0.707 = 707(\text{N})$$

$$F_x = F_{xy} \cdot \cos\theta \approx 707 \times \dfrac{3}{5} = 424.2(\text{N})$$

$$F_y = F_{xy} \cdot \sin\theta \approx 707 \times \dfrac{4}{5} = 565.6(\text{N})$$

四、二力平衡条件、作用力与反作用力

●二力平衡条件是怎样的？作用力和反作用力的定律是怎样的？

二力平衡条件：一物体只受两个力的作用而处于平衡时，这两个力必须大小相等，方向相反，且作用在同一直线上。这样的平衡体，通常称为二力杆或二力构件。如图 3-11 所示，物体所受到的重力 G 与地面对物体的支持力 F_N，正是一对平衡力的关系。

作用力和反作用力的定律：作用力和反作用力总是同时存在，两个力的大小相等、方向相反，在同一直线上，分别作用于两个相互作用的物体。如图 3-12 所示，地面对物体的支持力 F_{N2} 与物体对地面的压力 F_{N1}，正是一对作用力与反作用力。

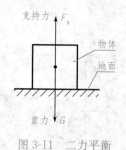

支持力 F_N

物体

地面

重力 G

图 3-11　二力平衡

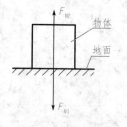

F_{N2}

物体

地面

F_{N1}

图 3-12　作用力与反作用力

例如：当用手拍桌子时，手对桌子施加了作用力；同时，手会感觉到痛，这是因为桌子对手施加了反作用力。跳水运动员在跳板上起跳时，他对跳板的蹬力与跳板对他的弹力也是一对相互作用力。作用力与反作用力与一对平衡力的比较见表 3-1。

表 3-1　作用力与反作用力与一对平衡力的比较

内　容		一对作用力和反作用力	二力平衡
共同点		大小相等、方向相反、作用在同一直线上	
不同点	受力物体	两个力作用在相互作用的两个物体上	两个力作用在同一个物体上
	依赖关系	同时产生、同时变化、同时消失	不一定相互影响，不一定同时消失。一个力消失，不影响另一个力
	叠加性	两个作用效果不可抵消，不可叠加，不可求合力	两个作用效果可抵消，可叠加，可求合力，合力为零
	力的性质	一定是不同性质	可以是同性质的力，也可以是不同性质的力

五、力对点的矩

● 什么是力对点的矩？

如图 3-13 所示，我们把物体转动中心 O 称为矩心，把力的作用线到矩心 O 的垂直距离称为力臂。若作用在扳手的力为 F，力臂为 d，拧螺母的转动效应的大小可用两者的乘积 Fd 来度量。

表示力对物体绕某点的转动作用的量称为力对点之矩，力对点之矩用 $M_O(F)$ 表示。如图中用扳手拧紧螺母，$M_O(F) = Fd$。

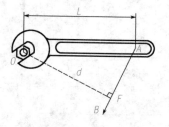

图 3-13　力矩

它用正、负号表示力矩在平面上的转动方向。一般规定力使物体绕矩心逆时针方向旋转为正，顺时针方向旋转为负，其计算公式如下：

$$M_O(F) = \pm Fd$$

力矩的国际单位为牛·米（N·m）。

【例 3-3】用手剪切一块铝板，若剪切阻力为 400 N，手至少施加多大的力，才能剪断铝板？

解：以剪刀的①部分为研究对象，如图 3-14 所示。此部分受到手施加的力 F_1，方向向下；铝板对剪刀的剪切阻力 F_2，方向也向下。

用手剪切铝板，此时选择临界平衡状态，由杠杆定律知正转力矩＝反转力矩，即 $F_1L_1=F_2L_2$。

剪切力的大小与工件在刀刃上的位置、转动中心的位置有关，即

$$F_1\times180=400\times36$$

$$F_1=\frac{400\times36}{180}=80(\text{N})$$

手施加大于 80 N 的力，才能剪断铝板。

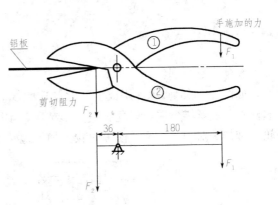

图 3-14　手工剪铝板

【例 3-4】如图 3-15 所示圆柱齿轮受到法向力 F_n 的作用而旋转。已知 $F_n=1\ 400$ N，压力角 $\alpha=20°$，齿轮节圆直径 d_1 为 320 mm，试计算力 F_n 对轴心的矩。(齿轮节圆：齿轮啮合传动时，在节点即图 3-15(a)中的 C 点处，相切的一对圆。对于一个单一的齿轮来说，是不存在节圆的。)$\cos20°\approx0.939\ 69$；$\sin20°\approx0.342\ 02$。

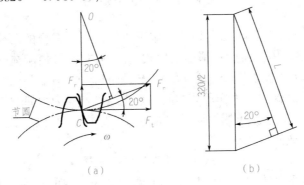

(a)　　　　　　　　(b)

图 3-15　圆柱直齿齿轮的受力图

解法一： 根据力矩的定义求解。参考图 3-15(b)，力臂 $L=\frac{320}{2}\times\cos20°$，由式 $M_O(F)=\pm FL$ 可得，力矩的大小：

$$M_O(F_n)=F_nL=1\ 400\times\frac{320}{2}\times\cos20°\approx210.49\times10^3(\text{N}\cdot\text{mm})=210.49\ \text{N}\cdot\text{m}$$

因力 F_n 使齿轮逆时针转动，故力矩 $M_O(F_n)$ 为正值。

解法二： 先将力 F 分解，再求合力矩。先将 F_n 分解为圆周力 F_t 和径向力 F_r。

由(b)图可见，$F_t=F_n\cos\alpha$，F_t 的力臂 $L_1=\frac{320}{2}=160(\text{mm})$；

$$F_r=F_n\sin\alpha，F_r \text{ 的力臂 } L_2=0$$

则 $M_O(F_n)=M_O(F_t)+M_O(F_r)=F_nL_1\cos\alpha+0$

$$=1\ 400\times\frac{320}{2}\times\cos20°\approx210.49\times10^3(\text{N}\cdot\text{mm})=210.49(\text{N}\cdot\text{m})$$

因力 F_n 使齿轮逆时针转动，故力矩 $M_O(F_n)$ 为正值。

六、力偶

● 什么是力偶？

如图 3-16(a)所示，用扳手和丝锥攻螺纹时，必须用双手在扳手上施加一对力 F、F'，这样不致使丝锥弯曲，以免影响加工精度，预防折断。如图 3-16(b)所示，必须用双手在手轮上施加一对力 F、F'，使手轮较为稳妥地转动。

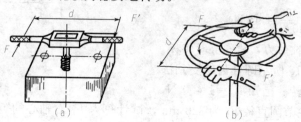

图 3-16　力偶实例

(a)手动攻螺纹；(b)旋转手轮

实践经验表明：大小相等、方向相反、作用线平行而不重合的两个力，作用于同一刚体(在任何力的作用下，体积和形状都不发生改变的物体)，可使刚体较为稳妥地产生纯转动，这样的一对力称为力偶，用(F、F')表示。这里的 F' 并不代表 F 的反作用力。

如图 3-16 所示，力偶中两力作用线之间的垂直距离 d 称为力偶臂。

力偶对物体的转动效应，可用力偶中的力与力偶臂的乘积再加以适当的正负号来确定，称为力偶矩，记作 F' 或简写为 m，即

$$m(F，F')=m=\pm Fd$$

式中，正负号表示力偶的转向，通常规定，力偶的转向为逆时针时取正、顺时针时取负。力偶矩的单位是 N·m 或 kN·m。力偶矩的大小、力偶转向和力偶作用面称为力偶的三要素，凡三要素相同的力偶彼此等效。

当物体在某平面内作用有两个或两个以上的力偶时，即组成平面力偶系。力偶对刚体只产生转动效应，且转动效应的大小完全取决于力偶矩的大小和转向。力偶系可以简化，力偶系简化所得到的结果称为力偶系的合力偶。合力偶矩的大小等于各个分力偶矩的代数和，即

$$M=m_1+m_2+\cdots+m_n=\sum m_i$$

力偶只能用力偶来平衡。

【例 3-5】如图 3-17 所示，用多轴钻床在水平工件上一次钻三孔，每个钻头的切削刀刃作用于工件的力在水平面内构成一力偶。已知三个孔所受的力偶矩分别为 $m_1=m_2=15$ N·m，$m_3=20$ N·m，求工件受到的合力偶矩。如果工件在 A、B 两处用螺栓固定，A 和 B 之间的距离 $L=0.25$ m，试求两个螺栓所受的水平力。

解：选工件为研究对象，工件受三个主动力偶(方向为顺

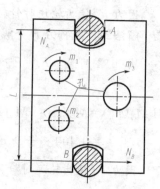

图 3-17　求螺柱受水平力

时针，取负)和两个螺柱的水平反力的作用而平衡。因为力偶只能与力偶平衡，故两个螺柱的水平反力 N_A 和 N_B，必然组成一力偶(方向为逆时针，取正)。它们的方向如图 3-17 所示，$N_A = N_B$。由平面力偶系的平衡条件得

$$\sum m_i = 0, N_A L + (-m_1) + (-m_2) + (-m_3) = 0$$

解得 $N_A = \dfrac{m_1 + m_2 + m_3}{L} = \dfrac{15+15+20}{0.25} = \dfrac{50}{0.25} = 200 \ (\text{N}) = N_B$

七、约束力与约束反力的概念

●什么是约束与约束反力？

在任何方向均能运动的物体称为自由体，例如在空中飘浮的氢气球就是自由体。如果物体在某方向的运动受到了限制，这个物体就称为非自由体，这些限制就称为约束。约束对被约束物体的作用称为约束力或约束反力。

八、柔性约束、光滑接触面约束、铰链约束以及固定端约束

●柔性约束、光滑接触面约束、铰链约束、固定端约束各是怎样的？

1. 柔性约束

由绳索、链条、皮带等柔性物体形成的约束，称为柔性约束。这类约束只承受拉力，一般用 F_T 表示。柔性约束反力沿柔性体的中心线，作用点为柔性体和物体的连接点，方向为背离被约束物体，如图 3-18 所示。

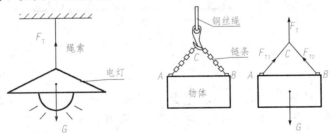

图 3-18　柔性约束实例

2. 光滑接触面约束

当两物体接触面之间的摩擦很小，可以忽略不计时，则构成光滑接触面约束。光滑接触面约束的约束反力作用在接触点处，必沿接触面处的公法线指向被约束物体，一般用 F_N 表示，如图 3-19 所示。

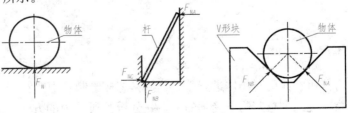

图 3-19　光滑接触面约束实例

3. 铰链约束

由铰链构成的约束，称为铰链约束。这种约束采用圆柱销插入构件圆孔内构成，其接触表面是光滑的。

中间铰只限制构件沿垂直于销孔轴线方向的移动，不限制构件绕圆柱销的转动，如图 3-20(a)所示。

固定铰支座约束限制构件沿销孔端的随意移动，不限制构件绕圆柱销的转动，如图 3-20(b)所示。

中间铰和固定铰支座的约束力

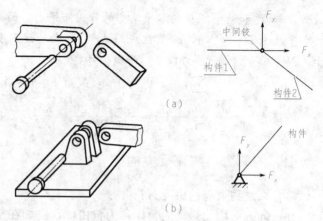

图 3-20　铰链约束实例
(a)中间铰链；(b)固定铰链支座

过铰链的中心；方向不确定。通常用正交的分力 F_x、F_y 表示。必须指出，当中间铰或固定铰约束的是二力构件时，其约束力满足二力平衡条件，方向沿两约束力作用点的连线。

在固定铰支座的下边安装上滚珠，称为活动铰支座。活动铰支座只限制构件沿支承面垂直方向的运动。活动铰支座的约束力过铰链中心，垂直于支承面，一般指向构件画出，如图 3-21 所示。

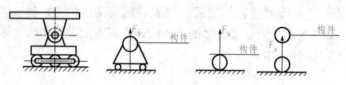

图 3-21　活动铰链支座

4. 固定端约束

将构件一端插入墙内，移动和转动完全受到限制，这种约束称为固定端约束。不管约束反力的分布情况如何复杂，我们总可以将它们简化到作用于 A 点的一个力和力偶。图 3-22 所示是这种约束的简图，约束反力画在图上，共有三个未知量。F_x、F_y 的方向及 M_A 的转向都是暂设的。

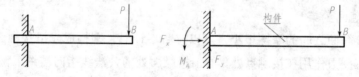

图 3-22　固定端约束

九、受力分析与受力图

●什么是受力分析？如何对物体进行受力分析？怎样绘制受力图？

受力分析是指研究某个指定物体受到的力，并分析其所受力的方向、大小、作用点等。为便于分析，我们将这些力全部画在图上，该物体就是研究对象，所画的图形称为受力图。

解决力学问题都要进行受力分析。

【例3-6】用力 F 拉动碾子以压路面，碾子遇到障碍物的阻碍，如图 3-23 所示。不计摩擦，试画出碾子的受力图。

解：

(1)取碾子为研究对象。

(2)进行受力分析：碾子受到地球引力 G 和杆对碾子中心的拉力作用。同时，碾子在 A、B 两处受到障碍物、地面的约束；不计摩擦，则均为光滑表面接触。故在 A 处受障碍物的法向反力 F_{N1} 的作用，在 B 处受到地面的法向反力 F_{N2} 的作用，它们的方向均沿着碾子上接触点的公法线而指向碾子中心。

(3)画出碾子受力图，如图 3-24 所示。

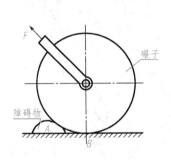
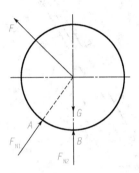

图 3-23　碾子工作图　　　　　　　　图 3-24　碾子受力图

【例3-7】如图 3-25 所示，杆 AB 所受重力 G_1，球所受重力 G_2，试画出球、杆及球与杆系统的受力图。

解： 1. 作球体的受力图

(1)取球体作为研究对象，将球从系统中分离出来。

(2)受力分析：球体受到重力 G_2，光滑面约束反力 F_{N1}，杆对球的约束反力 F_{N2} 的作用。

(3)作球的受力图，如图 3-25-1 所示。

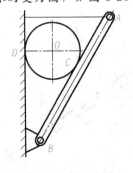
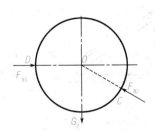

图 3-25　例 3-7 图　　　　　　　图 3-25-1　球体的受力图

2. 作杆的受力图

(1)取杆作为研究对象，将 AB 杆从系统中分离出来。

(2)受力分析：杆受到重力 G_1，绳索约束反力 F_T，球对杆的反作用力 F'_{N2}，固定铰链 B 的约束反力 F_{Bx}、F_{By}(F_B 的方向不能确定，用一对分力表示)等作用。

(3)作杆的受力图，如图 3-25-2 所示。

3. 作杆与球体组合的系统受力图

(1)取杆与球体的组合作为研究对象。

(2)受力分析：把杆和球体看作一整体，组合体内的两物体间的作用力与反作用力（图中 F_{N2} 和 F'_{N2}）均作为内力处理。因此，组合体共受到的外力有：杆受到的重力 G_1，球体受到的重力 G_2，光滑面的约束反力 F_{N1}，绳索约束反力 F_T，固定铰链 B 的约束反力 F_{Bx}、F_{By}（F_B 的方向不能确定，用一对分力表示）等力的作用。

(3)作杆与球体组合系统的受力图，如图 3-25-3 所示。

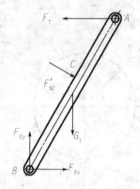
图 3-25-2　杆的受力图

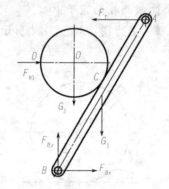
图 3-25-3　杆与球体组合系统的受力图

【例 3-8】三脚架如图 3-26 所示，在 B 点的重物受重力作用 G，如不计三脚架各杆的重力，试画出杆 AB、BC 及销钉 B 的受力图。

解：1. 作 AB 杆的受力图（不计杆的重力）。

(1)取 AB 杆作为研究对象，将 AB 杆从系统中分离出来。

(2)受力分析：此杆就是 A 点、B 点受力的二力杆。由二力平衡条件可知，杆 AB 受一对大小相等、方向相反且且力作用线在 A、B 连线上的拉力作用。

(3)作 AB 杆的受力图，如图 3-26-1 所示。

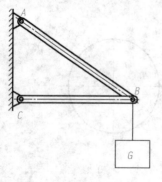
图 3-26　例 3-8 图

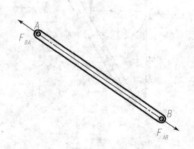
图 3-26-1　AB 杆的受力图

2. 作 BC 杆受力图（不计杆的重力）。

(1)取 BC 杆作为研究对象，将 BC 杆从系统中分离出来。

(2)受力分析：此杆就是 B 点、C 点受力的二力杆。由二力平衡条件可知，杆 BC 受一对大小相等、方向相反且力作用线在 B、C 连线上的压力作用。

（3）作 BC 杆的受力图，如图 3-26-2 所示。

3. 作 B 点受力图。

（1）取销钉作为研究对象。

（2）受力分析：销钉 B 受到杆 AB 的反作用力 F'_{AB}、杆 BC 的反作用力 F'_{BC} 和重物 G 三力的作用。

（3）作 B 点的受力图，如图 3-26-3 所示。

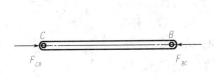

图 3-26-2　BC 杆的受力图

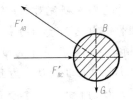

图 3-26-3　B 点的受力图

十、平面力系的概念

● 什么是平面力系？

力系是指作用于物体上的一系列力。如果力系中各力的作用线是在同一平面内，则将此力系称为平面力系。平面力系按照力系中各力的作用线是否相交，分为平面汇交力系、平面任意力系和平面平行力系。

平面汇交力系：力系中各力作用线在同一平面内，并且汇交于一点的力系。

平面任意力系：力系中各力的作用线在同一平面内任意分布的力系。

平面平行力系：力系中各力的作用线在同一平面内，并且互相平行的力系。

十一、平面汇交力系的解法

● 研究平面汇交力系的平衡问题常用哪些方法？

研究平面汇交力系的平衡问题常用方法有两种——几何法和解析法。

1. 几何法（图解法）

几何法：利用力的平行四边形原则或力三角形原则，按比例先画出封闭的力多边形，然后用尺和量角器在图上量出所要求的未知量；或运用所画图形的几何关系，用几何学中的一些公式计算出所求的未知量。

2. 解析法

解析法：利用静力平衡方程求解未知量的方法。

平衡汇交力系的平衡条件是：所有各力在 x 轴上投影的代数和，以及在 y 轴上投影的代数和都等于零，即 $\sum F_x = 0, \sum F_y = 0$。这是两个独立的方程，可以求解两个未知量。

平衡汇交力系平衡时，合力等于零；即 $F = \sqrt{\left(\sum F_x^2\right) + \left(\sum F_y^2\right)} = 0$

【例 3-9】简易起重机，如图 3-27 所示。A、C 为铰链支座。钢丝绳的一端缠绕在卷扬机 D 上，另一端绕过滑轮 B 将 G＝20 kN 的重物匀速吊起。杆件 AB、BC 及钢丝绳的自重不计，各处的摩擦不计，不考虑滑轮 B 的尺寸。试求杆件 AB、BC 所受的力。$\left(\cos30°=\sin60°=\dfrac{\sqrt{3}}{2},\ \cos60°=\sin30°=\dfrac{1}{2},\ \sqrt{3}\approx1.732\ 05\right)$

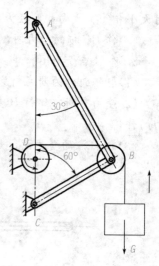

解：

(1)取滑轮 B 为研究对象。

(2)对滑轮 B 进行受力分析：由于不计摩擦，钢丝绳两端的拉力应相等，都等于物体的重量 G，即 $F_{T1}=F_{T2}=G$。杆件 AB 及杆件 BC 仅在其两端受力且处于平衡，因此都是二力杆，AB 杆受拉、BC 杆受压。滑轮 B 受到 AB 杆的拉力 F_{AB}、BC 杆的支承力 F_{CB}。如果不考虑滑轮的尺寸，则滑轮的受力如图 3-27-1 所示。

图 3-27　简易起重机示意图

(3)用几何法求解。作力多边形，求未知力：

①取比例尺 10 mm 表示 10 kN，再任选取一点 a，作竖直线段 ab，表示钢丝绳的竖直拉力 F_{T1}，其大小等于重力 G，即长度为 20 mm。

②过 b 点，作水平线段 bc，表示钢丝绳的水平拉力 F_{T2}，其大小也等于重力 G，即长度为 20 mm。

③从 c 点向左上方作射线，其方向与 F_{T2} 的方向的夹角为 60°。

④从 a 点向左下方作射线，其方向与 F_{T1} 的方向的夹角成 60°。

⑤两射线相交于 d 点，于是得到封闭的力四边形 abcd，如图 3-27-2(a)所示。

根据力多边形首尾相接的矢量规则，即可确定出力 F_{AB} 和 F_{CB} 的指向，如图 3-27-2(b)所示。从图中按比例尺，量得：

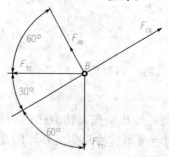

图 3-27-1　滑轮的受力图

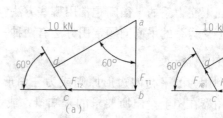

图 3-27-2　作力多边形

线段 cd 长约 7.3 mm，即 $F_{AB}\approx7.3$ kN；线段 ad 长约 27.3 mm，即 $F_{CB}\approx27.3$ kN。

(4)用解析法求解。取直角坐标系 xBy，如图 3-27-3 所示。

①根据平衡汇交力系的平衡条件 $\sum F_x=0$ 得

$$F_{CB}+(-F_{T1}\cos60°)+(-F_{T2}\cos30°)=0$$

由于 $F_{T1}=F_{T2}=G=20$ kN，代入上式即得

$$F_{CB}=27.320\ 5\ \text{kN}$$

注意：式中的负号表示其方向与 x 轴的正向相反。

②根据平衡汇交力系的平衡条件 $\sum F_y = 0$ 得

$$F_{AB} + (F_{T2}\cos 60°) + (-F_{T1}\cos 30°) = 0$$

由于 $F_{T1} = F_{T2} = G = 20$ kN，代入上式即得

$$F_{AB} = 7.320\ 5\ \text{kN}$$

注意：式中的负号表示其方向与 y 轴的正向相反。

从例 3-9 计算过程可以看出，用几何法求解的特点是简单、直观，但不如用解析法计算精确。

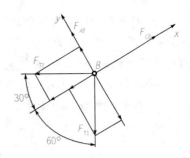

图 3-27-3　将力 F_{T1}、F_{T2} 分别
分解到 x 轴和 y 轴上

十二、平面任意力系的解法

●平面任意力系的平衡方程是怎样的？

平面任意力系的平衡条件是：平面任意力系中，所有各力在力系作用平面内，在两个互相垂直的坐标轴上投影的代数和分别等于零，即 $\sum F_x = 0$，$\sum F_y = 0$；以及这些力对其平面内任一点的力矩的代数和等于零，即 $\sum M_O(F) = 0$。

$\sum F_x = 0$，$\sum F_y = 0$ 表示：作用在物体上的各力在 x 轴、y 轴方向上的作用效果分别相互抵消。

$\sum M_O(F) = 0$ 表示：作用在物体上的各力对平面内任意点的力矩互相抵消。

利用以上平衡方程，可以求出平衡的平面任意力系中的三个未知量。

【例 3-10】 如图 3-28 所示，起重机的水平梁 BC，C 端以铰链固定，B 端用拉杆 AB 拉住。梁所受重力 $G = 8$ kN，载荷所受重力 $Q = 20$ kN，梁的尺寸如图 3-28(a) 所示。试求拉杆 AB 的拉力以及铰链 C 的约束反力。

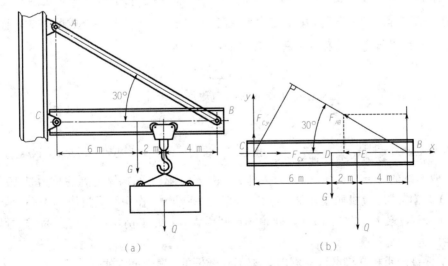

(a)　　　　　　　　　　　　(b)

图 3-28　起重机示意图

解：

(1)选取梁 BC 为研究对象。

（2）受力分析：梁上所受的已知力有梁的重力 G 和货物的重力 Q，未知力有 AB 杆的拉力和铰链 C 的约束反力。因为 AB 杆为二力杆，所以 AB 杆的拉力沿 AB 的连线。铰链 C 的约束反力方向未知，故分解为两个分力 F_{Cx} 和 F_{Cy}。

（3）绘制受力图，如图 3-28(b) 所示。

（4）列平衡方程。由于梁 BC 处于平衡状态，因此，这些力满足平面任意力系的平衡条件。取坐标轴 xCy，如图 3-28(b) 所示。以 C 点为旋转中心，应用平衡方程，得

$$\sum F_x = 0: -F_{AB} \cdot \cos 30° + F_{Cx} = 0$$

$$\sum F_y = 0: F_{AB} \cdot \sin 30° + (-G) + (-Q) + F_{Cy} = 0$$

$$\sum M_C(F) = 0: F_{AB} \cdot \sin 30° \cdot BC + (-Q \cdot CE) + (-G \cdot CD) = 0$$

注意：负号表示力使物体绕矩心顺时针方向旋转。

（5）解方程组。

$$F_{AB} = \frac{Q \cdot CE + G \cdot CD}{BC \cdot \sin 30°} = \frac{20 \times 8 + 8 \times 6}{12 \times \frac{1}{2}} \approx 34.667 (\text{kN})$$

将 F_{AB} 的值代入其余两式，得

$$F_{Cx} = F_{AB} \cdot \cos 30° = F_{AB} \cdot \frac{\sqrt{3}}{2} \approx 30.022 (\text{kN})$$

$$F_{Cy} = -F_{AB} \cdot \sin 30° + G + Q = -F_{AB} \cdot \frac{1}{2} + 8 + 20 \approx 10.667 (\text{kN})$$

十三、平面平行力系的解法

●平面平行力系的平衡方程是怎样的？

平面平行力系可以看成平面一般力系的特殊情形。当它处于平衡时，也应满足平面任意力系的平衡方程。如果选择 Oy 轴与力系中各力平行，则 $\sum F_x = 0$ 成恒等式，而不再有用了。于是平面平行力系的独立方程只有两个：

$$\sum F_y = 0; \sum M_O = 0$$

平面平行力系的平衡方程也可以表示为两力矩形式，即

$$\sum M_A = 0; \sum M_B = 0$$

物体质量 $m = \dfrac{\text{物体所受重力} G}{\text{物体重力加速度} g}$。重力加速度 $g = G/m$，单位为 m/s^2 或 N/kg。为了方便计算，取地球的 $g = 10 \text{ N/kg}$，它的物理意义是：每 1 kg 的物体受到的重力是 10 N。

【例 3-11】塔式起重机如图 3-29 所示，机架重 900 kN，作用线通过塔的中心。最大起重量 $W = 400 \text{ kN}$，最大悬臂长 16 m，轨道 AB 间距为 8 m。平衡块所受重力为 Q，到机身中心线的距离为 8 m。

（1）求保证起重机在满载和空载时，都不致翻倒的平衡块的质量。

（2）当平衡块所受重力为 260 kN 时，求满载时，轨道 A、B 给起重机轮子的反力是多少？

解：（1）要使起重机不翻倒，应使作用在起重机上的所有力满足平衡条件。

受力分析：起重机所受到的力有载荷的重力 W、机架的重力 G、平衡块的重力 Q，以

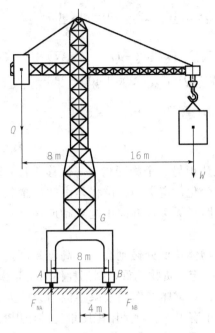

图 3-29 塔式起重机

及轨道 A、B 的约束反力 F_{NA}、F_{NB}。

①当起重机满载时,为使起重机不绕 B 翻倒,这些力必须满足平衡方程 $\sum M_B(F) = 0$。临界状态时,$F_{NA} = 0$。从而可计算出满载时,最少所需的平衡块的质量。

$$\sum M_B(F) = 0, \text{即} Q_{min} \cdot (8+4) + G \cdot 4 + [-W \cdot (16-4)] = 0$$

$$Q_{min} = \frac{12W - 4G}{12} = \frac{12 \times 400 - 4 \times 900}{12} = 100(\text{kN})$$

取 $g = 10$ N/kg,平衡块的质量 $m = \dfrac{Q_{min}}{g} = 10\,000(\text{kg})$。

②当起重机空载时,$W = 0$。为使起重机不绕 A 翻倒,这些力必须满足平衡方程 $\sum M_A(F) = 0$。临界状态时,$F_{NB} = 0$。这种情况下可计算出空载时,最多安放的平衡块的质量。

$$\sum M_A(F) = 0, \text{即} Q_{max} \cdot (8-4) + (-G \cdot 4) = 0$$

$$Q_{max} = \frac{4G}{4} = \frac{4 \times 900}{4} = 900(\text{kN})$$

取 $g = 10$ N/kg,平衡块的质量 $m = \dfrac{Q_{min}}{g} = 90\,000(\text{kg})$。

起重机实际工作时,不允许处于临界状态。

(2)取 $Q = 260$ kN,满载时,轨道 A、B 给起重机轮子的反力 F_{NA}、F_{NB}。取 B 为旋转中心,根据平面平行联系的平衡方程:

$$\sum M_B Q \cdot (8+4) + G \cdot 4 + [-W \cdot (16-4)] + (-F_{NA} \cdot 8) = 0$$

$$F_{NA} = \frac{12Q + 4G - 12W}{8} = \frac{12 \times 260 + 4 \times 900 - 12 \times 400}{8} = 240(\text{kN})$$

$$\sum F_y F_{NA} + F_{NB} + (-G) + (-W) + (-Q) = 0$$

$$F_{NB} = G + W + Q - F_{NA} = 900 + 400 + 260 - 240 = 1\ 320(\text{kN})$$

十四、功、力功率、效率

● 什么是功?

对于功的含义,我们先认识另一个物理量——位移。我们用位移表示物体(质点)的位置变化。定义为:位移是由初位置到末位置的有向线段。其大小与路径无关,方向由起点指向终点。如图 3-30 所示。

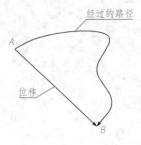

图 3-30 位移

在生活中,我们把同一物体从低处搬到高处,高度越高,消耗体力越多。如果搬运高度一定,货物越重,则消耗体力也越多。也就是说,力在一段位移中,对物体的作用效果不但与力的大小和方向有关,还与位移的大小有关。功就是用来度量这种作用效果的。

如果一个物体受到力的作用,并在力的方向上发生了一段位移,我们就说这个力对物体做了功。人提升重物,则人对重物做了功。

功通常用 W 表示,功的计算公式为 $W = F \cdot S \cdot \cos\alpha$,如图 3-31 所示。式中,$F$ 表示力,S 表示位移,α 表示 F 与 S 的夹角。功的单位为"焦耳(J)",简称"焦"。

$$1 \text{ 焦耳}(1\text{ J}) = 1 \text{ 牛} \cdot \text{米} = 1 \text{ N} \cdot \text{m}$$

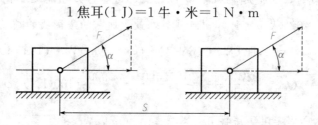

图 3-31 力对物体做功

● 什么是力功率?

单位时间内所做的功叫功率。功率是表示物体做功快慢的物理量。功的数量一定,时间越短,功率值就越大。

例如,工人甲用了 20 s 将重物升高了 5 m,而工人乙用了 15 s 将重物升高了 5 m;那么,我们就说,工人甲的功率比工人乙的功率低。因为工人乙在较短的时间内做了同样的功。

功率通常用 P 表示,功率的计算公式为

$$P = \frac{\text{功}}{\text{做功时间}} = \frac{W}{t}$$

功率的单位为"瓦特(W)",简称"瓦"。

$$1 \text{ 瓦} = 1 \frac{\text{牛} \cdot \text{米}}{\text{秒}} = 1 \frac{\text{焦}}{\text{秒}}, \text{ 即 } 1 \text{ W} = 1 \frac{\text{N} \cdot \text{m}}{\text{s}} = 1 \frac{\text{J}}{\text{s}}$$

●什么是效率？

为了能够表示出能量转换的经济程度并获得可比较的数值，我们引入了效率。效率是指有用功率对驱动功率的比值；或者说是有效的功率与输入的功率的比值。

效率通常用 η 表示，计算公式为

$$\eta = \frac{有效功率}{输入功率} = \frac{P_{有效}}{P_{输入}}$$

十五、滑动摩擦

●什么是滑动摩擦？

在日常生活中，有关摩擦的现象随处可见。摩擦对人类生活和生产既有有利的方面，也有不利的方面。例如：在车轮与道路之间、皮带与皮带轮之间，摩擦力必不可少；在滑块与导轨之间、车刀车削工件时，摩擦力是不利的。

当一物体在另一物体表面上滑动时，在两物体接触面上产生的，阻碍它们之间相对滑动或滑动趋势的现象，称为滑动摩擦。

当物体间有相对滑动时的滑动摩擦称为动摩擦。阻碍物体间相对滑动的力，称为滑动摩擦力。当物体间有滑动趋势而尚未滑动时的滑动摩擦称为静摩擦。阻碍物体间滑动趋势的力，称为静摩擦力。

大量试验表明：滑动摩擦力的大小只跟压力大小、接触面的粗糙程度相关。压力越大，滑动摩擦力越大；接触面越粗糙，滑动摩擦力越大。滑动摩擦力的大小跟压力成正比，就是跟一个物体对另一个物体表面的垂直作用力成正比。

滑动摩擦力的计算公式为

$$F_f = \mu F_n$$

式中，F_f 表示滑动摩擦力，μ 表示静摩擦系数，F_n 表示法向反力(正压力)。

十六、摩擦角与自锁

●什么是摩擦角？

如图 3-32(a)所示，在 F_1 的作用下，物体没有移动时，支承面对平衡物体的约束反力有支承力 F_N、静摩擦力 f。这两个力可合成为一个合力 F_R，称为全反力。它的作用线与接触面的公法线有一偏角 α。

当外力 F_1 不断增大时，静摩擦力 f 也不断增大，α 角也相应地增大。如图 3-32(b)所示，当物体处于临界平衡状态时，外力达到 F_2，静摩擦力达到最大值 F_f，偏角 α 也达到最大值 θ。此时，全反力 F'_R 与法线间夹角的最大值 θ，称为摩擦角。

$$\tan\theta = \frac{F_f}{F_N} = \frac{\mu F_N}{F_N} = \mu \quad (\theta = \arctan\mu),$$

即摩擦角的正切等于摩擦系数。可见，

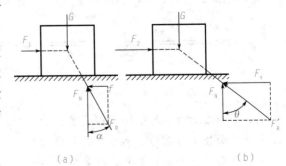

(a)　　　　　　　(b)

图 3-32　摩擦角

摩擦系数 μ 越大，摩擦角 θ 越大。

●自锁现象是怎样的？

在日常生活中，我们常常会遇到自锁现象。例如：当汽车司机为汽车换轮胎时，常使用螺旋千斤顶将汽车顶起。螺旋千斤顶不会因为汽车的重量变化而自动降低所撑起的高度，这种性能是螺旋千斤顶本身固有的，它来自于螺杆与螺母之间的摩擦。

机械零部件在正常的工作过程中，在其应该受力的方向上，不管所受主动力的大小是多少，机械零部件依靠自身的摩擦保持各部位相对位置不变的能力，称为自锁。

物体的自锁条件：如图 3-32 所示，受摩擦力作用的物体平衡时，静摩擦力 f 若总是小于或等于最大摩擦力 F_f，即 $0 \leqslant f \leqslant F_f$，全反力 F_R 与法线之间的夹角 α 也在零与摩擦角 θ 之间变化，即 $0 \leqslant \alpha \leqslant \theta$。如果作用于物体上所有主动力的合力 F 的作用线与法线的夹角在摩擦角 θ 之内，则无论这个力多大，物体都保持平衡状态，即当主动力的合力 F 的作用线与法线的夹角在摩擦角 θ 之内时，发生自锁现象。自锁应满足条件 $\alpha \leqslant \theta$。

螺旋千斤顶的螺旋升角一定要小于当量摩擦角才满足自锁条件。另外，登梯子爬高时，梯子的斜度一定要满足摩擦的自锁条件，否则梯子将滑倒。

同步练习

1. 什么是力？

2. 力的三要素有哪些？

3. 怎样进行力的合成？怎样进行力的分解？

4. 如图 3-4 所示，有一个力 $F = 30$ N 作用于楔形上，楔角 $\beta = 30°$ 和 $\beta = 60°$ 两种情况时，各自的侧向分力是多少？

5. 力如何在直角坐标系上投影，怎么计算？

6. 力如何在三个正交坐标系上投影，怎么计算？

7. 二力平衡条件是怎样的？作用力和反作用力的定律是怎样的？

8. 什么是力对点的矩？计算公式是怎样的？

9. 什么是力偶？计算公式是怎样的？

10. 什么是约束与约束反力？

11. 柔性约束、光滑接触面约束、铰链约束、固定端约束各是怎样的？

12. 试画出图 3-33 中梁 AB 的受力图（梁自重不计）。

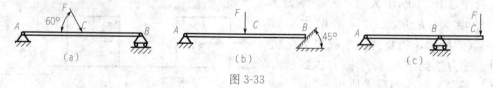

图 3-33

13. 平衡汇交力系的平衡方程是怎样的？

14. 平面任意力系的平衡方程是怎样的？

15. 平面平行力系的平衡方程是怎样的？

16. 什么是功、力功率、效率？

17. 什么是滑动摩擦、摩擦角?

18. 自锁现象是怎样的?

任务小结

对于零件受力的分析,是我们设计或者使用零件的基础。机器上的零件受到的力必须平衡,才能保持正确的形态;受力不平衡,可能酿成事故。有了力的基本知识,我们就可以去讨论一些构件的受力情况了。

任务二　材料力学基础知识(选学)

任务目标

1. 理解杆件的拉伸与压缩。

2. 能运用截面法计算内力。

3. 能计算横截面上的应力。

4. 理解许用应力、安全系数的概念。

5. 能运用强度条件进行相应计算。

6. 掌握剪切实用计算。

7. 掌握挤压实用计算。

任务引入

组成机器的零部件都是由某种材料制成的。当在一定外力作用下,材料本身会产生变形,甚至破坏,这就要求零部件必须具有足够的强度、刚度和稳定性。大多数构件可以视为直杆,在这个任务里我们学习直杆基本变形特点;了解构件在外力作用下,产生拉伸、压缩、剪切、挤压等情形的一些实用计算方法。

知识链接

一、拉伸与压缩

●什么是杆件的拉伸与压缩?

在工程上,有很多构件受拉伸或压缩作用。如图 3-34所示,杆件所受外力的特点是:作用在杆件上的两个力大小相等,方向相反,作用线与杆件轴线重合。杆件受拉伸作用时,两外力的方向为离开端面；杆件受压缩时，两外力的方向指向端面。

杆件变形的特点是：杆件产生沿轴线方向的伸长或缩短。这种变形方式称为轴向拉伸或轴向压缩。

●什么是内力？计算方法是怎样的？

杆件在外力作用下产生变形时，其内部产生的相互作用力，称为内力。内力随外力的增大而增加，但内力增加到超过某一程度，杆件就会破坏。因此，研究内力是解决杆件强度和刚度问题的基础。

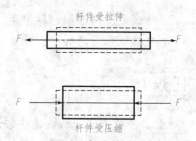

图 3-34　杆件受拉伸与压缩作用

为确定构件在外力作用下所产生的内力的大小和方向，通常采用截面法求解。如图 3-35 所示，求某一截面 m—m 上的内力。

如图 3-35(a)所示，假想用一截面在 m—m 处把杆截开，分左、右两段。

如图 3-35(b)所示，取左段为研究对象，求截面 m—m 处的内力时，将右段对左段的作用以内力 N_1 表示。截面上内力的大小和方向可以利用平衡条件来确定。即图中，内力 N_1 与构件轴线重合，方向与 F 的相反，大小相等($N_1 = F$)。

如图 3-35(c)所示，取右段为研究对象，求同一截面 m—m 处的内力时，将左段对右段的作用以内力 N'_1 表示。截面上内力的大小和方向可以利用平衡条件来确定。即图示中，内力 N'_1 与构件轴线重合，方向与 F 的相反，大小相等($N'_1 = F$)。

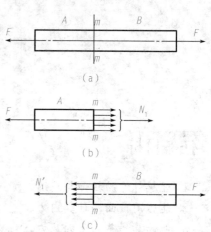

图 3-35　拉杆内力分析

实际上，内力 N_1 与 N'_1 是作用力与反作用力的关系。对于受压缩的杆件，同样可以利用截面法，求得任一截面上的内力。截面上的内力是分布在整个截面上的，利用截面法只能求出这些分布内力的合力。

注意：图 3-35 中内力的作用线与杆件轴线重合，这种内力称为轴力。其符号规定为：当杆件受拉伸时，即轴力背向横截面时，取正号；杆件受压缩时，即轴力指向横截面时，取负号。

【例 3-12】如图 3-36 所示，设一杆沿轴线同时受三个力 F_1、F_2、F_3 的作用，其作用点分别为 A、B、C，求杆的轴力。

解：(1)在 AB 段的任意处，以横截面 1—1 将杆截为两段，取左段为研究对象，将右段对左段的作用以 N_1 代替，如图 3-36(b)所示。由平衡条件可知，N_1 与杆的轴线重合，方向与 F_1 的方向相反，为拉力。由平衡公式 $\sum F_x = 0$，得

$$N_1 + (-F_1) = 0$$

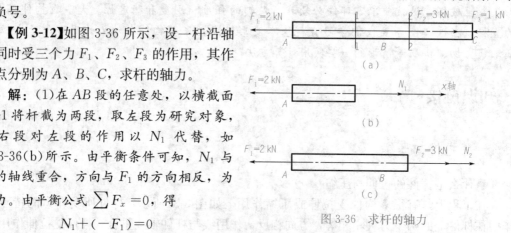

图 3-36　求杆的轴力

$$N_1 = F_1 = 2 \text{ kN}$$

这就是 AB 段内任一横截面上的内力。

(2)在 BC 段的任意处，以横截面2—2将杆截为两段，仍取左段为研究对象，此时因截面2—2上内力 N_2 的方向暂不能确定，可将 N_2 暂定为拉力，如图3-36(c)所示。由平衡公式 $\sum F_x = 0$ 得

$$N_2 + F_2 + (-F_1) = 0$$
$$N_2 = F_1 - F_2 = -1 \text{(kN)}$$

负号说明，该截面上的内力方向与原暂定的方向相反，即 N_2 为压力，其值为 1 kN。这就是 BC 段内任一横截面上的内力。

此题若选取右段为研究对象，仍可得到同样的结果。

●什么是横截面上的应力？计算方法是怎样的？

通过截面法，可以求出构件的内力，但是仅仅求出内力还不能解决构件的强度问题。因为同样的内力，作用在大小不同的横截面上，会产生不同的结果。例如，现有两根材料相同而截面尺寸不同的杆件，用作拉伸试验，使两根杆承受的轴力始终相同；随着外力的增加，截面尺寸小的杆件首先被拉断。

构件在外力作用下，单位面积上的内力，称为应力。内力是连续分布在截面上的，应力描述了内力在截面上的分布情况和密集程度。它是用来判断构件强度是否足够的量。

我们在对构件进行强度和变形分析时，时常要用到应力的概念。一般认为，杆件截面上的内力是均匀分布的。根据应力的定义和横截面上应力均匀分布的规律，可以得到

$$\sigma = \frac{N}{A}$$

式中，σ 表示横截面上的应力；N 表示横截面上的轴力；A 表示横截面的面积。正应力 σ 的单位为帕(Pa)，$1 \text{ Pa} = 1 \text{ N/m}^2$，$1 \text{ MPa(兆帕)} = 1 \text{ N/mm}^2$。

此式为轴向拉伸和压缩时，横截面上应力的计算公式。由于分布在横截面上的内力皆垂直于截面，故此时的应力也必然垂直于截面，这种垂直于截面的应力，称为正应力。当轴力为拉力时，为拉应力；当轴力为压力时，为压应力。通常拉应力用正号表示；压应力用负号表示。

【例3-13】如图3-37所示的杆为圆杆，已知 $F_1 = 600 \text{ N}$，$F_2 = 1\,000 \text{ N}$，$d = 20 \text{ mm}$，$D = 40 \text{ mm}$，试求此圆截面杆上的正应力。

解：由于杆的 AB 段和 BC 段横截面的面积不同，因此正应力不相等，应分段计算。

1. 计算各段内的轴力

AB 段：取1—1截面的左段为研究对象，如图3-37(b)所示，由平衡公式 $\sum F_x = 0$ 得

$$N_1 + (-F_1) = 0$$
$$N_1 = F_1 = 600 \text{ N}$$

BC 段：取2—2截面的左段为研究对

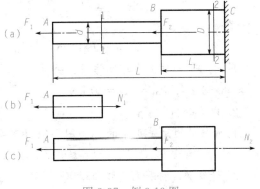

图 3-37　例 3-13 图

象，如图 3-37(c)所示，由平衡公式 $\sum F_x = 0$ 得

$$N_2 + (-F_2) + (-F_1) = 0$$
$$N_2 = F_1 + F_2 = 1\ 600\text{(N)}$$

2. 计算各段正应力

AB 段：$\sigma_{AB} = \dfrac{N_1}{A_1} = \dfrac{600}{\pi \times \left(\dfrac{d}{2}\right)^2} = \dfrac{600}{\pi \times 10^2} \approx 1.91\text{(MPa)}$

BC 段：$\sigma_{BC} = \dfrac{N_2}{A_2} = \dfrac{1\ 600}{\pi \times \left(\dfrac{D}{2}\right)^2} = \dfrac{1\ 600}{\pi \times 20^2} \approx 1.27\text{(MPa)}$

【例 3-14】如图 3-38 所示支架，杆 AB 为圆杆，直径 $d = 40$ mm，杆 BC 为正方形横截面的型钢，边长 $a = 30$ mm。在铰接点承受竖直方向的载荷 G 的作用，$G = 40$ kN，若不计杆的自重，试求杆 AB 和杆 BC 横截面上的正应力。

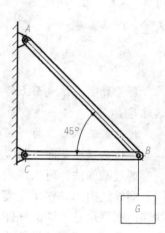

图 3-38　例 3-14 图

解： 1. 外力分析

不计杆的自重，支架的两杆均为二力杆。AB 杆、BC 杆的受力图如图 3-38-1 所示。

铰接点 B 的受力图如图 3-38-2 所示。

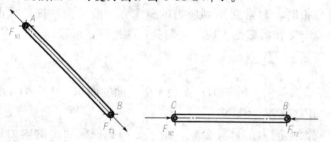

图 3-38-1　AB 杆与 BC 杆的受力图

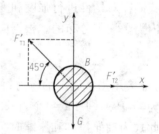

图 3-38-2　铰接点 B 的受力图

列平衡方程

$$\sum F_x = 0, \quad -F'_{T1} \cdot \cos 45° + F'_{T2} = 0$$

$$\sum F_y = 0, \quad F'_{T1} \cdot \sin 45° + (-G) = 0$$

解得

$$F'_{T1} \approx 56.58\text{ kN}; \qquad F'_{T2} = 40\text{ kN}$$

F'_{T1} 与 F_{T1} 为作用力与反作用力关系；F'_{T2} 与 F_{T2} 也为作用力与反作用力关系。因此 $F'_{T1} = F_{T1} \approx 56.58$ kN；$F'_{T2} = F_{T2} = 40$ kN。

2. 内力分析

内力与外力总是平衡的。由图 3-38-1 可知，AB 杆与 BC 杆的内力都是轴力，分别为

$$F_{T1} = F_{N1} \approx 56.58\text{ kN}; \qquad F_{T2} = F_{N2} = 40\text{ kN}$$

3. 计算 AB 杆和 BC 杆的横截面积

图 3-38-3 为 AB 杆和 BC 杆的横截面。

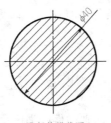

图 3-38-3　两杆的横截面

AB 杆的横截面积　　　$A_1 = \dfrac{\pi d^2}{4} \approx \dfrac{\pi \times 40^2}{4} = 1\,256.637\,(\text{mm}^2)$

BC 杆的横截面积　　　$A_2 = a \times a = 30 \times 30 = 900\,(\text{mm}^2)$

4. 计算应力

AB 杆的应力　　　$\sigma_{AB} = \dfrac{F_{N1}}{A_1} \approx \dfrac{56.58 \times 10^3}{1\,256.637} \approx 45.02\,(\text{MPa})$

BC 杆的应力　　　$\sigma_{BC} = \dfrac{F_{N2}}{A_2} = \dfrac{40 \times 10^3}{900} \approx 44.44\,(\text{MPa})$

二、强度条件

●什么是许用应力？什么是安全系数？

在工程上，把材料丧失正常工作能力的应力，称为极限应力或危险应力。对于脆性材料，用 σ_b 表示；对于塑性材料，用 σ_s 表示，通常由试验测得。

构件工作时，由载荷引起的压力称为工作应力。例如，杆件受轴向拉伸和压缩时，其横截面上的工作应力 $\sigma = \dfrac{N}{A}$。

在工程中，为了保证构件正常工作，设计时不能使工作应力值达到材料的极限应力，即把极限应力降低一定程度，作为材料所允许的应力，这个应力值称为材料的许用应力，以 $[\sigma]$ 表示。显然，许用应力必须小于极限应力。工程上，把极限应力 σ_s 与许用应力 $[\sigma]$ 之比值称为安全系数，以 S 表示，对于塑性材料：

$$S = \frac{\sigma_s}{[\sigma]}$$

所以材料的许用应力 $[\sigma] = \dfrac{\sigma_s}{S}$。

安全系数的选取，涉及许多方面的因素，而且直接关系到构件的安全性和经济性。所以，在选取安全系数时，应以既节约材料又保证构件安全为原则。对于常温、静载荷情况，脆性材料取 $S = 2 \sim 3.5$，塑性材料取 $S = 1.5 \sim 2$。

●强度条件是怎样的？

为了使构件安全可靠地工作，就必须保证构件的最大工作应力不超过材料的许用应力，即

$$\sigma_{\max} = \frac{N_{\max}}{A} \leqslant [\sigma]$$

上式就是轴向拉伸或压缩时，构件的强度条件。其中，N_{max} 为构件横截面上的最大轴力，A 为横截面积。

1. 检验构件强度

根据应力计算公式 $\sigma = \dfrac{N}{A}$ 计算出构件的工作应力。其中，最大工作应力作用的横截面称为危险截面。若危险截面上的工作应力 $\sigma_{max} \leqslant [\sigma]$，则构件的强度是足够的；否则强度不够。

2. 选择截面尺寸

若已知构件承受的载荷即材料的许用应力，可以确定构件横截面的尺寸。此时，强度条件可变形为

$$A \geqslant \frac{N_{max}}{[\sigma]}$$

3. 确定许可载荷

若已知构件尺寸及材料的许用应力，可确定构件的许可载荷。此时，强度条件可变形为

$$N_{max} \leqslant A \cdot [\sigma]$$

可计算构件的最大轴力，然后根据静力平衡条件，确定构件所承受的最大载荷。

【例 3-15】混凝土桥墩需承受载荷 400 kN，其横截面积为 400 cm^2，许用应力$[\sigma]=$ 9 MPa，此桥墩设计的断面尺寸是否合理？

解：桥墩的最大工作应力 $\sigma = \dfrac{N}{A} = \dfrac{400 \times 10^3}{400 \times 10^2} = 10(MPa)$。

而混凝土的许用应力$[\sigma]=9$ MPa。

$\sigma > [\sigma]$，桥墩不安全，需加大断面尺寸。

【例 3-16】图 3-39 为锻造车间吊运铁水包的双套吊钩。吊钩杆部横截面为矩形，$d=50$ mm，$h=100$ mm。杆材料的许用应力$[\sigma]=20$ MPa。铁水包自重 16 kN，最多能容 60 kN 重的铁水。试校验吊杆强度。

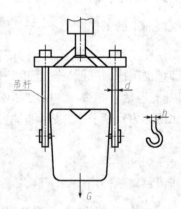

解：总载荷由两根吊杆来承担，因此每根吊杆的轴力应为

$$N = \frac{G}{2} = \frac{1}{2}(60+16) = 38(kN)$$

吊杆横截面上的应力为

$$\sigma = \frac{N}{A} = \frac{38 \times 10^3}{50 \times 100} = 7.6(MPa)$$

可见 $\sigma < [\sigma]$，故吊杆的强度足够。

图 3-39 求吊杆的强度

三、剪切与挤压

● 什么是剪切？

在工程中，常遇到剪切问题。图 3-40(a)是剪切机剪断板材的示意图。剪切就是在一对相距很近，方向相反的横向外力作用下，构件的横截面沿外力方向发生的错动变形。

如图 3-40(b)、(c)所示，常用的铆钉和螺栓等连接件，都是主要发生剪切变形的构件，

称为剪切件，还有销钉、键等。在传递力时，它们主要发生挤压（局部承压）和剪切变形。

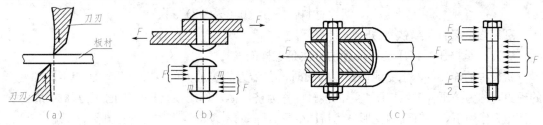

图 3-40　剪切与剪切构件

● 剪切实用计算的方法是怎样的？

对于剪切构件的强度，要做精确的分析比较困难，因此在实际运用中，采用简化的计算方法，即剪切的实用计算。

为了分析、计算发生剪切变形构件的强度，必须研究剪切面上的内力。图 3-41(a) 为用铆钉连接两板，运用截面法，将构件沿 m—m 剪切面截成两部分。

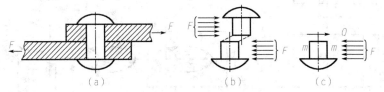

图 3-41　剪切应力分析

如图 3-41(c) 所示，取下端为研究对象，由这部分平衡条件可知，在截面 m—m 上必有一个与该截面平行的内力 Q，称为剪力。根据平衡条件 $\sum F_x = 0$ 得

$$Q + (-F) = 0$$
$$F = Q$$

由于剪切变形比较复杂，常以经验为基础采用近似处理，即近似认为：应力在剪切面内均匀分布。如图 3-42 所示。

剪切应力计算公式为

$$\tau = \frac{Q}{A_j}$$

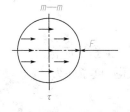

图 3-42　剪切面受力示意图

式中，Q 为剪切面上的剪力；A_j 为剪切面面积；τ 为剪切应力，其单位与正应力 σ 相同（即为"帕"）。

为了保证剪切件工作时安全可靠，应将构件的工作剪应力限制在材料的许用剪应力之内。由此得剪切强度条件为

$$\tau = \frac{Q}{A_j} \leqslant [\tau]$$

许用剪切力 $[\tau]$ 由试验测定，可从相关设计规范中查得。试验表明，许用剪切力 $[\tau]$ 与许用拉应力 $[\sigma]$ 之间有如下关系：

$$脆性材料：[\tau]=(0.8\sim1)[\sigma]$$
$$塑性材料：[\tau]=(0.6\sim0.8)[\sigma]$$

利用强度条件可解决剪切强度计算问题。

●什么是挤压？挤压实用计算的方法是怎样的？

机械中的连接件，承受剪切作用的同时，在传力的接触面间互相挤压，而产生局部变形的现象，称为挤压。发生挤压变形的接触面称为挤压面，作用在挤压面上的压力称为挤压力。在挤压力作用下，接触面的变形称为挤压变形。图 3-43 为螺栓孔被压成长圆孔的情况。

挤压破坏的特点是：在构件相互接触的表面，因承受了较大的压力，接触处的局部区域发生显著的塑性变形或挤碎。

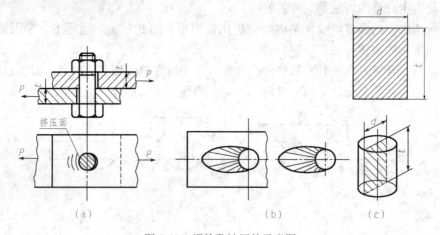

图 3-43　螺栓孔被压的示意图

作用于接触面上的压力称为挤压力，以 F_{jy} 表示。挤压面上的压强称为挤压应力，以 σ_{jy} 表示。挤压应力分布一般比较复杂，如图 3-43(b)所示。实用计算中，假设在挤压面上挤压应力是均匀分布的，则构件挤压面上的平均挤压应力为

$$\sigma_{jy}=\frac{F_{jy}}{A_{jy}}$$

式中，A_{jy} 为挤压面积。

挤压强度条件为

$$\sigma_{jy}=\frac{F_{jy}}{A_{jy}}\leqslant[\sigma_{jy}]$$

式中，$[\sigma_{jy}]$ 为材料的许用挤压应力；A_{jy} 为挤压面积；当接触面为平面时，A_{jy} 就是接触面面积；当接触面为圆柱面时，以圆柱面的正投影作为 A_{jy}。如图 3-43(c)所示，$A_{jy}=dt$。

$[\sigma_{jy}]$ 可以通过与构件实际受力情况相似的剪切试验得到。常用材料的 $[\sigma_{jy}]$ 从有关手册中查得。试验表明，金属材料的许用挤压应力 $[\sigma_{jy}]$ 与许用拉应力之间 $[\sigma]$ 有如下关系。

$$塑性材料：[\sigma_{jy}]=(1.7\sim2.0)[\sigma]$$
$$脆性材料：[\sigma_{jy}]=(0.9\sim1.5)[\sigma]$$

【例 3-17】电瓶车挂钩由插销连接，如图 3-44(a)所示。插销材料的 $[\tau]=30$ MPa，$[\sigma_{jy}]=100$ MPa，直径 $d=20$ mm。挂钩及被连接的板件的厚度分别为 $t=8$ mm 和 $1.5t=12$ mm。牵引力 $F=15$ kN。试校核插销的剪切强度和挤压强度。

解： 插销受力如图 3-44(b)所示。插销中段相对于上、下两段，沿 m—m 和 m'—m' 两个面向左错动，所以有两个剪切面，称为双剪切。如图 3-44(c)所示，由平衡条件 $\sum F_x = 0$ 得

$$2F_Q + (-F) = 0$$

解得

$$F_Q = \frac{F}{2}$$

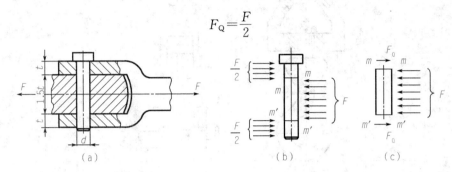

图 3-44　插销连接

由剪切强度条件，有 $\tau = \dfrac{F_Q}{A} = \dfrac{2F}{\pi d^2} \approx 23.87(\text{MPa}) < [\tau] = 30 \text{ MPa}$。

由挤压强度条件，有 $\sigma_{jy} = \dfrac{F_{jy}}{A_{jy}} = \dfrac{F}{1.5td} = 62.5 \text{ MPa} < [\sigma_{jy}] = 100 \text{ MPa}$。

故满足剪切及挤压强度要求。

【例 3-18】 如图 3-45(a)所示的起重机吊钩，上端用销钉连接。已知最大起重重量为 40 kN，连接处钢板厚度 $t = 20$ mm，销钉的许用剪切力 $[\tau] = 20$ MPa，许用挤压应力 $[\sigma_{jy}] = 60$ MPa，试计算销钉的最小直径 d。

解：(1)取销钉为研究对象，绘制其受力图，如图 3-45(b)所示，销钉受双剪切，有两个剪切面，用截面法可求出剪切面上的剪力得

$$Q = \frac{F}{2} = \frac{40}{2} = 20(\text{kN})$$

(2)按剪切强度条件计算销钉直径。剪切面面积为

$$A = \pi \left(\frac{d}{2}\right)^2 = \frac{\pi d^2}{4}$$

由剪切强度条件公式得

$$\tau = \frac{Q}{A} = \frac{\dfrac{F}{2}}{\dfrac{\pi d^2}{4}} = \frac{2F}{\pi d^2} \leqslant [\tau]$$

$$d \geqslant \sqrt{\frac{2F}{\pi[\tau]}} \approx \sqrt{\frac{2 \times 40 \times 10^3}{\pi \times 20}} \approx 35.68(\text{mm})$$

(3)按挤压强度条件计算销钉直径，挤压面积为

$$A_{jy} = td$$

挤压力 $F_{jy} = F$，由挤压强度条件公式可知：

$$\sigma_{jy} = \frac{F_{jy}}{A_{jy}} = \frac{F}{td} \leqslant [\sigma_{jy}]$$

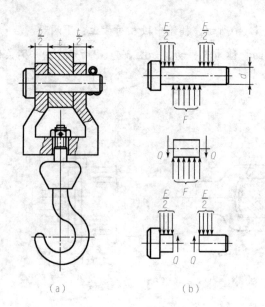

图 3-45　起重机吊钩

故

$$d \geqslant \frac{F}{t[\sigma_{jy}]} = \frac{40 \times 10^3}{20 \times 60} \approx 33.33 (\text{mm})$$

为了保证销钉安全工作，必须同时满足剪切和挤压强度条件，故销钉的最小直径应取 36 mm。

同步练习

1. 求图 3-46 所示的横截面积 $A = 200 \text{ mm}^2$ 的等直杆 1—1、2—2 和 3—3 处横截面上的轴力，并计算横截面上的正应力。

2. 试校核图 3-47 所示的销钉的剪切强度。已知 $F = 100$ kN，销钉直径 $d = 30$ mm，材料许用应力 $[\tau] = 60$ MPa。若强度不够，应改用多大直径的销钉？

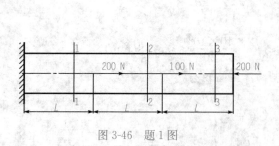

图 3-46　题 1 图

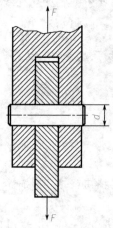

图 3-47　题 2 图

3. 铆钉连接如图 3-48 所示，作用在钢板上的力 $F=4$ kN，钢板厚度 $t=5$ mm。若铆钉直径 $d=8$ mm，所用材料的 $[\tau]=140$ MPa，$[\sigma_{jy}]=320$ MPa，试校核铆钉的强度。

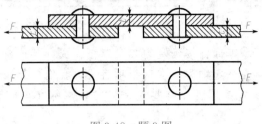

图 3-48　题 3 图

任务小结

在这个任务里，我们了解了构件在外力作用下，材料本身会产生变形，甚至破坏，简单地学习了构件在外力作用下，产生拉伸、压缩、剪切等情形下的计算方法。在以后的工作、生活中，我们一定要学会好好使用机器、爱护机器，让机器更好地为我们服务。

项目四 认识机械连接

奔驰汽车由成千上万个零部件按确定的方式连接而成，其他机器或机构也是如此。那么这些零部件是怎么连接在一起的呢？在这个项目里，我们一起来认识机械连接。需要注意的是，很多连接件本身也是零件，有些还是标准件，所以在前面介绍零件时没有专门介绍。

任务一　认识键、销、成形、过盈连接

任务目标

1. 认识键连接的作用、分类和构造。
2. 认识花键连接的作用、分类和构造。
3. 认识销连接的分类和各自的作用。
4. 了解成形连接的特点。
5. 了解过盈连接的类型和特点。

任务引入

机器中的连接分为静连接和动连接。被连接件间相互固定、不能做相对运动的连接称为静连接。被连接件间能按一定运动形式做相对运动的连接称为动连接。在这个任务里，我们先去认识一些连接，包括键连接、销连接、成形连接以及过盈连接。

知识链接

安装在轴上的齿轮、带轮、链轮等传动零件，其轮毂与轴连接主要靠键连接、花键连接、销连接等。

键和花键主要用于轴和带毂零件(如齿轮、带轮、蜗轮等)之间的连接，以实现周向固定、传递转矩。

销主要用来固定零件之间的相互位置(定位销)，也用于轴、毂间或其他零件之间的连接(连接销)，还可充当过载剪断元件(安全销)。

成形连接又称无键连接，轴毂连接段为非圆形。

过盈连接是利用两个被连接件之间的过盈配合来实现的。

一、键连接

键是标准件，主要用于轴和带毂零件的周向固定，以传递转矩。轴上零件轴向移动时，还可用一些键来导向。

●按照结构特点和工作原理，键连接可分为哪些？

按照结构特点和工作原理，键连接可分为平键连接、半圆键连接、楔键连接等。其中最常用的为平键连接。

1. 平键连接

●平键是怎样工作的？分为哪几类，各有什么用途？

平键连接如图4-1所示。平键的下面与轴上键槽的底面紧贴，上面与轮毂键槽的顶面留有间隙，两侧面为工作面，依靠键与键槽之间的挤压力传递转矩。平键加工容易，连接装拆方便、对中性良好，用于传动精度要求较高或承受变载、冲击等的场合。平键分为普通平键、导向平键和滑键三种。还有一种键高较小的普通平键称为薄壁平键，可用于薄壁零件的连接。

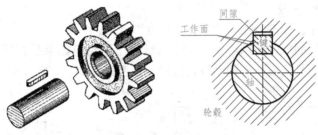

图 4-1 平键连接

(1)普通平键。普通平键用于静连接，端部有圆头(A型)、方头(B型)和一端方头一端圆头(C型)三种形式。A型平键定位好，应用广泛。C型平键用于轴端。A、C型平键的轴上键槽用立铣刀铣削而成。B型平键的轴上键槽用盘铣刀铣削而成，轴上应力集中较小；但对于尺寸较大的键，要用紧定螺钉压紧，以防松动。图4-2(a)为圆头(A型)，图4-2(b)为方头(B型)，图4-2(c)为单圆头(C型)。

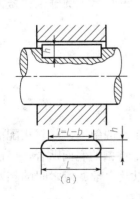
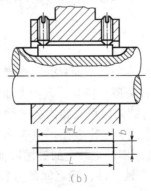
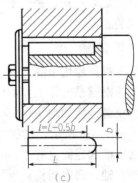

图 4-2 普通平键连接
(a)圆头(A型)；(b)方头(B型)；(c)单圆头(C型)

（2）导向平键。导向平键（导键）连接和滑键连接都是动连接。导键固定在轴上，而毂可以沿着键移动。导键中间有用来起键的螺纹孔。导键有圆头的和方头的，一般用螺钉紧固在轴上。如图 4-3 所示。

（3）滑键。滑键固定在毂上，随着毂一起沿着轴上的键槽移动，如图 4-4 所示。

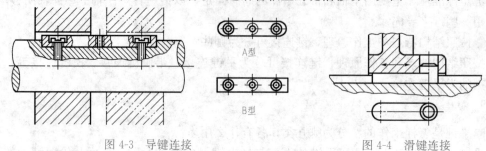

图 4-3 导键连接   图 4-4 滑键连接

键与其相对滑动的键槽之间的配合为间隙配合。键与键槽的滑动面的表面粗糙度值要低，以减小滑动时的摩擦力。当沿着轴向移动的距离较大时，宜采用滑键，这是因为如果用导键，导键将很长，增加了制造的难度。

2. 半圆键连接

●半圆键是怎样工作的？主要用于什么场合？

半圆键用圆钢切制或冲压后磨制。轴上的键槽用半径与键半径相同的盘状铣刀铣削加工。半圆键在槽中绕其几何中心摆动以适应毂上键槽的斜度，如图 4-5 所示。

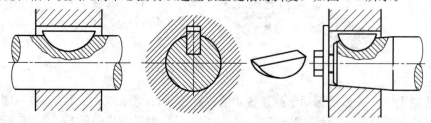

图 4-5 半圆键连接

半圆键的侧面是工作面，其优点是工艺性能较好，装拆方便，一般情况下不影响被连接件的定心；缺点是轴上键槽较深。它主要用于载荷较轻的连接，也常用于圆锥轴连接的辅助装置。

3. 斜键连接

斜键只能用于静连接。斜键有很多种，下面只介绍楔键连接。

●楔键是怎样工作的？有哪几种类型？各有什么特点和用途？

楔键连接如图 4-6 所示。楔键有圆头、平头和钩头三种。

由图 4-6 所示，楔键的上下两个面为工作表面，上表面有 1∶100 的斜度，与它相配的轮毂键槽的底面也有 1∶100 的斜度。楔键与毂上的键槽底面和轴上键槽的底面贴合，借以楔紧在轴、毂之间构成连接。主要靠轴、键、毂之间的摩擦力，以及由轴、毂之间的相对转动趋势而使键受到偏压来传递转矩；楔键也能用于传递单向轴向力。

装配时需将楔键打入，使键楔紧在轴和轮毂的键槽内。键楔紧后迫使轴上零件与轴产

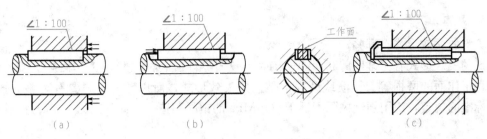

图 4-6　楔键连接

(a)圆头（A 型）；(b)平头（B 型）；(c)钩头

生偏斜，故受冲击、受载荷作用时，楔键连接容易松动。楔键连接只适用于对中性要求不高、载荷平稳、低速运转的场合，如农业机械、建筑机械等。

钩头楔键用于不能从另一端将楔键打出的场合，钩头部分供拆卸用。如图 4-6(c)所示。

4. 常用键及其标记

常用键及其标记见表 4-1。

表 4-1　常用键及其标记

序号	名称（标准号）	图例	标记示例
1	普通平键 (GB/T 1096—2003)	A型	GB/T 1096 键 16×10×100 表示宽度 b＝16 mm、高度 h＝10 mm、长度 L＝100 mm 的 A 型平键
2	半圆键 (GB/T 1099.1—2003)		GB/T 1099.1 键 6×10×25 表示宽度 b＝6 mm、高度 h＝10 mm、直径 D＝25 mm 的普通型半圆键
3	钩头楔键 (GB/T 1565—2003)		GB/T 1565 键 16×100 表示宽度 b＝16 mm、高度 h＝10 mm、长度 L＝100 mm 的钩头型楔键

5. 键的失效形式

●键的失效形式有哪些？

键的失效形式有：键的剪断；静连接时，较弱零件（通常为毂）的工作面被压溃；动连接时，工作面的磨损等。压溃或磨损常是主要失效形式，所以键的材料要有足够的强度。根据标准的规定，键用强度极限不低于 600 MPa 的钢材制造，因此常用的有 45 号中碳钢。

二、花键连接

●什么是花键连接？

花键连接由内花键和外花键组成，如图 4-7 所示。内、外花键均为多齿零件，在外圆柱表面上的花键为外花键；在内圆柱表面上的花键为内花键。显然，花键连接是平键连接在数目上的发展。

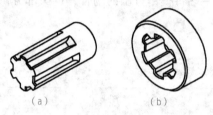

（a）　　　　　　（b）

图 4-7　花键
(a)外花键；(b)内花键

●花键连接是怎样工作的？花键有哪些类型？各有什么用途？

花键连接是靠轴和毂上的纵向齿的侧面互相挤压传递转矩；其适用于定心精度要求高、传递转矩大或经常滑移的连接场合。根据齿形不同，花键连接分为矩形花键连接和渐开线花键连接两种。

矩形花键如图 4-8(a)所示。矩形花键的键齿面为矩形，常用于汽车、机床变速箱中的滑移齿轮与轴的连接。矩形花键连接采用小径定心，其定心精度高。花键轴和孔可采用热处理后再磨削的加工方法。

渐开线花键如图 4-8(b)所示。渐开线花键的键齿面为渐开线，齿根较厚，强度较高，受载时齿上有径向分力，能起自动定心作用，有利于保证同轴度。其工艺性好，可用加工齿轮的方法加工。渐开线花键适用于载荷较大、尺寸较大的连接，一般用于起重运输机械、矿山机械等。

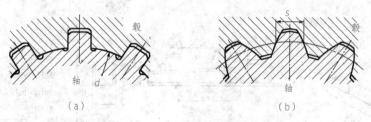

（a）　　　　　　（b）

图 4-8　花键连接
(a)矩形花键；(b)渐开线花键

矩形花键与渐开线花键的特点与应用如表 4-2 所示。

表 4-2　矩形花键与渐开线花键

类　　型	特　　点	应　　用
矩形花键 (GB/T 1144—2001)	矩形花键加工方便，能用磨削方法获得较高精度。标准中规定两个系列：轻系列用于载荷较小的静连接，中系列用于中等载荷	应用广泛，如飞机、汽车、拖拉机、机床制造业、农业机械及一般机械传动装置等
渐开线花键 (GB/T 3478.1—2008)	渐开线花键受载时齿上有径向力，能起自动定心作用，使各齿受力均匀、强度高、寿命长。加工工艺与齿轮相同，易获得较高精度与互换性。渐开线花键标准压力角 α_0 有 30°、37.5°、40°三种	用于载荷较大、定心精度要求高，以及尺寸较大的连接

● 花键连接有哪些特点？

与平键连接比较，花键连接有以下特点：①因为在轴上与毂孔上直接而均匀地制出对称的齿与槽，使得连接受力较为均匀。②因槽较浅，齿根处应力集中较小，轴与毂的强度削弱较少。③齿数较多，总接触面积较大，因而可承受较大的载荷。④轴上零件与轴的对中性好，这对高速及精密机器很重要。⑤导向性好，这对动连接很重要。⑥可用磨削的方法提高加工精度及连接质量。⑦制造工艺较复杂，有时需要专门设备，成本较高。

花键连接的可能失效形式有：齿面的压溃或磨损，齿根的剪断或弯断等。

三、销连接

● 销连接的主要用途有哪些？销一般用什么材料制造？

销连接通常只传递不大的载荷，如图 4-9 所示。销连接通常用于固定零件之间的相对位置(定位销)，也用于轴毂间或其他零件之间的连接(连接销)。销的材料一般用强度极限不低于 500～600 MPa 的碳素结构钢(如 35、45 钢)和易切削钢(Y12)等制造。

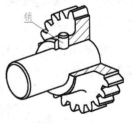

图 4-9　销连接

● 销有哪几类？各有什么特点？

销按形状分为圆柱销、圆锥销和异形销等。

1. 圆柱销

圆柱销利用微量过盈与铰光的销孔配合，如图 4-10 所示。为了保证定位精度和连接的紧固性，圆柱销不宜经常装拆。

2. 圆锥销

圆锥销具有 1∶50 的锥度，靠圆锥的挤压作用固定在铰光的销孔中，可多次装拆，如图 4-11 所示。其小端直径为标准值，自锁性能好，定位精度高。

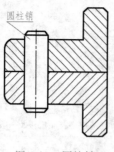

图 4-10　圆柱销

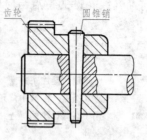

图 4-11　圆锥销

内螺纹圆锥销和螺尾圆锥销可用于销孔没有开通或装拆困难的场合，开尾圆锥销可保证销在冲击、振动或变载下不致松脱，如图 4-12 所示。

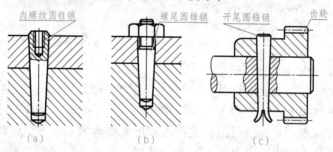

（a）　　　　　　　（b）　　　　　　　（c）

图 4-12　特殊结构的圆锥销

(a)内螺纹圆锥销；(b)螺尾圆锥销；(c)开尾圆锥销

3. 异形销

异形销种类很多，其中开口销工作可靠、装拆方便，常与槽形螺母合用，锁定螺纹连接件；其中螺纹轴的径向开有通孔，开口销穿过孔后，其尾部被掰开，如图 4-13 所示。

4. 槽销和弹性圆柱销

槽销用弹簧钢加工而成，有纵向凹槽，由于材料的弹性，槽销挤紧在销孔中，销孔不需铰光，如图 4-14 所示。槽销制造比较简单，可多次装拆，多用于传递载荷。

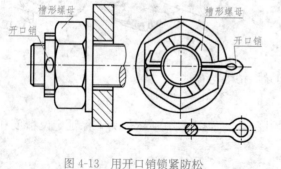

图 4-13　用开口销锁紧防松

图 4-14　槽销

弹性圆柱销是用弹簧钢带制成的纵向开缝的圆管，借弹性均匀挤紧在销孔中，如图 4-15 所示。这种销比实心销轻，可多次装拆，销孔无须铰光。

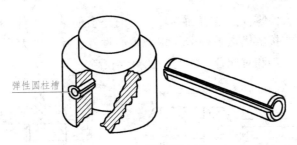

图 4-15　弹性圆柱销

四、成形连接

●什么是成形连接？有什么特点？主要用于什么场合？

成形连接是利用非圆截面的轴与相应形状的毂孔构成的连接。轴和毂孔可制成柱形或锥形，如图 4-16 所示，柱形只能传递转矩，锥形还能传递轴向力。

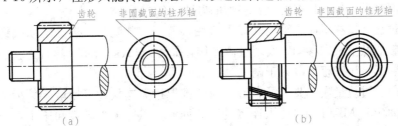

（a）　　　　　　　　　　　（b）

图 4-16　成形连接

（a）柱形的轴和毂孔；（b）锥形的轴和毂孔

这样的连接没有应力集中，定心性好，承载能力强，装拆也方便；但由于工艺上的困难，应用并不普遍。非圆截面轴先经车削，然后磨制；毂孔先经钻镗或拉削，然后磨制。截面形状要能适应磨削。

五、过盈连接

●什么是过盈连接？过盈连接有哪些类型？

过盈连接是利用两个被连接件本身的过盈配合来实现的，一个为包容件，另一个为被包容件。其配合面通常为圆柱面，也可为圆锥面。装配后包容件与被包容件的径向变形使配合面间产生了很大的压力，工作时载荷就靠相伴而生的摩擦力来传递。

1. 圆柱面过盈连接

●圆柱面过盈连接有什么特点？装配的方法是怎样的？

当配合面为圆柱面时，可采用压入法（图 4-17）或温差法（加热包容件或冷却被包容件）装配。

圆柱面过盈连接如图 4-18 所示。

在一般情况下，拆开圆柱过盈连接

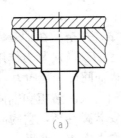
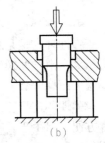

（a）　　　　　　　　（b）

图 4-17　压入法

（a）压入法示意图；（b）压入装配过程图

要用很大的力，常常会使零件配合表面损坏，有时还会使整个零件损坏，因此，过盈连接不能随便拆卸。过盈连接的优点是构造简单、定心性好、承载能力高和在振动下能可靠地工作；其缺点是装配困难和对配合尺寸的精度要求较高。

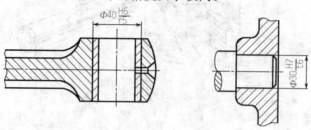

图 4-18　圆柱面过盈连接

2. 圆锥面过盈连接

● 圆锥面过盈连接有什么特点？装配的方法是怎样的？

圆锥面过盈连接在机床主轴的轴端上应用很普遍。装配时，借助转动端螺母并通过压板施力使轮毂做微量轴向移动以实现过盈连接，如图 4-19(a) 所示。这种连接的特点：定心性好，便于装拆，压紧程度也易于调整。

对于重载、过盈量大、要求可靠度高的圆锥形过盈连接，可用液压装拆的方法：装配时，把高压油(200 MPa 以上)压入连接的配合面间，以胀大包容件和压小被包容件，同时加以不大的轴向力把零件推到预定位置，放出高压油后两件即构成过盈连接，如图 4-19(b) 所示；拆卸时，压入高压油，两件即分离。

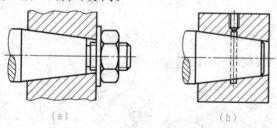

(a)　　　　　　　　　　　(b)

图 4-19　圆锥面过盈连接

(a)圆锥面过盈配合；(b)用液压装配

六、弹性环连接

● 弹性环连接有什么特点？

弹性环连接是利用以锥面贴合并挤紧在轴毂之间的内、外钢环构成的连接，如图 4-20 所示。在由拧紧螺纹连接而产生的轴向压紧力作用下，两环抵紧，内环缩小而箍紧轴，外环胀大而撑紧毂，于是在接触表面间产生径向力，载荷就靠相伴而生的摩擦力来传递。

弹性环连接特点：能传递相当大的转矩和轴向力，它没有应力集中源，定心性好，装拆方便，但由于要在轴与毂间安装弹性环，它的应用受到结构上的限制。由于摩擦力的作用，从压紧端起，轴向力和径向力递减；因此，环的对数过多无益，一般不超过 3～4 对。

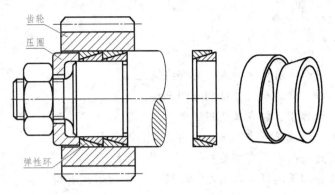

图 4-20 弹性环连接

●胀套连接有什么特点？

胀套连接也是一种弹性环连接，所不同的是内、外弹性环都有一轴向缺口，称为胀紧套。胀紧套的轴向缺口是为了增强套的弹性而设置。将胀紧套压紧（缺口收缩），再压进相应的孔中后，胀紧套的缺口因弹性恢复，产生力的作用，使胀紧套紧紧地与孔壁贴在一起。如图 4-21 所示。

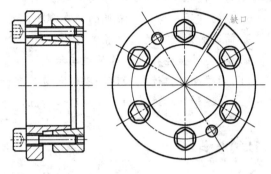

图 4-21 胀紧套

任务实施

1. 任务

传动轴装配。

2. 任务实施所需工具

润滑脂、扳手等。

3. 任务实施步骤

以东风 EQ1090E 型汽车为例，其传动轴装配步骤如下。

（1）在万向节轴承上涂抹润滑脂（按规定为 2 号锂基脂或齿轮油），配好油封，套于十字轴上，分别压入前后传动轴端万向节叉、伸缩套叉和凸缘叉孔中，再装上盖板和锁环，紧固并锁止。

（2）在传动轴伸缩套管内涂抹润滑脂，然后将叉套于后传动轴的花键轴上，并旋紧油封盖。

（3）将前传动轴凸缘叉与变速器第二轴凸缘连接，并将前传动轴安装于传动轴中间支承座架上，然后分别用螺栓将后传动轴两端的十字节装到前传动轴和后桥主动齿轮轴的凸缘叉上，旋紧凸缘固定螺栓、螺母。

（4）传动轴花键护套及十字轴油嘴必须齐全完整。

同步练习

1. 键的作用是什么，有什么特点？有哪些键连接？
2. 平键分哪三种，普通平键按结构有哪三种？
3. 简述半圆键的作用、特点及适用场合。
4. 楔键上表面的斜度是多少？楔连接的工作原理是怎样的？
5. 键连接的常见失效形式有哪些？
6. 花键的工作原理是怎样的，用在哪些场合，失效形式有哪些？常见的花键分为哪两种，各有什么特点？
7. 与平键相比，花键有哪些优缺点？
8. 销的作用是什么？常见的销有哪些，其中圆锥销的锥度是多少？
9. 简述成形连接的工作原理与特点。
10. 简述过盈连接的工作原理与特点。
11. 圆锥面过盈连接如何调整过盈量，有什么特点，适用于哪些场合？
12. 简述弹性环连接的工作原理和特点，并说明胀紧套的轴向缺口有什么作用。

任务小结

在这个任务中我们学习了键连接、花键连接、销连接、成形连接、过盈连接等几种连接方式，每种连接方式都有各自的特点和适应范围，读者在以后的工作、学习中要注重灵活运用。机械连接还有很多方式，我们在后面继续去认识它们吧。

任务二　了解联轴器与离合器

任务目标

1. 了解联轴器所联两轴的偏移形式及联轴器的分类。
2. 了解凸缘联轴器、套筒联轴器的结构、材料和特点。
3. 了解齿轮联轴器、十字滑块联轴器、十字轴万向联轴器的结构、材料和特点。
4. 了解弹性套柱销联轴器、弹性柱销联轴器的结构、材料和特点。
5. 了解牙嵌式离合器的结构、材料和特点。
6. 了解单片式圆盘摩擦离合器、多片式圆盘摩擦离合器。
7. 了解自动接合式离合器、滚柱超越离合器。

任务引入

联轴器和离合器是机械连接中常用的部件，主要用于连接两轴，使其一起旋转并传递转矩，有时也可用作安全装置。

联轴器和离合器的不同之处是：用联轴器连接的两轴，在机械运转时两轴是不能脱开的，只有在机械停车时才能将连接拆开，使两轴分离；离合器可以根据工作需要，在机械运转时随时使两轴分离（离）或接合（合），而不必停车。

知识链接

一、联轴器的分类

● 联轴器所联两轴的偏移形式有哪些？

联轴器连接的两轴，由于制造和安装误差、受载变形或机座下沉等原因，可能产生轴线的轴向位移、径向位移、角位移或综合位移，如图 4-22 所示。

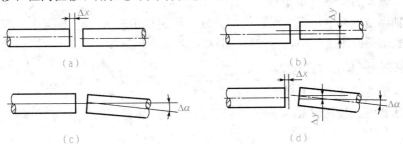

图 4-22 联轴器所联两轴的偏移形式

(a)轴向偏移；(b)径向偏移；(c)角度偏移；(d)综合偏移

因此，要求联轴器在传递运动和转矩的同时，还应具有一定范围的补偿轴线偏移、缓冲吸振的能力。

● 联轴器有哪些分类？

根据工作性能，联轴器可分为刚性联轴器和弹性联轴器两大类。

1. 刚性联轴器

刚性联轴器有固定式和可移动式两种：

(1)固定式刚性联轴器构造简单，但要求被连接的两轴严格对中，而且在运转时不得有任何的相对移动。

(2)可移动式刚性联轴器则可补偿两轴在工作中发生的一定限度的相对移动。

2. 弹性联轴器

弹性联轴器中有弹性元件，所以具有缓冲、吸振的功能以及适应轴线偏移的能力。

二、刚性联轴器

刚性联轴器结构简单、对中精度可靠、制造容易、承载能力大、成本低，但没有补偿轴线偏移的能力；适用于载荷平稳、转速稳定、两轴严格对中，并在工作中不发生相对位移的场合。

1. 凸缘联轴器

●凸缘联轴器的结构是怎样的？

在刚性联轴器中，凸缘联轴器是应用最广的一种。这种联轴器主要由两个分别装在轴端的半联轴器通过键与轴相连，用螺栓将两个半联轴器的凸缘连接在一起，如图4-23所示。

●制造凸缘联轴器的材料通常有哪些？

制造凸缘联轴器的材料选用：中等以下载荷，$v \leqslant 35$ m/s 时可采用中等强度的铸铁，如 HT200；重载，$v \leqslant 75$ m/s 时可采用锻钢（35 钢）或铸钢（ZG270-500）。v 为联轴器外缘的圆周速度。

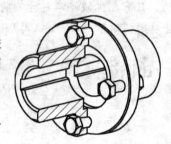

图 4-23　凸缘联轴器

●凸缘联轴器的特点有哪些？

凸缘联轴器结构简单、成本低、使用方便、传递扭矩较大，但不能补偿两轴间的相对位移。凸缘联轴器应用于对中精度较高、载荷平稳的两轴连接。

2. 套筒联轴器

●套筒联轴器的结构是怎样的？

套筒联轴器由连接两轴轴端的公共套筒、连接公共套筒与轴的连接零件（键或销）所组成。

采用锥销既可周向固定，又能轴向固定，并传递转矩，如图4-24(a)所示。锥销用于传递转矩较小的场合；当轴超载时，锥销会被剪断，起安全保护作用。

采用键做周向固定并传递转矩，紧定螺钉作轴向固定，如图4-24(b)所示。

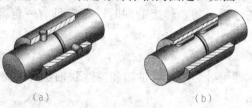

(a)　　　　　　　　　　(b)

图 4-24　套筒联轴器

(a)用锥销连接的套筒联轴器；(b)用键连接的套筒联轴器

●制造套筒联轴器的材料通常有哪些？

轴颈 $d \leqslant 80$ mm 时，套筒用 35 钢或 45 钢制造；$d > 80$ mm 时，也允许用铸铁。

●套筒联轴器的特点有哪些？

套筒联轴器结构简单，径向尺寸小，制造方便，成本低，但装拆不太方便。套筒联轴器应用于低速、轻载、工作平稳、两轴严格对中、要求径向尺寸紧凑或空间受限制的场合；

也可用于启动频繁和速度变化的传动。

三、无弹性元件挠性联轴器

无弹性元件挠性联轴器有很多种，可补偿两轴的相对位移，但不能缓冲减震，现只介绍主要几种。

1. 齿轮联轴器

●齿轮联轴器的结构是怎样的？

如图 4-25 所示，齿轮联轴器由两个带有外齿的轮毂分别与主、从动轴相连接，两个带内齿的凸缘用螺栓紧固，利用内、外齿啮合以实现两轴连接。

图 4-25 齿轮联轴器

●制造齿轮联轴器的材料通常有哪些？

半联轴器一般用 45 钢制造。齿轮联轴器中齿轮的材料主要有：铸铁（HT200、HT300 或 QT600-3 等），锻钢（45、45Cr、40MnVB、38CrMoAlA 等），铸钢（ZG270-500、ZG310-570 等），塑料（用于减少噪声的轻载齿轮）等。

●齿轮联轴器的特点有哪些？

齿轮联轴器能传递很大的转矩，并能补偿两轴间的不对中和偏斜，安装精度要求不高；但质量较大，成本较高，多用于重型机械和起重设备，不适合用于立轴。

2. 十字滑块联轴器

●十字滑块联轴器的结构是怎样的？

十字滑块联轴器由两个端面开有径向凹槽的半联轴器 1、3 和一个两端各具有凸榫的中间滑块 2 所组成，且两端榫头互相垂直，嵌入槽中，榫头的中线通过滑块 2 中心，如图 4-26 所示。因为榫可在凹槽中滑动，故可补偿安装及运动时两轴间的不对中和偏斜。

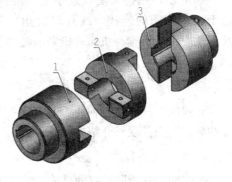

●制造十字滑块联轴器的材料有哪些？

两半联轴器一般用 45 钢或 ZG310-570（大尺寸用）制造。中间浮动盘一般用 45 钢（表面淬火）制造。

图 4-26 十字滑块联轴器

1，3—半联轴器；2—十字滑块

●十字滑块联轴器的特点有哪些？

十字滑块联轴器结构简单、制造容易、径向尺寸小。十字滑块联轴器对凹槽和凸块的工作面的硬度要求较高，并需加润滑剂。滑块因偏心会产生离心力和磨损，给轴和轴承带来附加动载荷。十字滑块联轴器常用于工作平稳、轴线间相对径向位移较大、传递转矩大、无冲击、低速回转的两轴连接。

3. 十字轴万向联轴器

●十字轴万向联轴器的结构是怎样的？

如图 4-27（a）所示，十字轴万向联轴器由两个叉形接头 1、3 和一个十字轴 2 组成。

如图 4-27（b）所示，构件 1、2 为十字轴万向联轴器的两个叉形接头，构件 3 为十字轴。

十字轴万向联轴器利用叉形接头与十字轴之间构成的转动副，使被连接的两轴线能成

任意角度 α [图 4-27(c)]，一般 α 可达 $35°\sim45°$。

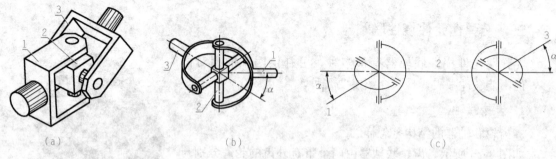

图 4-27　十字轴万向联轴器

1，3—叉形接头；2—十字轴

十字轴万向联轴器常成对使用，称为双万向联轴器，如图 4-28 所示。

●十字轴万向联轴器的特点有哪些？

十字轴万向联轴器用于传递两相交轴之间的动力和运动，而且在传动过程中，两轴之间的夹角还可以改变。十字轴万向联轴器能可靠地传递转矩和运动，结构紧凑，效率高，维护方便，可用于相交轴间的连接，或有较大角位移的场合。其广泛应用于汽车、机床等机器的传动系统中。

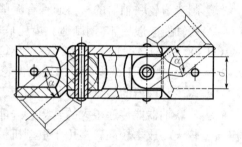

图 4-28　小型双万向联轴器的结构

四、有弹性元件挠性联轴器

有弹性元件挠性联轴器因装有弹性元件，不仅可以补偿两轴间的相对位移，而且具有缓冲减震能力。现只介绍主要几种。

1. 弹性套柱销联轴器

●弹性套柱销联轴器的结构是怎样的？

如图 4-29 所示，弹性套柱销联轴器的结构与凸缘联轴器很相似，只是用套有橡胶弹性套的柱销代替了连接螺栓。左半联轴器的孔为圆锥孔、右半联轴器的孔为圆柱孔。

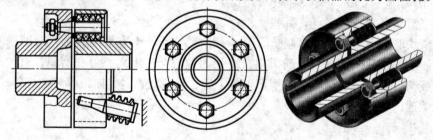

图 4-29　弹性套柱销联轴器

●制造弹性套柱销联轴器的材料有哪些？

半联轴器一般采用 HT200、ZG270-500 或 35 钢。柱销一般采用 35 钢（正火处理）。弹性套一般采用天然橡胶或合成橡胶。

●弹性套柱销联轴器的特点有哪些？

弹性套的变形可以补偿两轴线的径向位移和角位移，并有缓冲和吸震作用。这种联轴器质量小、结构简单，但弹性套易磨损、寿命较短；适宜于连接载荷较平稳、需正反转或启动频繁的中小转矩的轴。弹性套柱销联轴器已标准化。

2. 弹性柱销联轴器

弹性柱销联轴器如图 4-30 所示。

●弹性柱销联轴器的结构是怎样的？

弹性柱销联轴器是将弹性柱销 2（如尼龙柱销）置于两个半联轴器凸缘的孔中，使两半联轴器 1、4 连接在一起，柱销形状一端为柱形，另一端制成腰鼓形，以增大角度位移的补偿能力。为防柱销脱落，柱销两端装有挡板 3。

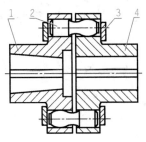

图 4-30　弹性柱销联轴器
1，4—半联轴器；2—弹性柱销；3—挡板

●弹性柱销联轴器的特点有哪些？

弹性柱销联轴器靠尼龙柱销传递力，并靠其弹性变形补偿径向位移和角位移，安装时留间隙以补偿轴向位移。其结构简单，制造、装配及维护都方便，传递转矩较大；但耐冲击能力较低，易老化，尼龙对温度较敏感，不宜在高温下工作，工作温度范围控制在 $-20\ ℃\sim70\ ℃$。弹性柱销联轴器适用于轴向窜动量较大、经常正反转、启动频繁、转矩较大的连接。

弹性联轴器还有梅花形弹性联轴器、轮胎式弹性联轴器、蛇形弹簧联轴器、膜片联轴器、星形弹性联轴器等。可查阅其他书籍了解弹性联轴器。

五、离合器

离合器可根据需要方便地使两轴接合或分离，以满足机器变速、换向、空载启动、过载保护等方面的要求。

对离合器的基本要求是：接合平稳，分离迅速；工作可靠，操纵灵活、省力；调节和维护方便。按控制方法的不同，离合器可分为操纵离合器、自动离合器两大类。

1. 牙嵌式离合器

牙嵌式离合器是借牙的相互嵌合来传递运动和转矩的。

●牙嵌式离合器的结构是怎样的？有哪些牙形，各有什么特点？

如图 4-31 所示，牙嵌式离合器由两个端面上有牙的半离合器 1 和 3 组成。其中半离合器 1 固定在主动轴上，半离合器 3 用导向平键（或花键）与从动轴连接；工作时利用操纵杆（图中未画出）带动滑环 4，使半离合器 3 轴向移动，实现离合器的接合或分离。为使两个半离合器能够对中，在主动轴端的半离合器上固定一个对中环 2，

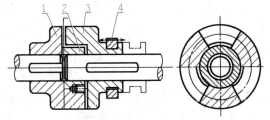

图 4-31　牙嵌式离合器
1，3—半离合器；2—对中环；4—滑环

从动轴可在对中环内自由转动。

牙嵌式离合器的牙形如图4-32所示。三角形牙[图4-32(a)]接合和分离容易，但齿的强度较弱，用于传递小转矩的低速离合器；梯形牙[图4-32(b)]强度高，传递转矩大，能自动补偿牙的磨损与间隙，冲击小，能自动减少冲击，应用广；锯齿形牙[图4-32(c)]能传递较大转矩，但仅能单向工作，反转时工作面将受较大的轴向分力，会迫使离合器自行分离；矩形牙[图4-32(d)]制造容易，但在牙与槽对准时方能接合，因而接合困难，接合时冲击较大，牙的强度低，磨损后无法补偿，故应用较少。

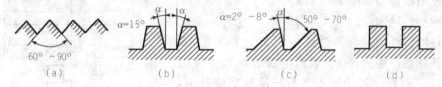

图4-32 沿圆柱面上展开的牙

(a)三角形牙；(b)梯形牙；(c)锯齿形牙；(d)矩形牙

●牙嵌式离合器的特点有哪些?

牙嵌式离合器结构简单，外廓尺寸小，能传递较大转矩，连接后两轴不会发生相对滑动，但只宜在两轴的转速差很小或相对静止的情况下进行接合，否则牙齿可能会因受冲击而折断。

2. 圆盘摩擦式离合器

圆盘摩擦式离合器利用主、从动半离合器摩擦片接触表面间的摩擦力来传递转矩。与牙嵌式离合器相比，它的传动平稳，连接不受转速的限制；过载时，摩擦面间将发生打滑，可以保护机械不致因过载而损坏，应用广泛。圆盘摩擦式离合器又分为单片式和多片式两种。

(1)单片式圆盘摩擦式离合器。

●单片式圆盘摩擦式离合器的结构是怎样的?

如图4-33所示，单片式圆盘摩擦式离合器由固定圆盘2、活动圆盘3和滑环5组成。其中固定圆盘2固定在主动轴1上，活动圆盘3用导向平键(或花键)与从动轴4连接；工作时利用操纵杆(图中未画出)带动滑环5，使活动圆盘3轴向移动，可实现离合器的接合或分离。轴向力使两摩擦盘压紧时，主动轴上的转矩就通过两盘接触面上的摩擦力传到从动轴上。

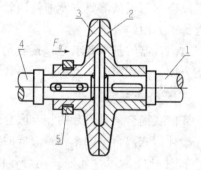

图4-33 单片式圆盘摩擦式离合器

1—主动轴；2—固定圆盘；

3—活动圆盘；4—从动轴；5—滑环

●单片式圆盘摩擦式离合器的特点有哪些?

单片式圆盘摩擦式离合器结构简单，散热性好，在任何转速条件下两轴都可以进行结合；过载时打滑，起保护作用；结合平稳，冲击和震动小；能传递的转矩小，径向尺寸大。

(2)多片式圆盘摩擦式离合器。

●多片式圆盘摩擦式离合器的结构是怎样的?

如图 4-34 所示，多片式圆盘摩擦式离合器由内摩擦片 3 和外摩擦片 2 组成。外摩擦片靠外齿与外毂 1 上的凹槽构成类似花键的连接，外毂 1 用平键固连在主动轴 I 上。内摩擦片靠内齿与内毂 4 上的凹槽构成动连接，内毂用平键或花键与从动轴 II 连接。借助操纵机构向左移动锥套 6，使压板 5 压紧交替放置的内、外摩擦片使两轴结合；当锥套向右移动时，压紧力消失，两轴分离。

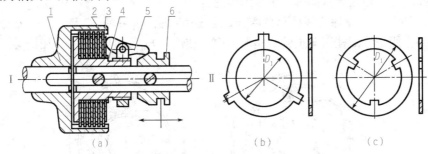

图 4-34　多片式圆盘摩擦式离合器

(a)结构图；(b)外摩擦片；(c)内摩擦片

1—外毂；2—外摩擦片；3—内摩擦片；4—内毂；5—压板；6—锥套

● 多片式圆盘摩擦式离合器的特点有哪些？

多片式圆盘摩擦式离合器的径向尺寸小；接合和分离比较平稳；过载时，离合器可打滑，起安全保护作用；由于摩擦面多，故摩擦接合面传递转矩大；散热不好，结构较为复杂。其广泛用于机床、汽车和摩托车等机器中。

3. 离心式离合器

离心式离合器是利用离心力的作用来控制接合和分离的一种离合器。离心式离合器有自动接合式和自动分离式两种。前者当主动轴达到一定转速时，能自动接合；后者相反，当主动轴达到一定转速时能自动分离。

● 自动接合式离合器的结构是怎样的？

图 4-35 所示为一种自动接合式离合器。它主要由与主动轴 4 相连的轴套 3，与从动轴(图中未画出)相连的外毂轮 1、瓦块 2、弹簧 5 和螺母 6 组成。瓦块一端铰接在轴套上，一端通过弹簧力拉向轮心，安装时应使瓦块与外毂轮保持适当间隙。

这种离合器常用作启动装置，当机器启动后，主动轴的转速逐渐增加，当达到某一值时，瓦块将因离心力带动外毂轮和从动轴一起旋转。拉紧瓦块的力可以通过螺母来调节。

● 自动接合式离合器可用于哪些场合？

自动接合式离合器有时用于电动机伸出轴端，或直接装在皮带轮中。这种离合器使得电动机都是在空载情况下启动的，减少电动机启动电流的延续时间，可改善电机的发热现象。

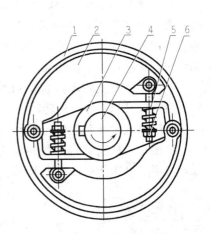

图 4-35　自动接合式离合器

1—外毂轮；2—瓦块；3—轴套；4—主动轴；5—弹簧；6—螺母

4. 超越离合器

超越离合器又称为定向离合器，是一种自动离合器。超越离合器只能按一个转向传递转矩，反向时能自动分离，按工作原理分为啮合式和摩擦式两类。其中应用较为广泛的是摩擦式滚柱超越离合器。

●摩擦式滚柱超越离合器的结构是怎样的？

如图 4-36 所示，摩擦式滚柱超越离合器主要由星轮 1、外圈 2、滚柱 3、弹簧顶杆 4 组成。弹簧的作用是将滚柱压向星轮的楔形槽内，使滚柱与星轮 1、外圈 2 相接触。

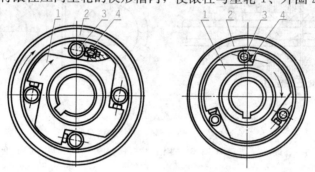

图 4-36　摩擦式滚柱超越离合器

1—星轮；2—外圈；3—滚柱；4—弹簧顶杆

●摩擦式滚柱超越离合器是怎样工作的？

摩擦式滚柱超越离合器的星轮 1 与主动轴相连，并顺时针回转，滚柱 3 受摩擦力作用滚向狭窄的空间被楔紧，外圈 2 随星轮 1 一起转动，离合器接合。星轮 1 逆时针回转时，滚柱 3 滚向宽敞的空间，外圈 2 则不与星轮一起转动，离合器自动分离，因而超越离合器只能传递单向的转矩。

若外圈 2 和星轮 1 分别顺时针回转，则当外圈 2 转速高于星轮 1 转速时，离合器为分离状态，外圈和星轮各以自己的转速旋转，互不相干。当外圈 2 转速低于星轮 1 转速时，离合器接合。外圈和星轮均可作为主动件，但无论哪一个是主动件，当从动件转速超过主动件时，从动件均不可能反过来驱动主动件。这种特性称为超越作用。

自行车后轮上的飞轮就是利用该原理做成的，自行车下坡或脚不蹬踏时，链轮不转，轮毂由于惯性仍按原转向转动。

●摩擦式滚柱超越离合器用于哪些场合？

摩擦式滚柱超越离合器的滚柱一般为 3～8 个，其结构简单，尺寸小，接合和分离平稳，可用于高速传动；常用于汽车、拖拉机和机床等设备中。

任务实施

1. 任务

更换离合器从动盘摩擦片。

2. 任务实施所需工具

百分表、塞尺、新摩擦片、钻头、钻床、铆钉机等。

3. 任务实施步骤

离合器摩擦片磨损严重，铆钉松动，表面裂损或烧蚀、油污严重时，应予更换。工艺步骤如下：

(1)拆除旧摩擦片，然后用百分表测量从动盘钢片平面对其轴线的跳动量，一般半径为 120～150 mm 的轴向圆跳动应不大于 0.8 mm，否则应予以校正。

(2)检查从动钢片与接合盘的铆钉，如有松动或断裂，应予重铆或更换。

(3)检查花键轴套的键槽与变速器第一轴花键的配合间隙，一般应不超过 0.8 mm。如超过规定范围尺寸，应予更换。

(4)更换的新摩擦片的直径、厚度应符合要求。两片应同时更换材质相同、厚度差不超过 0.50 mm 的摩擦片。先将两新摩擦片同时放在钢片上，使其边缘对正夹牢，选用与钢片孔相适应的钻头钻摩擦片的铆钉孔。然后用与铆钉头相适应的钻头在每片衬片的单面钻出埋头孔。其深度为：含铜丝的摩擦片为摩擦片厚的 2/3；不含铜丝的为 1/20。

(5)铆合摩擦片时可用专用铆钉机，也可用手动工具。选用的铆钉应符合规定要求。

(6)铆合时铆钉头的位置应交错排列。新摩擦片铆好后还应修磨平面，使其与飞轮、压盘接触良好。

同步练习

1. 联轴器所连两轴的偏移形式有哪些？联轴器有哪些分类？

2. 凸缘联轴器的对中方法有哪些？制造凸缘联轴器的材料通常有哪些？凸缘联轴器有哪些特点，用于什么场合？

3. 制造套筒联轴器的材料通常有哪些？套筒联轴器有哪些特点，用于什么场合？

4. 制造齿轮联轴器的材料通常有哪些？齿轮联轴器有哪些特点，用于什么场合？

5. 制造十字滑块联轴器的材料有哪些？十字滑块联轴器有哪些特点，用于什么场合？

6. 十字轴万向联轴器有哪些特点，用于什么场合？

7. 制造弹性套柱销联轴器的材料有哪些？弹性套柱销联轴器有哪些特点，用于什么场合？

8. 弹性柱销联轴器有哪些特点，用于什么场合？

9. 牙嵌式离合器的结构是怎样的，有哪些牙形，各有什么特点？

10. 单片式圆盘摩擦式离合器有哪些特点，用于什么场合？

11. 多片式圆盘摩擦式离合器有哪些特点，用于什么场合？

12. 自动接合式离合器有哪些特点，用于什么场合？

13. 摩擦式滚柱超越离合器有哪些特点，用于什么场合？

任务小结

由于制造、装配等因素的影响，有时一根轴不能满足我们需要的所有功能，就需要将两根或几根轴连接起来，联轴器和离合器就能完成这个任务，但联轴器只能将两根轴连在一起，而离合器可非常方便地随时把两根轴连(合)在一起，又可分开(离)。这在我们的机器运转中非常重要。读者可在机器上认真看一看、学一学。

任务三　认识螺纹连接

任务目标

1. 了解螺纹的形成，掌握螺纹的参数。
2. 了解常见螺纹的类型及运用场合。
3. 能识读普通螺纹的标志。
4. 认识螺纹连接的基本型式，熟悉其适用场合。
5. 了解控制拧紧力矩大小的工具。
6. 掌握螺纹连接的防松方法及特点。

任务引入

螺纹连接是利用螺纹零件构成的一种可拆连接，它具有结构简单、装拆方便、工作可靠和类型多样等特点。绝大多数螺纹紧固件已标准化，并由专业工厂大批量生产，故其质量可靠、价格低廉、供应充足。同时螺纹还具有传动功能，螺纹传动是利用螺纹副来传递运动，主要用来将旋转运动变成直线运动。对于螺纹传动，我们将在"机械传动"部分进行学习。

知识链接

一、螺纹连接的基本知识

螺纹是指螺钉、螺母或丝杠等零件上起连接或传动作用的螺牙结构，有外螺纹和内螺纹两种，如图 4-37 所示。螺杆上的螺纹就是外螺纹；螺母上的螺纹就是内螺纹。

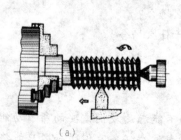

（a）

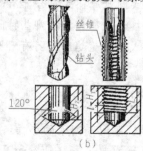

（b）

图 4-37　螺纹

(a)车削外螺纹；(b)麻花钻钻孔、丝锥攻内螺纹

1. 螺纹的形成与常见的分类

●螺纹是怎么形成的，有哪些分类？

平面图形(三角形、矩形或梯形)绕一圆柱或圆锥做螺旋运动，形成一圆柱或圆锥螺旋体。工业上，将此螺旋体称为螺纹。如图 4-38 所示。

螺纹的分类有：

(1)外螺纹和内螺纹，共同组成螺纹副。

(2)起连接作用的螺纹称为连接螺纹，起传动作用的螺纹称为传动螺纹。

(3)按螺纹的旋向如图 4-39 所示，分为左旋螺纹和右旋螺纹，常用的为右旋螺纹。将内、外螺纹竖直放置，螺纹的牙若是左边高，则为左旋螺纹；若是右边高，则为右旋螺纹。

图 4-38　螺纹的形成和螺纹牙型　　　　　图 4-39　螺纹的旋向

(4)螺纹的螺旋线数(图 4-40 所示)分单线、双线及多线，连接螺纹一般用单线。看螺纹的起始端部，若有一个螺纹起始端，则为单线螺纹；若有两个螺纹起始端，则为双线螺纹；若有三个螺纹起始端，则为三线螺纹；其余类推。

图 4-40　螺纹线数

(a)单线螺纹与三线螺纹；(b)单线与双线缠绕示意图

(5)螺纹又分为米制和英制(螺距以每英寸内的牙数 i 表示，$i=25.4/P$)两类，我国除管螺纹外，一般都采用米制螺纹。

2. 圆柱普通螺纹的一些主要参数

●什么是圆柱普通螺纹大径 d、小径 d_1、中径 d_2、螺距 P、导程 L、螺纹线数 n 和升角 λ？

螺纹的主要参数如图 4-41 所示。

(1)大径 d。它是与外螺纹牙顶或内螺纹牙底相重合的假想圆柱的直径，一般定为螺纹的公称直径。

（2）小径 d_1。它是与外螺纹牙底或内螺纹牙顶相重合的假想圆柱的直径，一般取为外螺纹的危险剖面的计算直径。

（3）中径 d_2。它是一个假想圆柱的直径，该圆柱的母线通过牙型上沟槽和凸起宽度相等的地方。

（4）螺距 P。相邻螺牙在中径线上相对应两点间的轴向距离称为螺距。

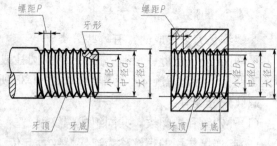

图 4-41　螺纹的主要参数

（5）导程 L 和螺纹线数 n。导程是同一螺纹线上的相邻牙，在中径线上对应两点间的轴向距离。导程和螺纹线数的关系为

$$L = n \times P$$

式中，单线螺纹 $n=1$，双线螺纹 $n=2$，其余类推。

（6）升角 λ。在中径圆柱上螺旋线的切线与垂直于螺纹轴线的平面间的夹角称为升角。其计算式为

$$\tan\lambda = \frac{L}{\pi d_2} = \frac{nP}{\pi d_2}$$

显然，在公称直径 d 和螺距 P 相同的条件下，随螺纹线数 n 增大，导程 L 将成倍增加，升角 λ 也相应增大，传动效率也将提高。

（7）牙型角 α。在轴向剖面内螺纹牙型两侧边的夹角称为牙型角。

3. 常用螺纹的牙型

● 常用螺纹的牙型有哪些，有什么特点？应用于哪些场合？

常用螺纹的牙型、特点和应用，详见表 4-3 所示。

表 4-3　常用螺纹的牙型、特点和应用

类型	牙　型		牙型代号	特点和应用
连接螺纹	普通螺纹	内螺纹 60° 外螺纹	M	牙型角 $\alpha=60°$，自锁性能好。螺牙根部较厚、强度高，应用广泛。同一公称直径，按螺距大小分为粗牙和细牙，常用粗牙。细牙的螺距和升角小，自锁性能较好，但不耐磨、易滑扣，常用于薄壁零件，或受动载荷和要求紧密性的连接，还可用于微调机构等
	圆柱管螺纹	内螺纹 55° 外螺纹	G	牙型角 $\alpha=55°$。公称直径近似为管子孔径，以英寸为单位，螺距以每英寸的牙数表示。牙顶、牙底呈圆弧，牙高较小。螺纹副的内、外螺纹间没有间隙，连接紧密，常用于低压的水、煤气、润滑或电线管路系统中的连接

类型		牙　型	牙型代号	特点和应用
连接螺纹	圆锥管螺纹		ZG	牙型角为 α＝55°。与圆柱管螺纹相似，但螺纹分布在 1∶16 的圆锥管壁上。旋紧后，依靠螺纹牙的变形连接更为紧密，主要用于高温、高压条件下工作的管子连接。如汽车、工程机械、航空机械，机床的燃料、油、水、气输送管路系统等
传动螺纹	矩形螺纹			螺纹牙的剖面多为正方形，牙厚为螺距的一半，牙根强度较低。因其摩擦系数较小，效率较其他螺纹高，故多用于传动；但难于精确加工，磨损后松动、间隙难以补偿，对中性差，常用梯形螺纹代替
	梯形螺纹		Tr	牙型角 α＝30°，效率虽较矩形螺纹低，但加工较易，对中性好，牙根强度较高，当采用剖分螺母时，磨损后可以调整间隙，故多用于传动
	锯齿形螺纹		B(S)	工作面的牙边倾斜角为 3°，便于铣制；另一边为30°，以保证螺纹牙有足够的强度。它兼有矩形螺纹效率高和梯形螺纹牙强度高的优点，但只能用于承受单向载荷的传动

4. 识读螺纹标志

●普通螺纹怎么标识？

螺纹完整标志由螺纹代号、螺纹公差带代号和螺纹旋合长度组成，即：螺纹代号—螺纹公差带代号—螺纹旋合长度。

螺纹公差带代号包括螺纹中径与顶径(外螺纹大径或内螺纹小径)的公差带代号。标注时，若中径与顶径公差带不一致，中径在先，顶径在后；若公差带一致，则只写一个公差带即可。如 M12×2-5g6g，表示外螺纹的公称直径为 12 mm，螺距为 2 mm，中径公差带为 5g，顶径公差带为 6g。再如 M12×2-6g，表示中径、顶径公差带均为 6g。

螺纹旋合，长的旋合长度用"L"表示，短的旋合长度用"S"表示。螺纹旋合长度没有标，则表示的是中等旋合长度(N)。右旋螺纹可不标注旋向代号，左旋螺纹旋向代号为"LH"。

例如：

M16-5g6g 表示粗牙普通三角外螺纹，公称直径（螺纹大径）为 16 mm，右旋，螺纹公差带中径 5g，大径 6g，旋合长度按中等长度考虑。粗牙螺纹的螺距是唯一的，没有标注；查表知 M16 的粗牙螺纹的螺距是 2 mm。粗牙螺纹是最常用的连接螺纹。

M16×1LH-6G 表示细牙普通三角内螺纹，公称直径（螺纹大径）为 16 mm，螺距 1 mm，左旋，螺纹公差带中径、大径均为 6G，旋合长度按中等长度考虑。

G1 表示英制圆柱管螺纹，尺寸代号为 1 in[①]，右旋。

Tr20×8(P4) 表示梯形螺纹，公称直径为 20 mm，双线，导程 8 mm，螺距 4 mm，右旋。

B20×2LH 表示锯齿形螺纹，公称直径为 20 mm，单线，螺距 2 mm，左旋。

部分粗牙螺纹的大径与螺距见表 4-4。

表 4-4　部分粗牙螺纹表　　　　　　　　　　　　　　　　　mm

大径	4	5	6	8	10	12	14	16	18	20	22	24	27	30	33	36
螺距	0.7	0.8	1	1.25	1.5	1.75	2	2	2.5	2.5	2.5	3	3	3.5	3.5	4

二、螺纹连接的主要类型和用途

1. 螺纹连接的基本形式

●螺纹连接的基本形式有哪些？各适用于什么场合？

(1)螺栓连接。螺栓连接是将螺栓穿过被连接件的孔（螺栓与孔之间留有间隙），然后拧紧螺母，将被连接件连接起来。由于被连接件的孔无须切制螺纹，所以结构简单、装拆方便，应用广泛。如图 4-42 所示。

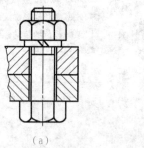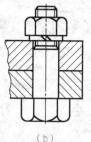

(a)　　　　　　　　　(b)

图 4-42　螺栓连接

铰制孔用螺栓，一般用于利用螺栓杆承受横向载荷或固定被连接件相互位置的场合。这时，孔与螺栓杆之间没有间隙，常采用基孔制过渡配合，如图 4-42(b)所示。

(2)双头螺柱连接。这种连接将双头螺柱的一端旋紧在被连接件的螺纹孔中，并将另一端穿过另一被连接件的孔，拧紧螺母后把被连接件连接起来。这种连接通常用于被连接件

---

① 　1 in(英寸)＝2.54 cm。

之一太厚不便穿孔，结构要求紧凑或需经常装拆的场合，如图 4-43(a)所示。

（3）螺钉连接。这种连接不需要螺母，将螺钉穿过被连接件的孔，并旋入另一被连接件的螺纹孔中。它适用于被连接件之一太厚且不宜经常装拆的场合，如图 4-43(b)所示。

（4）紧定螺钉连接。这种连接将紧定螺钉旋入一零件的螺纹孔中，并将螺钉末端顶住另一零件的表面或顶入该零件的凹坑中，以固定两零件的相互位置，如图 4-43(c)所示。

螺纹连接除上述四种基本形式外还有吊环螺钉、地脚螺栓、T 形槽螺栓等连接形式。

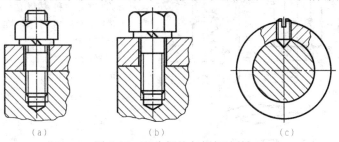

图 4-43　双头螺柱与螺钉连接
(a)双头螺柱连接；(b)螺钉连接；(c)紧定螺钉连接

2. 螺纹连接的拧紧

●为什么螺纹连接要拧紧？用什么工具可控制拧紧力矩的大小？

绝大多数螺纹连接在装配时需要拧紧，使连接在承受工作载荷之前，预先受到力的作用，这个预加的作用力称为预紧力。预紧的目的是增大连接的紧密性和可靠性。此外，适当地提高预紧力还能提高螺栓的疲劳强度。拧紧时，用扳手施加拧紧力矩。

为了保证预紧力 F' 不致过小或过大，可在拧紧过程中控制拧紧力矩 T 的大小，其方法有：采用测力矩扳手，如图 4-44(a)所示；采用定力矩扳手，如图 4-44(b)所示；必要时测定螺栓的伸长量等。

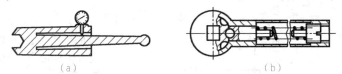

图 4-44　控制预紧力的扳手
(a)测力矩扳手；(b)定力矩扳手

3. 螺纹连接的防松

●为什么螺纹连接要防松？螺纹连接有哪些防松方法，各有什么特点？

在静载荷和工作温度变化不大时，连接螺纹的升角较小，故能满足自锁条件，螺纹连接不会自动松脱。在冲击、振动或变载荷的作用下，螺旋副间的摩擦力可能减小或瞬时消失。这种现象多次重复后，就会使连接松脱。在高温或温度变化较大的情况下，由于螺纹连接件和被连接件的材料发生蠕变和应力松弛，连接中的预紧力和摩擦力逐渐减小，最终导致连接失效。螺纹连接一旦出现松脱，轻者会影响机器的正常运转，重者会造成严重事故。因此，为了防止连接松脱，保证连接安全可靠，设计时必须采取有效的防松措施。

防松的根本问题在于防止螺旋副在受载时发生相对转动。防松的方法按其工作原理分为摩擦防松、机械防松和破坏螺纹副运动关系防松等。一般来说，摩擦防松简单、方便，但没有机械防松可靠。对于重要的连接，特别是在机器内部不易检查的连接，应采用机械防松。

常用的防松方法如表 4-5 所示。

表 4-5　常用的防松方法

防松方法		结构形式	特点和应用
摩擦防松	对顶螺母		两螺母对顶拧紧后，使旋合螺纹间始终受到附加的压力和摩擦力的作用。当工作载荷有变动时，该摩擦力依然存在。两螺母的高度取成相等为宜。 此防松方法简单，适用于平稳、低速和重载的固定装置上的连接
	弹簧垫圈		螺母拧紧后，靠压平的垫圈产生的弹性反力使旋合螺纹间压紧。同时，垫圈斜口的尖端抵住螺母与被连接件的支承面也有防松作用。 这种防松方法简单，使用方便。但由于垫圈的弹力不均，在冲击、振动的工作条件下，其防松效果较差，一般用于不重要的连接
	自锁螺母		螺母一端制成非圆形收口或开缝后径向收口。当螺母拧紧后，收口被胀开，利用收口的回弹力使旋合螺纹间压紧。 这种防松方法简单，防松可靠，可多次装卸而不降低防松性能
机械防松	开口销与六角开槽螺母		六角开槽螺母拧紧后，将开口销穿入螺栓尾部小孔和螺母的槽内，并将开口销尾部掰开与螺母侧面贴紧。也可用普通螺母代替六角开槽螺母，但需拧紧螺母后再配钻销孔。 此防松方法适用于较大冲击、振动的高速机械中运动部件的连接
	止动垫圈		螺母拧紧后，将单耳或双耳止动垫圈分别向螺母和被连接件的侧面折弯贴紧，即可将螺母锁住。若两个螺栓需要双连锁紧时，可采用双连止动垫圈，使两个螺母相互止动。 这种防松方法简单，使用方便，防松可靠

续表

防松方法		结构形式	特点和应用
机械防松	串连金属丝	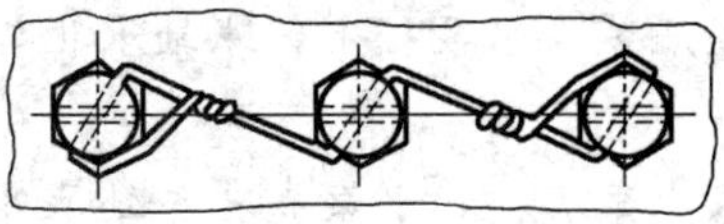	用低碳钢丝穿入各螺钉头部的孔内，将各螺钉串连起来，使其相互止动。使用时，必须注意钢丝的穿入方向（图示为正确的穿入方向；如果穿入方向相反，则不正确）。 这种防松方法适用于螺钉组连接，防松可靠，但装拆不便
破坏螺纹副运动关系防松	铆合	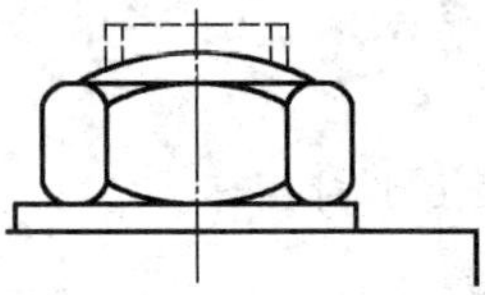	螺栓杆末端外露长度为$(1\sim1.5)P$（螺距），当螺母拧紧后把螺栓末端伸出部分铆死。 这种防松方法可靠，但拆卸后连接件不能重复使用
	冲点	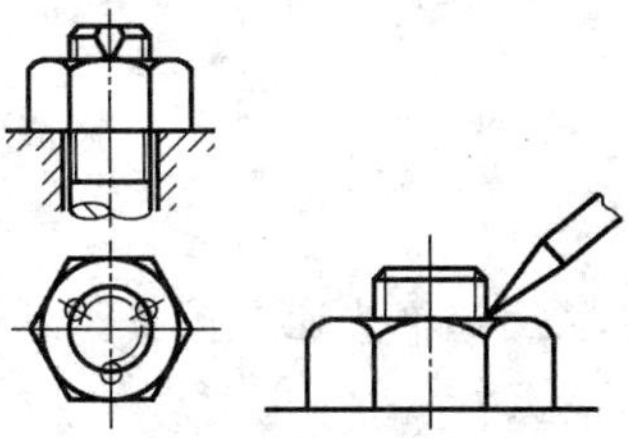	用冲头在螺栓杆末端与螺母的旋合缝处打冲，利用冲点防松。冲点可以在端面，也可以在侧面，冲点中心一般在螺纹小径处。 这种防松方法可靠，但拆卸后连接件也不能再使用
	焊接	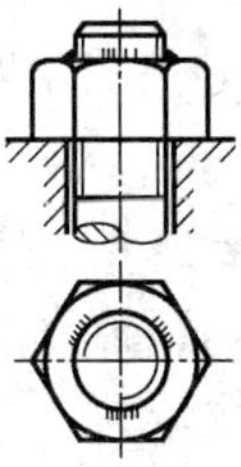	在螺栓杆末端与螺母的旋合缝处采用焊接，将两者焊接在一起。 这种防松方法可靠，但拆卸后连接件也不能再使用
	涂黏合剂	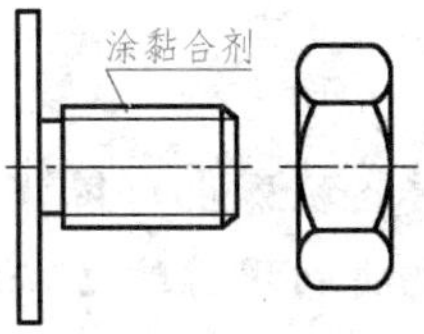	在相配的螺纹表面涂环氧树脂或厌氧胶等黏合剂，黏合剂固化后即可牢固黏结相配的螺纹，阻止螺纹副运动，达到锁紧防松的目的。 这种方法防松可靠，可用于任何不需要拆卸或需要拆卸次数不多的连接防松

任务实施

1. 任务

装合水泵。

2. 任务实施所需工具

台虎钳、压力机、铜锤、手钳、扳手等。

3. 任务实施步骤

各种水泵的结构不同，装合工艺也不相同，以跃进 NJ1061 水泵为例，其装配工艺如下。

（1）将水泵前端向上，用台虎钳夹紧水泵轴，然后用手钳装上轴承锁簧。

（2）在压力机上将两个球轴承和一个隔圈压装在水泵轴上，球轴承孔与水泵轴间的过盈配合为 0.010～0.020 mm。

（3）将装好轴承的水泵轴用铜锤轻轻打入水泵壳内，水泵壳孔与轴承外圈间的过盈配合为 0.11～0.27 mm。

（4）将推力垫圈、水封皮碗、皮碗环、水封座环和推力弹簧套装在水泵轴的后轴上，然后用铜锤将水泵叶轮轻击装在水泵轴上，其过盈配合为 0.019～0.020 mm，扳紧带有垫圈的紧固螺栓，将水泵叶轮拧紧。

（5）用手钳压下水泵叶轮的水封推力弹簧，装上水封锁环。

（6）将带轮装在水泵轴上。

（7）将垫圈装在紧固螺栓上，拧紧带轮的紧固螺栓。

同步练习

1. 怎样区分螺纹的左旋、右旋？怎样区分螺纹是单头还是多头？

2. 螺纹的导程与螺距有什么不同？有什么关系？

3. 常用螺纹的类型有哪些？各应用于哪些场合？

4. 说明 M20、M20×2、M20×1.5-6H、M30-5g6g-S、Tr42×12（P6）、Tr40×7LH-7H-L、B20×2 的含义。

5. 螺纹连接的基本形式有哪些？各适用于什么场合？

6. 螺纹连接为什么要预紧和控制预紧力？怎样控制预紧力？

7. 为什么螺纹连接要防松？螺纹连接有哪些防松方法？

任务小结

在这个任务里我们学习了螺纹连接，螺纹连接在机器上用得非常普遍，在日常生活中也在很多地方用到，要注意观察，要学会利用，也要利用螺纹防松的方法解决生活中螺纹经常打滑的问题。

我们所见到的机器都是通过各种传动装置来传递运动和动力的，如飞机、机床等。学习时，读者一定要注意机械传动方式有很多种，要注意区分它们的优缺点和各自适用的场合。

任务一 认识带传动

任务目标

1. 掌握带传动的组成与原理。
2. 了解带传动常用的主要参数。
3. 掌握带的受力、打滑和弹性滑动。
4. 熟悉带传动的常用类型及特点。
5. 掌握带传动的张紧方法。
6. 分析带传动的特点。
7. 了解带传动的安装与维护。
8. 了解提高带传动工作能力的措施。
9. 掌握带传动的主要失效形式。

任务引入

带传动是两个或多个带轮之间用带作为挠性拉曳零件的传动，工作时借助带与带轮之间的摩擦（或啮合）来传递运动和动力。

知识链接

一、带传动的组成与原理

● 带传动有哪些组成部分？带传动是怎样工作的？

如图 5-1 所示，带传动由主动轮 1、挠性带 3 和从动轮 2 组成。带传动以张紧在轮上的带作为中间挠性件，工作时靠带与带轮之间产生的摩擦力或啮合作用来传递运动和动力。

根据传动原理的不同，带传动分摩擦型带传动和啮合型带传动。靠传动带与带轮间摩擦力实现的传动，称为摩擦型带传动。靠带与带轮上的齿相互啮合实现的传动，称为啮合型带传动(如同步带)。如图 5-1 所示。

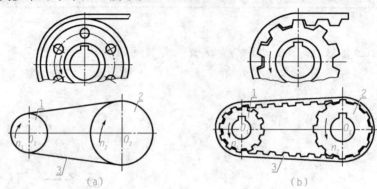

图 5-1　带传动类型

(a)摩擦型带传动；(b)啮合型带传动(同步带传动)

1—主动轮；2—从动轮；3—挠性带

带传动的应用范围很广。带的工作速度一般为 5～25 m/s，使用高速环形胶带时可达 60 m/s；使用锦纶片复合平带时，可高达 80 m/s。胶帆布平带传递功率小于 500 kW，普通 V 带传递功率小于 700 kW。

二、带传动的主要参数

1. 包角 α

●什么是包角？包角与带传动传递运动或动力有什么关系？

包角是带与带轮接触弧所对应的圆心角，如图 5-2 所示的 α_1、α_2。包角的大小反映了带与带轮轮缘表面间接触弧的长短。对于开式传动，带在大轮上的包角总是大于小轮上的包角，即 $\alpha_2 \geqslant \alpha_1$。包角 α_1（两轮中较小的一个包角）越大，摩擦力的极限值也越大，传递运动或动力的能力也就越强。

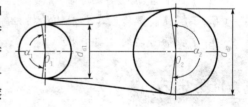

图 5-2　带传动的几何关系

2. 中心距 a

两带轮中心 O_1、O_2 之间连线的长度。

3. 带长 L

平带的带长为带的内周总长度。

4. 传动比 i

●如何计算带传动的传动比？

在带传动中，传动比为主动轮(一般为小带轮)的转速与从动轮(一般为大带轮)的转速之比，用 i_{12} 表示。通常带传动的传动比 $i \leqslant 7$。如果不考虑带与带轮间弹性滑动因素的影响，传动比计算公式可以用主、从动轮基准直径来表示：

$$i_{12}=\frac{n_1}{n_2}=\frac{d_{d2}}{d_{d1}}$$

式中　n_1，n_2——主、从动带轮转速，r/min；

　　　d_{d1}，d_{d2}——主、从动带轮基准直径，mm。

【例5-1】某机床的电动机转速为 1 440 r/min，与电动机的轴连接的主动带轮（小带轮）的基准直径为 150 mm，从动带轮（大带轮）的转速为 800 r/min，求从动带轮的基准直径。

解：

$$i_{12}=\frac{n_1}{n_2}=\frac{d_{d2}}{d_{d1}}=\frac{1\,440}{800}=1.8$$

$$d_{d2}=i_{12}d_{d1}=1.8\times150=270(mm)$$

因此，从动带轮的基准直径为 270 mm。

5. 带速 v

带速的计算公式为

$$v=\frac{\pi d_d n}{60\times1\,000}(m/s)$$

式中　d_d——带轮基准直径，mm；

　　　n——带轮的转速，r/min。

带速 v 不能太高，否则离心力大，使带与带轮间的正压力减小，传动能力下降，易打滑。同时离心应力大，带易疲劳破坏。带速 v 不能太低，否则要求有效拉力 F 过大，使带的根数过多。一般要求 v 在 5～25 m/s 之间。当 v 在 10～20 m/s 时，传动效能可得到充分利用。若 v 过高或过低，可调整两带轮基准直径 d_d。

三、带的受力、打滑和弹性滑动

1. 带的受力和打滑

●带的紧边、松边在哪里？带的打滑是怎么回事？打滑会引起什么后果？

带在传动中呈环形，并以一定的拉力 F_0（又称张紧力）套在一对带轮上，使带和带轮相互压紧。带传动不工作时，带两边的拉力相等，均为 F_0，如图 5-3(a)所示。

工作时，由于带与轮面间的摩擦力的影响，传动带绕入主动轮的一边（下边）拉紧，拉力增大到 F_1，称为紧边拉力；传动带的另一边（上边）比较松弛，减小到 F_2，称为松边拉力，如图 5-3(b)所示。

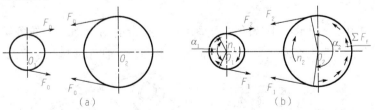

图 5-3　带传动受力图

(a)带传动不工作时；(b)带传动工作时

紧边拉力与松边拉力之差 $F=F_1-F_2$，即为带的有效拉力，它等于沿带轮的接触弧上摩擦力的总和。在一定条件下，摩擦力有一极限值，如果工作阻力超过了极限值，也就是带传动过载了，带就在轮面上打滑，传动不能正常工作。摩擦力的极限值与包角有关——包角大，摩擦力的极限值也就大，因此打滑与包角有关。

对于开式传动，带在大轮上的包角总是大于小轮上的包角，所以打滑总是在小轮上先开始。打滑将造成带的严重磨损，并使带的运动处于不稳定状态。

2. 带的弹性滑动

●带的弹性滑动是怎么回事？弹性滑动会引起什么后果？

由于带是弹性体，工作中受力大小不同（$F_1 \neq F_2$）时，伸长量不等，使带传动发生弹性滑动现象，如图 5-4 所示。带自 a 点绕上主动轮（小带轮）时，带的速度和带轮表面的速度是相等的，但当它沿 $\overset{\frown}{ab}$ 继续前进时，带的拉力由 F_1 降低到了 F_2，所以带的拉伸变形也要相应减小，即带在逐渐缩短，使带的速度落

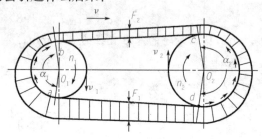

图 5-4 带传动中的弹性滑动

后于带轮，因此两者之间必然发生相对滑动。同样在从动轮（大带轮）上，带绕上从动轮时，带和带轮具有同一速度，但当它沿 $\overset{\frown}{cd}$ 继续前进时，带的拉力由 F_2 增加到了 F_1，所以带被拉长，使带的速度领先于带轮，因此两者之间必然发生相对滑动。上述现象称为带的弹性滑动。

弹性滑动引起了下列后果：①降低了传动效率；②引起带的磨损；③使带的温度升高。

不能将弹性滑动和打滑混淆起来，打滑是由过载所引起的带在带轮上的全面滑动。打滑可以避免，弹性滑动不能避免。

四、带传动的常用类型及特点

●带传动的常用类型有哪些？运用于哪些场合？

根据带的截面形状不同，带传动可分为平带传动、圆带传动、V 带传动、多楔带传动，这些传动均属于摩擦型带传动。同步带传动属于啮合型带传动。

1. 平带传动

平带传动如图 5-5 所示。平带的断面呈矩形，靠带的内表面与带轮外圆间的摩擦力传递动力。平带内表面为工作面。平带已标准化，适用于两轴间的中心距较大的场合。

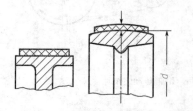
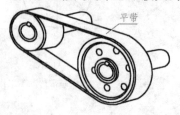

图 5-5 平带传动

平带传动的传动形式如图 5-6 所示，主要有开口传动、交叉传动、半交叉传动等。

开口传动——两轴平行，回转方向相同。

交叉传动——两轴平行，回转方向相反。由于交叉处带的摩擦和扭矩，带的寿命短。

半交叉传动——两轴交错，不能逆转。

2. 圆带传动

圆带传动如图 5-7 所示。圆带的断面呈圆形，靠带的内表面与带轮轮槽间产生的摩擦力传递动力。圆带传动承载能力小，用于小功率（轻载）传动，主要用在一些电气设备的传动中，一些缝纫机上也有运用。

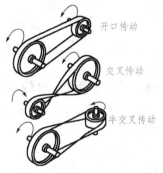

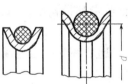
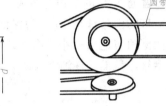

图 5-6 平带传动形式　　　　　　　　图 5-7 圆带传动

3. V 带传动

（1）V 带传动的特点。

●V 带传动有哪些特点？用于什么场合？

如图 5-8 所示，V 带的断面呈倒梯形，靠带的内表面与带轮的轮槽间产生的摩擦力传递动力。V 带两侧面为工作面。V 带传动是利用楔形增压原理使在同样大的张紧力下产生较大的摩擦力。在相同的初拉力条件下，V 带传递的功率是平带的 3 倍左右。V 带的承载能力较大，适用于功率较大且结构要求较紧凑的传动，因此应用最广。

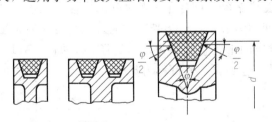

图 5-8 V 带传动

（2）V 带的结构。

●普通 V 带的结构是怎样的？

普通 V 带由顶胶、抗拉体（承载层）、底胶和包布组成。抗拉体（承载层）是胶帘布或胶绳芯。帘布结构的特点：制造方便、抗拉强度高、价格低廉、应用广泛。绳芯结构的特点：柔韧性好，适用于转速较高的场合，如图 5-9 所示。

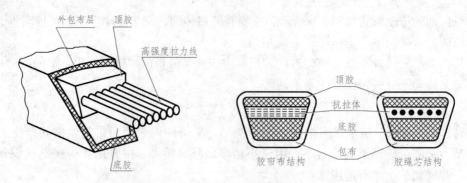

图 5-9　普通 V 带结构图

(3) 普通 V 带的楔角与型号。

● 普通 V 带的楔角为多大，型号有哪些？

V 带的楔角都是 40°，为保证胶带和带轮工作面的良好接触，除了很大的带轮外，带轮沟槽的槽角应适当减小，有 32°、34°、36°、38°等。普通 V 带有 Y、Z、A、B、C、D、E 七种型号，截面是逐渐增大的，传递功率的能力也逐渐增大，如图 5-10 所示。

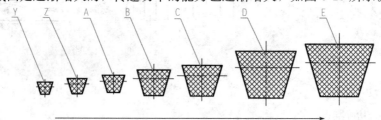

图 5-10　普通 V 带型号及截面示意图

(4) V 带的规格。

● 什么是 V 带的节宽？什么是 V 带的基准直径？什么是 V 带的基准长度？

当带绕过带轮时，顶胶伸长，而底胶缩短，只有在两者之间的中性层长度不变，中性层所在的平面称为节面。带的节面宽度称为节宽 b_p，当带弯曲时，该宽度保持不变。在 V 带轮上，与所配用 V 带的节宽 b_p 相对应的带轮直径称为基准直径 d_d，如图 5-11 所示。V 带在规定的张紧力下，位于带轮基准直径上的周线长度称为基准长度 L_d。

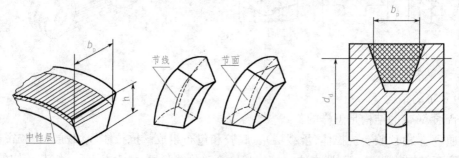

图 5-11　V 带的节线、节面与基准直径

当其他条件不变时，小带轮基准直径越小，V 带传动越紧凑，但 V 带内的弯曲应力就越大，导致带的疲劳强度下降，传动效率下降。

各种型号的 V 带都规定了其最小带轮直径 d_{dmin}，选择小带轮基准直径时，应使 $d_{d1} \geqslant d_{dmin}$，即所选小带轮直径大于或等于最小带轮直径 d_{dmin}，并取标准直径，以减小弯曲应力，提高承载能力和延长带的使用寿命。

注意：V 带传动比的计算与前面的公式一致，计算时用 V 带的基准直径。

【例 5-2】已知 V 带传动的主动带轮基准直径 $d_{d1} = 125$ mm，主动带轮转速 $n_1 = 750$ r/min，从动带轮基准直径 $d_{d2} = 375$ mm。求 V 带传动的传动比 i_{12} 和从动带轮的转速 n_2。

解：

$$i_{12} = \frac{n_1}{n_2} = \frac{d_{d2}}{d_{d1}} = \frac{375}{125} = 3$$

$$n_2 = \frac{n_1}{i_{12}} = \frac{750}{3} = 250(\text{r/min})$$

因此，带传动的传动比 i_{12} 为 3，从动带轮的转速 n_2 为 250 r/min。

(5)带轮的组成与结构。

●带轮由哪几部分组成？一般采用哪些材料制造？

带轮由三部分组成(图 5-12)：轮缘——用以安装传送带；轮毂——用以安装在轴上；轮辐或腹板——连接轮缘与轮毂。

带速 $v \leqslant 30$ m/s 的传动带，其带轮一般用 HT150、HT200 制造；高速时宜使用钢制带轮，其速度可达 45 m/s。传递小功率的带轮，可采用铸铝、工程塑料制造。

在结构上，带轮应易于制造，能避免由铸造产生的过大内应力，质量要小。高速带轮还要进行动平衡。带轮工作表面要保证适当的粗糙度值，以免把带很快磨坏。

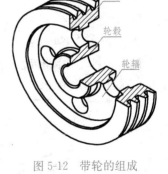

图 5-12　带轮的组成

●铸铁制 V 带轮的典型结构形式有哪些？

铸铁制 V 带轮的典型结构形式有以下四种，如图 5-13 所示。

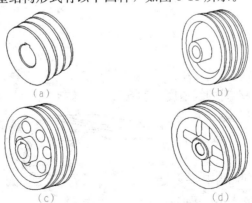

(a)　　　　　　　　　(b)

(c)　　　　　　　　　(d)

图 5-13　铸铁制 V 带轮的结构形式
(a)实心式带轮；(b)腹板式带轮；(c)孔板式带轮；(d)轮辐式带轮

(1)当带轮基准直径 $d_d \leqslant (2.5 \sim 3)d$ (d 为带轮轴的直径)时，带轮可采用实心式结构，如图 5-13(a)所示。

(2)当带轮基准直径 $d_d \leqslant 300$ mm 时，带轮常采用腹板式结构，如图 5-13(b)所示。

(3)当轮辐直径 d_1 减去轮毂外径 d_h 大于或等于 100 mm，即 $d_1-d_h \geqslant 100$ mm 时，带轮常采用孔板式结构，如图 5-13(c)所示。

(4)当带轮基准直径 $d_d > 300$ mm 时，带轮常采用轮辐式结构，如图 5-13(d)所示。

4. 多楔带传动

●什么是多楔带传动？用于什么场合？

多楔带是指以平带为基体、内表面排布有等间距纵向 40°梯形楔的环形橡胶传动带——平带和 V 带的组合结构，兼有平带和 V 带的优点。其楔形部分嵌入带轮上的楔形槽内，靠楔面摩擦工作。空间相同时，多楔带比普通 V 带的传动功率高约 30%。

多楔带传动如图 5-14 所示，适用于传动功率较大而结构要求紧凑的场合，也可用于载荷变动大或有冲击载荷的传动。多楔带可避免多根 V 带长度不等、受力不均的缺点，故其运转稳定性较好，振动也较小，也不会从带轮上脱落。

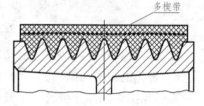

图 5-14　多楔带传动

5. 同步带传动

●什么是同步带传动？用于什么场合？

同步带的工作面有齿，带轮的轮缘表面制有相应的齿槽，带与带轮靠啮合进行传动（图 5-15），故传动比恒定。

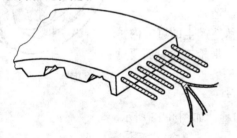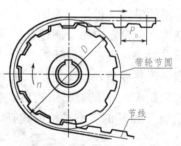

图 5-15　同步带传动

同步带通常以钢丝绳或玻璃纤维绳为承载层，氯丁橡胶或聚氨酯为基体。这种带薄而轻，可用于较高转速，传动时的线速度可达 50 m/s，传动比可达 10，效率可达 98%。同步带应用日益广泛，其缺点是制造和安装精度要求较高，中心距要求较严格。

在规定张紧力下，相邻两齿中心线的直线距离称为节距，以 p 表示。单面有齿的同步带称为单面带，双面有齿的同步带称为双面带，如图 5-16 所示。

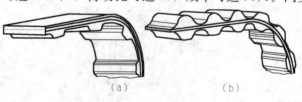

（a）　　　　　　（b）

图 5-16　同步带示意图

（a）单面带；（b）双面带

五、带传动的张紧

由于传动带的材料不是完全的弹性体，因而带在工作一段时间后会因发生塑性伸长而松弛，张紧力降低，因此，带传动需要有张紧的装置，以保证正常工作。张紧装置分为定期张紧和自动张紧两类。

1. 定期张紧

●带定期张紧的方法有哪些？

如图 5-17(a)所示，把装有带轮的电动机安装在滑道上，通过旋转调节螺钉，增大中心距，达到张紧的目的。

如图 5-17(b)所示，把装有带轮的电动机安装在摆动架上，通过旋转螺母，增大中心距，达到张紧的目的。

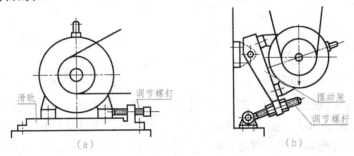

图 5-17　中心距可调的定期张紧

(a)滑道式；(b)摆架式

如图 5-18 所示，把张紧轮装于松边内侧，这是因为 V 带只能单向弯曲，以免反向弯曲降低 V 带寿命。张紧轮靠近大轮，这样可使带只受单向弯曲，避免过多减小带轮上的包角。

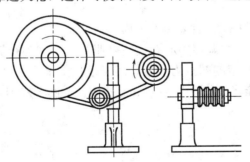

图 5-18　中心距不可调的定期张紧(主要用于 V 带张紧)

2. 自动张紧

●带自动张紧的方法有哪些？

如图 5-19(a)所示，把装有带轮的电动机安装在摆动架上，通过偏心 e，利用自重，增大中心距，达到自动张紧的目的。

如图 5-19(b)所示，平带可以双向弯曲，因此张紧轮装于松边外侧靠近小轮处，靠重锤重力张紧。这样小带轮包角可以增大，提高了平带的传动能力。

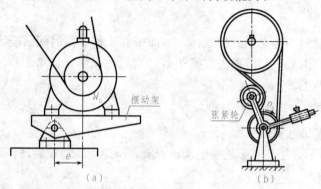

图 5-19　自动张紧装置

(a)中心距可调的自动张紧装置；(b)中心距不可调的自动张紧装置

六、带传动的特点

●带传动的特点有哪些？

带传动是具有中间挠性件的一种传动，优点：①能缓和载荷冲击、吸收振动；②运行平稳，无噪声；③结构简单，制造、安装精度不高，成本低；④过载时将引起带在带轮上打滑，因而可防止其他零件损坏；⑤可增加带长，以适应中心距较大的工作条件(可达 15 m)。缺点：①有弹性滑动和打滑，使效率降低和不能保持准确的传动比(同步带传动是靠啮合传动的，可保证传动同步)；②传递同样大的圆周力时，轮廓尺寸和轴上的压力都比啮合传动大；③需要张紧装置；④带的寿命较短；⑤不宜用于高温、易燃、有油的场合。

七、带传动的安装与维护

●带传动的安装与维护需要注意哪些方面？

(1)安装皮带时，应通过调整中心距使皮带张紧，严禁强行撬入或撬出，以免损伤皮带。安装 V 带时，应按规定的初拉力张紧。对于带长 1 m 左右的皮带，也可凭经验安装，带的张紧程度以大拇指能将带按下 10～15 mm 为宜，如图 5-20 所示。新带使用前，最好预先拉紧一段时间后再使用。

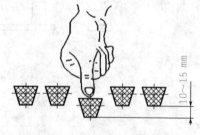

图 5-20　初拉力的控制

(2)平行轴传动时，各带轮的轴线必须保证规定的平行度。其中，偏角误差 $\theta \leqslant 20'$，如图 5-21 所示。

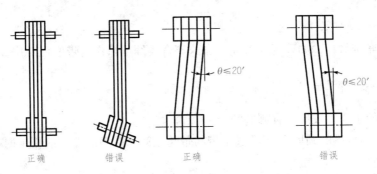

图 5-21　偏角示意图

（3）V 带在带轮中应有正确的位置，如图 5-22 所示。

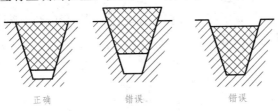

图 5-22　V 带在带轮中的位置

（4）在带传动的使用过程中应定期检查并及时调整。若发现一组带中有个别 V 带有疲劳破坏等现象，应及时更换所有 V 带。不同厂家的 V 带和新旧不同的 V 带，不能同组使用。

（5）禁止给带轮加润滑剂，应及时清除带轮槽及带上的油污。

（6）带传动的工作温度不应过高，一般不超过 60 ℃。

（7）为了保证生产安全和清洁，应给带传动加防护罩。

八、提高带传动工作能力的措施

● 提高带传动工作能力的措施有哪些？

1. 增大摩擦系数

在材料方面可采用摩擦系数较高的材料；在结构方面可利用楔形增压原理，采用 V 带传动。

2. 增大包角

增大包角可以增大有效拉力，提高传动工作能力。增大包角的措施，除减小传动比、增大中心距，还可以采用张紧装置。

3. 尽量使传动在靠近最佳速度下工作

带速很大时，紧边拉力全部用来承担离心力。若带在最佳速度下工作，则能够充分发挥带的工作能力。

4. 采用新型带传动

采用新型带传动，如采用大楔角 V 带、多楔带、同步带等传动。

5. 采用高强度带材料

采用高强度带材料，如采用钢丝绳、涤纶等合成纤维绳作为带的承载层。

九、带传动的主要失效形式

●带传动的主要失效形式有哪些？

(1)打滑：当传递的圆周力 F 超过了带与带轮之间摩擦力的总和的极限时，发生过载打滑，使传动失效。

(2)疲劳破坏：带在变应力的长期作用下，因疲劳而产生裂纹、脱层、松散，直至断裂。

●带传动的设计准则是什么？

带传动的设计准则是：既要保证带在工作时不打滑，又要使带具有足够的疲劳强度和寿命，且带速 v 不能过高或过低。

任务实施

1. **任务**

装卸1995—1997款埃克利普斯车 2.0 L(420A)发动机、发电机传动带。

2. **任务实施所需工具**

螺丝刀、手钳、扳手等。

3. **任务实施步骤**

(1)拆卸步骤：

①断开蓄电池负极接线。

②取下动力转向泵和空调压缩机的传动带。

③松开固定螺母。

④松开枢轴螺栓。

⑤转动调整螺栓，使传动带松弛。

⑥取下传动带。

(2)安装步骤：

①将传动带安装到相应的带轮上。

②转动调整螺栓，使传动带张力达到如下要求：新传动带应为490～712 N，旧传动带应为400～490 N。也可以用另一种方法调整张力：在水泵和发电机传动带中间处施加98 N力，测量传动带的下沉量。新传动带的下沉量应为 7.5～10.5 mm，旧传动带的下沉量应为 9.0～12.0 mm。

③拧紧枢轴螺栓，拧紧力矩为54 N·m。

④拧紧固定螺母，拧紧力矩为61 N·m。

⑤安装并调节动力转向泵和空调压缩机传动带。

⑥连接蓄电池负极接线。

同步练习

1. 带传动由哪些部件组成，工作原理是怎样的，应用于哪些场合？

2. 带传动常用的主要参数有哪些，定义是怎样的？

3. 计算题：电动机转速为 1 450 r/min，主动带轮基准直径为 63 mm，从动带轮基准直径为 112 mm，试计算从动带轮的转速。

4. 带的打滑、带的弹性滑动各是怎样产生的？

5. 带传动的常用类型有哪些？用于什么场合？

6. 普通 V 带的结构是怎样的？V 带的楔角是多少，型号有哪些，有什么特点？

7. 带轮一般由哪些材料制造？

8. 铸铁制 V 带轮的典型结构有哪些，各在什么条件下使用？

9. 什么是多楔带传动？用于什么场合？

10. 什么是同步带传动？用于什么场合？

11. 带传动的张紧方法有哪些？

12. 带传动的特点有哪些？

13. 带传动的安装与维护需要注意哪些方面？

14. 提高带传动工作能力的措施有哪些？

15. 带传动的主要失效形式有哪些？

任务小结

在这个任务里我们学习了带传动，读者了解了带传动的优缺点和适用场合。大家可到实训车间或工厂里去实地看看一些机器上带传动的情况，想一想把带传动换成其他传动方式行吗？带传动的核心优点是什么？它与我们下一个任务学习的链传动有什么区别？

任务二　认识链传动

任务目标

1. 了解链传动的组成与类型。

2. 深入认识链传动的优缺点。

3. 了解滚子链的结构，掌握链接头的形式。

4. 了解滚子链链轮的大体形状和链轮的结构。

5. 深入认识链轮常用的材料及热处理方式。

6. 了解链传动平均速度和平均传动比的计算公式。

7. 了解链传动的主要失效形式。

8. 了解链传动的布置形式。

9. 深入认识链传动张紧的目的及张紧措施。

10. 了解链传动的润滑方式。

任务引入

链传动是在两个或两个以上的链轮之间，用链作为挠性拉曳元件的一种啮合传动。因其经济、可靠，故广泛用于自行车、摩托车等机械的动力传动中。读者应注意比较链传动与带传动的特点，看看它们是否能够互换。

知识链接

一、链传动的类型和优缺点

●链传动主要由哪些部件组成？

链传动是以链条为中间传动件的啮合传动。如图 5-23 所示，链传动由主动链轮 1、从动链轮 2，以及绕在链轮上并与链轮啮合的链条 3 组成。

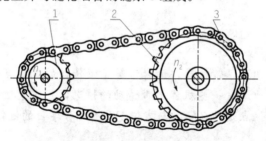

图 5-23 链传动
1—主动链轮；2—从动链轮；3—链条

●链传动主要有哪些类型？

按照用途不同，链可分为传动链、起重链和牵引链三种：

传动链主要用于一般机械中传递运动和动力，通常在中等速度($v \leqslant 20$ m/s)以下工作。起重链主要用于起重机械中提起重物，其工作速度 $v \leqslant 0.25$ m/s。牵引链主要用于链式输送机中移动重物，其工作速度 $v \leqslant 4$ m/s。

●传动链主要有哪两种？

传动链有齿形链和滚子链两种。齿形链是由彼此用铰链连接起来的齿形链板所组成的，链板两工作侧面间的夹角为 $60°$。它是利用特定齿形的链片和链轮相啮合来实现传动的，如图 5-24(a)所示。

齿形链传动平稳，噪声很小，故又称无声链传动。齿形链允许的工作速度较高(可达 40 m/s)、承受冲击载荷能力较好，轮齿受力较均匀。但其价格较贵，质量较大，并且对安装和维护的要求也较高，故多用于高速或运动精度要求较高的场合。本任务重点讨论应用最广泛的套筒滚子链传动，如图5-24(b)所示。

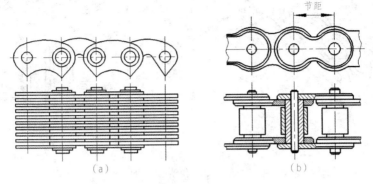

图 5-24　传动链常见形式

(a)齿形链；(b)滚子链

● 链传动的优、缺点有哪些？

1. 链传动的优点

与带传动相比，链传动的主要优点是：①工况相同时，传动尺寸紧凑；②不需要很大的张紧力，因此作用在轴上的载荷小；③能保持平均传动比不变；④传动效率高，可达98%；⑤能在温度较高、湿度较大的环境中使用等。

与齿轮、蜗杆传动相比，链传动可用于中心距较大的场合，且制造精度较低。

2. 链传动的缺点

链传动的缺点是：①只能传递平行轴之间的同向运动；②不能保持恒定的瞬时传动比，高速运转时不如带传动平稳；③工作时有噪声；④不宜在载荷变化很大和急促反向的传动中应用；⑤制造费用比带传动高。

● 链传动的应用范围有哪些？

通常，链传动传递的功率 $P \leqslant 100$ kW，中心距 $a \leqslant 5 \sim 6$ m，传动比 $i \leqslant 8$，线速度 $v \leqslant 15$ m/s。链传动广泛应用于农业机械、建筑工程机械、轻纺机械、石油机械等机械传动中。

二、滚子链与链轮

● 滚子链的结构是怎样的？

传动链主要有套筒链、套筒滚子链(简称滚子链)、齿形链和成形链几种型式。

滚子链的构造如图5-25(a)所示，它由内链板、外链板、销轴、套筒、滚子等组成。滚子链的配合如图5-25(b)所示，销轴3与外链板4采用过盈配合固定，套筒2与内链板1也采用过盈配合固定，滚子5与套筒2采用间隙配合。滚子5松套在套筒2上，滚子5可自由转动。链轮轮齿与滚子之间的摩擦主要是滚动摩擦。

把一根以上的单列链并列，用长销轴连接起来的链称为多排链。当载荷大而要求排数多时，可采用两根或两根以上的双排链或三排链。图5-26为双排滚子链。排数越多，越难使各排受力均匀，故一般不超过3或4排。

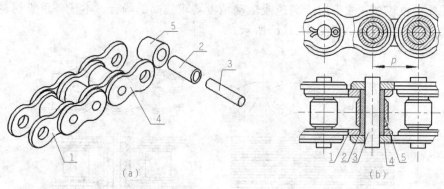

图 5-25　滚子链

1—内链板；2—套筒；3—销轴；4—外链板；5—滚子

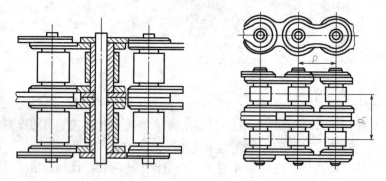

图 5-26　双排滚子链

相邻两销轴轴心线间的距离称为节距，用 p 表示。节距 p 越大，链和链轮的各部分尺寸和质量也越大，承载能力越高；但传动的速度不均匀性、动载荷、噪声等都将增加。因此设计时，在承载能力足够的前提下，应尽量选取较小节距的单排链；高速、重载时，可选用小节距的多排链。一般情况下，载荷大、中心距小、传动比大时，选小节距多排链；速度不太高、中心距大、传动比小时，选大节距单排链。

● 链接头的形式有哪些？

链条的长度用链节数表示。链的接头处可采用如图 5-27 所示的形式。

当一根链的链节数为偶数时，采用连接链节，其形状与链节相同，只是连接链板与销轴为间隙配合；用钢丝锁销（用于大节距）或弹簧卡片（用于小节距）等止锁件将销轴与连接链板固定，如图 5-27(a) 和 (b) 所示。

当链节数为奇数时，必须加一个过渡链节，如图 5-27(c) 所示。过渡链节的链板受到附加弯矩，其强度较一般链节低，最好不用奇数链节。在重载、冲击、反向等繁重条件下工作时，采用全部由过渡链节组成的链，这样的链柔性好，能减轻冲击和振动。

滚子链的标记为：链号-排数-链节数标准号。例如：16A-1-82 GB/T 1243-2006 表示：链号 16A、A 系列滚子链、节距为 25.4 mm、单排、链节数为 82、制造标准为 GB/T 1243-2006。对应链节距有不同的链号，用链号乘以 25.4/16 所得的数值即为链节距。

● 滚子链链轮的大体形状是什么样的？

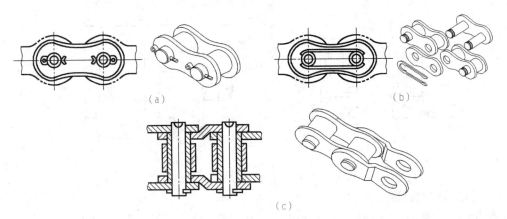

图 5-27　链接头的形式

(a)钢丝锁销固定；(b)弹簧卡片固定；(c)过渡链节

　　链轮的齿形应能保证链节平稳而自由地进入和退出啮合，在啮合时应保证良好的接触，不易脱链，且形状简单便于加工。滚子链链轮如图 5-28 所示。

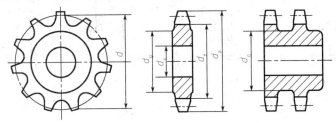

图 5-28　滚子链链轮

　　GB/T 1243-2006 规定了滚子链链轮的端面齿形，如图 5-29 所示，常用的齿廓为三圆弧-直线齿形。其几何尺寸可查阅相关手册。

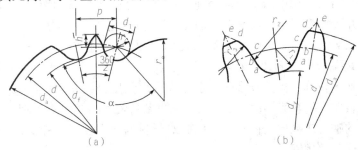

图 5-29　滚子链链轮的端面齿形

(a)二圆弧齿形；(b)三圆弧-直线齿形

　　GB/T 1243-2006 也规定了滚子链链轮的轴面齿形，如图 5-30 所示。其几何尺寸可查阅相关手册。

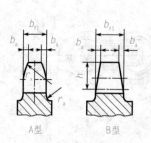
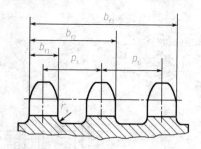

A型　　　　B型

图 5-30　滚子链链轮的轴面齿形

●链轮的结构有哪些？

链轮的结构如图 5-31 所示。直径小的链轮常制成实心式，如图 5-31(a)所示；中等直径的链轮常制成腹板式，如图 5-31(b)所示；链轮损坏主要是由于齿的磨损，大直径($d>200$ mm)的链轮常制成齿圈可以更换的组合式，如图 5-31(c)所示，可采用螺栓连接；也可将齿圈焊接在轮毂上，如图 5-31(d)所示。

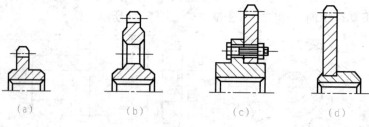

(a)　　　　(b)　　　　(c)　　　　(d)

图 5-31　链轮的结构

(a)实心式；(b)腹板式；(c)螺栓连接式；(d)焊接式

●链轮常用的材料及热处理方式有哪些？

链轮材料应满足强度和耐磨性要求。在低速、轻载、平稳传动中，链轮可采用中碳钢制造。中速、中载时，采用中碳钢淬火处理，其硬度大于 40～45 HRC。高速、重载、连续工作的传动，采用低碳钢或低碳合金钢表面渗碳淬火（如用 15、20Cr、12CrNi3 等钢淬硬至 55～60 HRC），或中碳钢、中碳合金钢表面淬火（如用 45、40Cr、45Mn、35SiMn、35CrMo 等钢淬硬到 40～50 HRC)处理。

载荷平稳、速度较低、齿数较多时，也允许采用强度极限 $\sigma_b \geqslant 200$ MPa 的铸铁制造链轮。在工作环境较差、链轮容易磨损的场合，铸铁最好经过等温淬火处理或采用优质铸铁。

由于小链轮的啮合次数比大链轮多，因此对材料的要求比大链轮高。当大链轮用铸铁制造时，小链轮通常都用钢。

三、链传动的传动比

●链传动平均速度和平均传动比的计算公式是怎样的？

一般链传动的传动比 $i \leqslant 8$，推荐 $i=2$～3.5。如传动比过大，则链条包在小链轮的包角过小，啮合齿数太少，这将加速链轮的磨损，容易出现跳齿，破坏正常啮合。通常包角最好不小于 120°，传动比在 3 左右。

当主动链轮、从动链轮的转速分别为 n_1 和 n_2，链轮齿数分别为 z_1 和 z_2 时，链条的平均速度为

$$v = \frac{z_1 p n_1}{60 \times 1\,000} = \frac{z_2 p n_2}{60 \times 1\,000} \quad (\text{m/s})$$

链传动的平均传动比为

$$i_{12} = \frac{n_1}{n_2} = \frac{z_2}{z_1}$$

链传动的平均速度和平均传动比不变，但它们的瞬时值是周期性变化的。链速和传动比的变化使链传动中产生加速度，从而产生附加动载荷，引起冲击振动，故链传动不适合高速传动。为减小动载荷和运动的不均匀性，链传动应尽量选取较多的齿数 z_1（链轮最多齿数限制 $z_{max} = 120$）和较小的节距 p，并使链速在允许的范围内变化（一般不超过12 m/s）。当链速很低时，允许链轮最少齿数为9。

四、链传动的失效形式

●链传动的失效形式主要有哪些？

由于链条的强度比链轮的强度低，故一般链传动的失效主要是链条失效，其失效形式主要有以下几种。

1. 链条磨损

链条铰链的销轴与套筒之间承受较大的压力且又有相对滑动，故在承压面上将产生磨损。磨损使链条节距增加，极易产生跳齿和脱链。

2. 链板疲劳破坏

链传动紧边和松边拉力不等，因此链条工作时，拉力在不断发生变化，经一定的应力循环后，链板发生疲劳断裂。

3. 冲击破坏

链传动在启动、制动、反转或重复冲击载荷作用下，链条、销轴、套筒发生疲劳断裂。

4. 链条的胶合

链速过高时，销轴和套筒的工作表面由于摩擦产生瞬时高温，使两摩擦表面相互黏结，并在相对运动中将较软的金属撕下，这种现象称为胶合。链传动的极限速度受到胶合的限制。

5. 链条的静力拉断

在低速（$v < 0.6$ m/s）重载或突然过载时，载荷超过链条的静强度，链条将被拉断。

五、链传动的布置与张紧

●链传动的布置形式有哪些？

链传动的布置按两轮中心连线的位置可分为：水平布置，如图 5-32(a)所示；倾斜布置，如图 5-32(b)所示；垂直布置，如图 5-32(c)所示。

通常情况下，两轴线应在同一水平面（水平布置）。两链轮的回转平面应在同一垂直平面内，否则易使链条脱落和产生不正常的磨损。

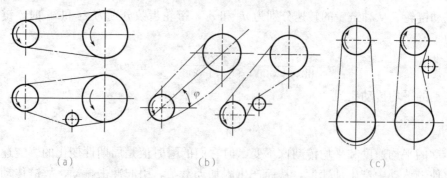

图 5-32 链传动的布置

(a)水平布置;(b)倾斜布置;(c)垂直布置

　　链条的紧边最好布置在传动的上面,即紧边在上、松边在下;以免松边垂度过大使链与轮齿相干涉或紧松边相碰。两链轮中心连线最好是水平的,倾斜布置时,两链轮中心连线与水平面成 45°以下($\varphi < 45°$)的倾斜角;尽量避免垂直传动,以免与下方链轮啮合不良或脱离啮合。

　　●链传动张紧的目的是什么?

　　链传动张紧主要是为了避免在链条的松边垂度过大时产生啮合不良和链条的振动现象,同时也为了增加链条与链轮的啮合包角。当中心线与水平线的夹角大于 60°时,通常设有张紧装置。

　　●链传动有哪些张紧措施?

　　当中心距可调时,可通过调节中心距来控制张紧程度。其原理可参考《带传动》中的张紧措施。

　　当中心距不可调时,可设置张紧轮,如图 5-33 所示;或在链条磨损变长后从中去掉一两个链节,以恢复原来的张紧程度。张紧轮可以是链轮,也可以是滚轮。

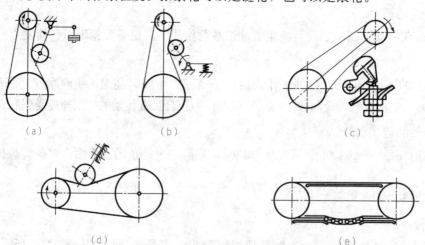

图 5-33 链的张紧装置

(a)靠挂重自动张紧;(b)靠弹簧自动张紧;(c)靠螺栓调节的张紧装置;

(d)靠向下移动与张紧轮相连的杆的张紧装置;(e)托板张紧装置

张紧轮的直径应与小链轮的直径相近。张紧轮有：自动张紧，如图 5-33（a）和（b）所示；定期张紧，如图 5-33（c）和（d）所示。另外，还可以用托板张紧，特别是中心距大的链传动，用托板控制垂度更合理，如图 5-33（e）所示。

六、链传动的润滑

链传动的润滑十分重要，对高速、重载的链传动更为重要。良好的润滑能减小链传动的摩擦和磨损，能缓和冲击、帮助散热。

●链传动的润滑方式有哪些？

在选择链条型号时已选定链传动的润滑方式。具体的润滑方式如图 5-34 所示。润滑油应加于松边，因为松边面间比压较小，便于润滑油的渗入。润滑油推荐用 L-AN32、L-AN46 和 L-AN68 号全损耗系统用油。对于开式及重载低速传动，可在润滑油中加入添加剂。对于不便使用润滑油的场合，允许使用润滑脂，但应定期清洗和更换润滑脂。

1. 定期人工润滑

用油壶或油刷定期（每班注油一次）在链条松边内、外链板间隙中注油，如图 5-34（a）所示。

2. 滴油润滑

装有简单外壳的链条，用油杯滴油，如图 5-34（b）所示。

3. 油池润滑

采用不漏油的外壳，使链条从油池中通过，一般浸油深度为 6～12 mm，如图 5-34（c）所示。

4. 飞溅润滑

采用不漏油的外壳，利用链轮或安装甩油盘甩油，进行飞溅润滑，如图 5-34（d）所示。

5. 压力供油润滑

采用不漏油的外壳，油泵强制供油。过滤器、喷嘴管设在链条啮入处，如图 5-34（e）所示。

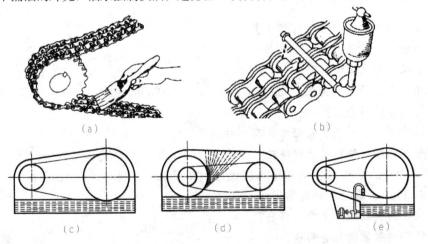

图 5-34 链传动的润滑方式

（a）定期人工润滑；（b）滴油润滑；（c）油池润滑；（d）飞溅润滑；（e）压力供油润滑

开式传动或不易润滑的链传动,可定期拆下用煤油清洗;干燥后,浸入 70 ℃~80 ℃润滑油中,待链间隙中充满油后再安装使用。

为了防止工作人员无意中碰到链传动装置中的运动部件而受到伤害,应该用防护罩将其封闭。防护罩还可以将链传动与灰尘隔离,以维持正常的润滑状态。

任务实施

1. 任务

检修正时链条。

2. 任务实施所需工具

弹簧秤、游标卡尺、扳手等。

3. 任务实施步骤

正时链条是发动机主轴与气门凸轮轴之间的传动链条。由于主轴转角与凸轮轴转角之间必须维持特定的同步关系,对应于气缸到达上止点与气门开启之间的时间关系,所以称为"正时"。

(1)正时链条伸长量的检查。用弹簧秤在链条三个或更多的地方测量链条的伸长量,若超过使用极限,应更换。

(2)用游标卡尺检测凸轮轴链轮和曲轴链轮的磨损量。超过使用极限时,应更换链条或两链轮。

(3)用游标卡尺检测链条张紧装置(拉链器)的厚度和震动缓冲器(链条减震器)的厚度。若小于使用极限,应予更换。

(4)正时链条使用日久后,将出现伸长、磨损、裂纹、剥落和折断等现象,如有以上损伤情况,一般不可再用,应予以更换。

同步练习

1. 什么是链传动?链传动有哪些类型?

2. 链传动有何特点?适用于什么场合?

3. 链接头的形式有哪些?

4. 说明以下滚子链的含义:08A-1-88 GB/T 1243-2006,08A-1×86 GB/T 1243-2006。

5. 链轮的结构有哪些?

6. 链轮常用的材料及热处理方式有哪些?

7. 自行车脚踏板链轮与后轴链轮,哪个是主动链轮,哪个是从动链轮?假设脚踏板链轮有 24 齿、后轴链轮有 12 齿,若某人踏速为 100 r/min,后轴链轮转速是多少?若后车轮直径为 700 mm,求自行车的速度。

8. 链传动的失效形式主要有哪些?

9. 链传动的张紧措施有哪些?

10. 链传动的润滑方式有哪些?

任务小结

在这个任务里，我们学习了链传动的结构形式、失效形式、润滑方式。读者要去看看机器上链传动的实际情况，切实感受一下这种传动的优缺点。带传动可以实现主动轮与从动轮轴线的交叉传递，链传动行吗？

任务三 认识齿轮传动

任务目标

1. 掌握齿轮传动的组成和工作原理。
2. 掌握齿轮传动的类型。
3. 理解齿轮传动的特点及基本要求。
4. 了解标准直齿渐开线齿轮各部分名称、主要参数和几何尺寸。
5. 理解渐开线标准直齿圆柱齿轮正确啮合条件。
6. 深入认识齿轮的失效形式。
7. 深入认识齿轮的材料和热处理。
8. 认识齿轮的结构形式。
9. 了解渐开线齿廓的根切现象。
10. 认识齿轮传动的润滑方法。

任务引入

齿轮传动是机械传动中最重要、应用最广泛的一种传动，传递功率可达数万千瓦，圆周速度可达 150 m/s（最高 300 m/s），直径能做到 10 m 以上，单级传动比可达 8 或更大，因此在机器中应用很广。读者一定要重点掌握齿轮传动的优缺点、适用场合、怎么选取、怎么保养。

知识链接

一、齿轮传动的组成和工作原理

● 什么是齿轮传动？齿轮传动有哪些组成部分？齿轮各部分的名称是什么？

齿轮传动是利用两齿轮的轮齿相互啮合传递动力和运动的机械传动。齿轮传动主要由主动齿轮、从动齿轮和机架等组成。齿轮传动是依靠主动轮的齿廓推动从动轮的齿廓来实现的，如图 5-35(a)所示。齿轮各部分的名称是轮齿、轮缘、轮辐、轮毂、轴孔、键槽等，如图 5-35(b)所示。

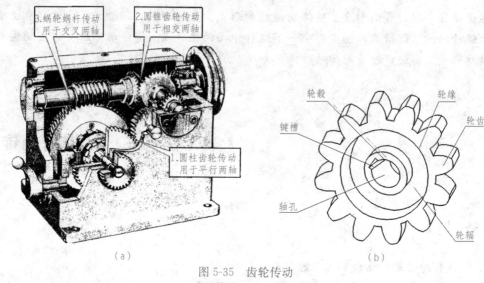

图 5-35　齿轮传动
(a)齿轮传动；(b)齿轮的结构

二、齿轮传动的类型

● 齿轮传动有哪些分类方法？

1. 根据轮齿的形状分类

根据轮齿的形状，齿轮传动可分为直齿圆柱齿轮传动、斜齿圆柱齿轮传动、人字齿圆柱齿轮传动等。

2. 根据齿轮啮合形式分类

根据齿轮啮合形式，齿轮传动可分为外啮合齿轮传动、内啮合齿轮传动和齿轮齿条传动。

3. 根据工作条件分类

根据工作条件，齿轮传动可分为开式齿轮传动、半开式齿轮传动和闭式齿轮传动。

● 什么是开式齿轮传动？什么是半开式齿轮传动？什么是闭式齿轮传动？

开式齿轮传动：齿轮完全外露，易落入灰砂和杂物，不能保证良好的润滑，轮齿易磨损，多用于低速、不重要的场合。

半开式齿轮传动：装有简单的防护罩，有时还把大齿轮部分浸入油池中，比开式传动润滑好些，但仍不能严密防止灰砂及杂物的侵入。

闭式齿轮传动：齿轮和轴承完全封闭在箱体内，能保证良好的润滑和较好的啮合精度，应用广泛。

4. 根据两齿轮啮合的相对位置分类

根据两齿轮啮合传动时，它们的相对运动是平面运动还是空间运动，齿轮传动分为平面齿轮传动和空间齿轮传动。

1)平面齿轮传动

●什么是平面齿轮传动？常见的有哪些类型？

平面齿轮传动的两齿轮间的相对运动为平面运动，它用于两平行轴之间的传动。常见的平面齿轮传动有以下类型。

(1)直齿圆柱齿轮传动。直齿圆柱齿轮传动按其啮合方式可分为以下三类：

①外啮合直齿齿轮传动，如图 5-36(a)所示，由两个直齿齿轮互相啮合传动，两轮的转向相反。

②内啮合直齿齿轮传动，如图 5-36(b)所示，由一个外齿轮和一个内齿轮互相啮合传动，两轮的转向相同。

③齿轮齿条传动，如图 5-36(c)所示，由一个外齿轮和一个齿条互相啮合传动。齿轮转动、齿条做平移运动。齿条是圆柱齿轮的特殊形式，当大齿轮的齿数增大到无穷多时，其圆心将位于无穷远处，便成为齿条。

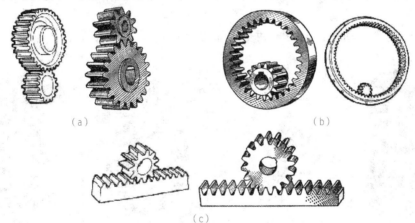

(a) (b)

(c)

图 5-36　直齿圆柱齿轮传动

(a)外啮合直齿齿轮传动；(b)内啮合直齿齿轮传动；(c)齿轮齿条传动

(2)平行轴斜齿圆柱齿轮传动。如图 5-37 所示，平行轴斜齿圆柱齿轮的轮齿与轴线倾斜某一角度而成螺旋形。平行轴斜齿圆柱齿轮传动也有外啮合、内啮合、齿轮齿条啮合三种啮合形式。斜齿圆柱齿轮因为啮合时接触面的变化为"小→大→小"，因此啮合平稳，冲击小，噪声小；承载能力强，使用寿命较长。

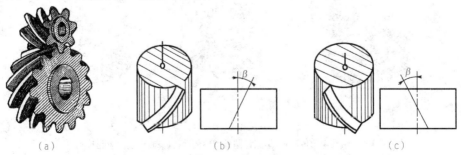

(a) (b) (c)

图 5-37　平行轴斜齿圆柱齿轮传动

(a)平行轴斜齿圆柱齿轮啮合；(b)右旋斜齿圆柱齿轮；(b)左旋斜齿圆柱齿轮

斜齿轮的轮齿螺旋方向(旋向)有左旋和右旋之分。当齿轮轴线直立时，若斜轮齿倾斜方向为右高左低，即为右旋斜齿轮；若斜轮齿倾斜方向为左高右低，即为左旋斜齿轮，如图 5-37 所示，图中 β 为斜齿轮的螺旋角。

(3)人字齿轮传动。如图 5-38 所示，人字齿轮的齿形如"人"字形。它相当于螺旋方向相反的两个斜齿轮拼合而成。

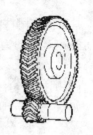

图 5-38　人字齿轮传动

2)空间齿轮传动

●什么是空间齿轮传动？常见的有哪些类型？

空间齿轮传动即两齿轮的相对运动为空间运动，它用于两不平行轴之间的传动。常见的空间齿轮传动有以下类型：

(1)交错轴斜齿轮传动。交错轴斜齿轮传动是用于两交错轴之间的传动，如图 5-39 所示。

(2)蜗杆蜗轮传动。它也用于两交错轴之间的传动。两轴的交错角通常为 90°，如图 5-40所示。

图 5-39　交错轴斜齿轮传动　　　　　　　图 5-40　蜗杆蜗轮传动

(3)圆锥齿轮传动。圆锥齿轮的轮齿排列在截圆锥体表面上，轮齿由齿轮的大端到小端逐渐收缩变小，它用于两交错轴之间的传动。圆锥齿轮按其齿向的不同，可分为直齿圆锥齿轮传动[图 5-41(a)]、斜齿圆锥齿轮传动[图 5-41(b)]、曲齿圆锥齿轮传动[图 5-41(c)]三种。

(a)　　　　　　　　　(b)　　　　　　　　　(c)

图 5-41　圆锥齿轮传动

(a)直齿圆锥齿轮传动；(b)斜齿圆锥齿轮传动；(c)曲齿圆锥齿轮传动

三、齿轮传动的特点及基本要求

1. 特点

● 齿轮传动的特点有哪些?

与其他机械传动相比较,齿轮传动的主要优点是:工作可靠,使用寿命长;瞬时传动比为常数;传动效率高(95%～99%);结构紧凑;功率和速度适用范围广等。缺点是:齿轮制造需要专门的机床(如滚齿机、插齿机、铣齿机等)和设备,成本较高;精度低时,振动和噪声较大;不宜用于轴间距离大的传动等。

2. 基本要求

● 齿轮传动的基本要求有哪些?

齿轮传动需满足以下基本要求:①传动平稳,即瞬时传动比不变,尽量减小冲击、振动和噪声;②承载要求高,即在尺寸小、质量小的前提下,轮齿的强度高、耐磨性好,在预定的使用期限内不出现断齿等失效现象;③能传递足够大的动力,工作可靠;④能保证较高的运动精度。

只要齿轮设计合理,制造质量高,达到规定的制造精度,就能达到预期的功能要求。

四、标准直齿渐开线齿轮各部分名称、主要参数和几何尺寸

1. 渐开线的形成

● 渐开线是怎样形成的?

能保证恒定传动比的齿轮齿廓曲线有渐开线、摆线、圆弧曲线,目前渐开线齿廓应用最为广泛。

当一条直线 L 沿一圆周做纯滚动时,此直线上任一点 K 的轨迹即称为该圆的渐开线。该圆称为渐开线的基圆,基圆半径以 r_b 表示,该直线 L 称为渐开线的发生线,如图 5-42 所示。

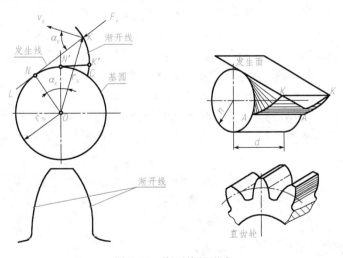

图 5-42　渐开线的形成

2. 标准直齿渐开线齿轮各部分名称

●标准直齿渐开线齿轮各部分名称有哪些?

图 5-43 为直齿齿轮的部分轮齿,相邻两齿之间的空间称为齿间。

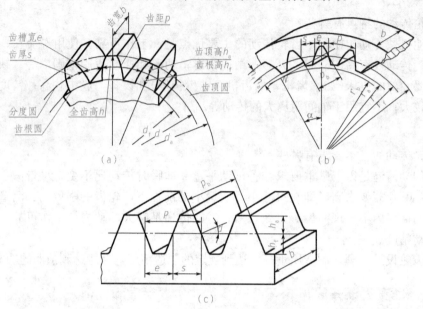

图 5-43　直齿齿轮的部分轮齿

(a)外啮合轮齿;(b)内啮合轮齿;(c)齿条轮齿

(1)齿顶圆直径(d_a)。过齿轮各齿顶所作的圆,其直径用 d_a 表示。

(2)齿根圆直径(d_f)。过齿轮齿槽底部所作的圆,其直径用 d_f 表示。

(3)分度圆直径(d)。在齿顶圆和齿根圆之间取一个圆,作为计算、制造、测量齿轮尺寸的基准,该圆称为分度圆,其直径用 d 表示。标准齿轮分度圆上的齿厚与齿槽宽相等。

(4)齿厚(s)。分度圆上一个轮齿两侧齿廓之间的弧长,用 s 表示。

(5)齿槽宽(e)。分度圆上一个齿槽两侧齿廓之间的弧长,用 e 表示。

(6)齿距(p)。分度圆圆周上相邻两齿同侧齿廓之间的弧长,用 p 表示。

(7)齿顶高(h_a)。分度圆与齿顶圆之间的径向距离,用 h_a 表示。

(8)齿根高(h_f)分度圆与齿根圆之间的径向距离,用 h_f 表示。

(9)全齿高(h)。齿顶圆与齿根圆之间的径向距离,用 h 表示。因此,$h=h_a+h_f$。

(10)顶隙(c)。一个齿轮的齿顶与另一啮合齿轮的齿根在连心线上的径向距离,用 c 表示。

(11)齿宽(b)。齿轮的有齿部位沿分度圆柱面的直母线方向量度的宽度,用 b 表示。一般取 $b=(6\sim12)m$,常取 $b=10m$,m 为模数。

3. 标准直齿渐开线齿轮的主要参数

●标准直齿渐开线齿轮的主要参数有哪些?

(1)齿数(z)。一个齿轮的轮齿的数目即齿数,用 z 表示。

(2)压力角(α)。如图 5-42 所示,渐开线上任一点(K)法向压力(F_n)的方向线(即渐开线在该点的法线)和该点速度(v_K)方向之间的夹角,称为该点的压力角(α_K)。

通常所说的压力角是指分度圆上的压力角。如图 5-44 所示:分度圆压力角(α)是在分度圆上,轮齿受到的法向力(F_n)与圆周力(F_t)之间所夹的夹角。压力角不同,轮齿的形状也不同。压力角已标准化,我国规定标准压力角是 20°。

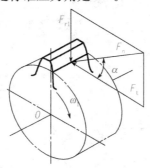

图 5-44　直齿圆柱齿轮受力图

(3)模数(m)。"模数"是指相邻两轮齿同侧齿廓间的齿距 p 与圆周率 π 的比值($m=p/\pi$),单位为 mm(通常允许不写出单位)。分度圆上的齿距 $p=\pi m$(mm),分度圆直径 $d=mz$(mm)。模数是齿轮尺寸计算中的一个基本参数。模数越大,则轮齿越大,轮齿的抗弯能力越强。齿轮模数已标准化,我国常用的标准模数见表 5-1。

表 5-1　常用的标准模数 m(摘自 GB/T 1357-2008)　　　　　　　　　mm

第Ⅰ系列	1	1.25	1.5	2	2.5	3	4	5	6	
	8	10	12	16	20	25	32	40	50	
第Ⅱ系列	1.125	1.375	1.75	2.25	2.75	3.5	4.5	5.5	(6.5)	7
	9	11	14	18	22	28	35	45		

注:优先采用第Ⅰ系列法向系数;应避免采用第Ⅱ系列中的法向模数6.5。

至此,我们可给分度圆下一个完整定义:齿轮上模数和压力角具有标准值的圆称为分度圆。

(4)齿顶高系数(h_a^*)、顶隙系数(c^*)。设计中,将模数 m 作为齿轮各部分几何尺寸的计算基础。例如:齿顶高可表示为 $h_a=h_a^* m$,齿根高可表示为 $h_f=(h_a^*+c^*)m$,其中,h_a^* 称为齿顶高系数,c^* 称为顶隙系数。它们有两种标准数值:

正常齿制　　　　　　　　$h_a^*=1$,$c^*=0.25$

短齿制　　　　　　　　　$h_a^*=0.8$,$c^*=0.3$

齿　高　　　　　　　　　$h=h_a+h_f=(2h_a^*+c^*)m$

可见,短齿制齿轮的全齿高比正常齿制齿轮的短。模数、压力角、齿顶高系数与顶隙系数等于标准数值,且分度圆上齿厚与齿槽宽相等的齿轮称为标准齿轮。因此,对于标准齿轮,$s=e=\dfrac{p}{2}-\dfrac{\pi m}{2}$。

(5)标准直齿圆柱齿轮的几何尺寸的计算公式。

●标准直齿圆柱齿轮的几何尺寸如何计算?

标准直齿圆柱齿轮的几何尺寸，按表 5-2 所示公式进行计算。

表 5-2　标准直齿圆柱齿轮各部分尺寸的几何关系

名　称	符号	公　式		
		外齿轮	内齿轮	齿条
模数	m	根据轮齿的强度确定		
分度圆直径	d	$d=mz$		
齿顶高	h_a	$h_a=h_a^* m$		
齿根高	h_f	$h_f=(h_a^*+c^*)m$		
全齿高	h	$h=(2h_a^*+c^*)m$		
齿顶圆直径	d_a	$d_a=(z+2h_a^*)m$	$d_a=(z-2h_a^*)m$	∞
齿根圆直径	d_f	$d_f=(z-2h_a^*-2c^*)m$	$d_f=(z+2h_a^*+2c^*)m$	∞
中心距	a	$a=(d_1+d_2)/2$	$a=(d_1-d_2)/2$	∞
基圆直径	d_b	$d_b=d\cos\alpha$		∞
齿距	p	$p=\pi m$		
齿厚	s	$s=\pi m/2$		
齿槽宽	e	$e=\pi m/2$		

【例 5-3】已知一正常齿制的标准直齿圆柱齿轮，齿数 $z_1=20$，模数 $m=2$ mm，拟将该齿轮作某外啮合传动的主动齿轮，现须配一从动齿轮，要求传动比 $i=3.5$，试计算从动齿轮的几何尺寸及两轮的中心距。

解： 根据给定的传动比 i，可计算从动轮的齿数。

$$z_2=i\times z_1=3.5\times 20=70$$

已知齿轮的齿数 z_2 及模数 m，由表 5-2 所列公式可以计算从动轮各部分尺寸：

分度圆直径　　　$d_2=m\times z_2=2\times 70=140(\text{mm})$

正常齿制　　　　$h_a^*=1$，$c^*=0.25$

齿顶圆直径　　　$d_{a2}=(z_2+2h_a^*)m=(70+2\times 1)\times 2=144(\text{mm})$

齿根圆直径　　　$d_{f2}=(z_2-2h_a^*-2c^*)m=(70-2\times 1-2\times 0.25)\times 2=135(\text{mm})$

全齿高　　　　　$h=(2h_a^*+c^*)m=(2\times 1+0.25)\times 2=4.5(\text{mm})$

五、渐开线标准直齿圆柱齿轮正确啮合条件

1. 正确啮合条件

●一对渐开线齿轮的正确啮合条件有哪些？

为保证齿轮传动时各对齿之间能平稳传递运动，在齿对交替过程中不发生冲击，一对渐开线齿轮必须符合正确啮合条件。

一对渐开线齿轮的正确啮合条件为：①两齿轮的模数必须相等，即 $m_1=m_2=m$；②两齿轮分度圆上的压力角必须相等，即 $\alpha_1=\alpha_2=\alpha$。

这样，一对齿轮的传动比可写成

$$i=\frac{\omega_1}{\omega_2}=\frac{n_1}{n_2}=\frac{d_2}{d_1}=\frac{z_2}{z_1}$$

式中，ω_1 为主动轮的角速度；ω_2 为从动轮的角速度；n_1 为主动轮的转速；n_2 为从动轮的转速；d_1 为主动轮的分度圆直径；d_2 为从动轮的分度圆直径；z_1 为主动轮的齿数；z_2 为从动轮的齿数。

2. 标准中心距

●一对渐开线齿轮的标准中心距如何计算？

正确安装的渐开线齿轮，理论上应为无齿侧间隙啮合，即一齿轮节圆上的齿槽宽与另一齿轮节圆上的齿厚相等，分度圆与节圆重合。标准齿轮的这种安装称为标准安装，其中心距称为标准中心距。

在定传动比的齿轮传动中，节点(在齿轮传动中，共轭齿廓的公法线与两齿轮中心连线的交点)在齿轮运动平面的轨迹为一个圆，这个圆即为节圆。齿轮传动可以认为两个齿轮的节圆相切做纯滚动。两齿轮节圆的大小是随其中心距的变化而变化的，节圆可能与分度圆重合，也可能不重合。标准齿轮正确安装时，齿轮的分度圆与节圆重合，啮合角 $\alpha'=\alpha=20°$，啮合角为两齿廓在啮合过程中，过节点所作的两节圆的内公切线与两齿廓接触点的公法线所夹的锐角。

一对外啮合齿轮的标准中心距为

$$a=\frac{d'_1+d'_2}{2}=\frac{d_1+d_2}{2}=\frac{m}{2}(z_1+z_2)$$

式中，d'_1 为主动轮的节圆直径；d'_2 为从动轮的节圆直径。

一对内啮合齿轮的标准中心距为

$$a=\frac{d'_2-d'_1}{2}=\frac{d_2-d_1}{2}=\frac{m}{2}(z_2-z_1)$$

两轮中心距略大于标准中心距时，渐开线齿廓仍能保持瞬时传动比恒定不变，但齿侧出现间隙，反转时会有冲击。

六、齿轮的失效形式

●齿轮的失效形式有哪些？

一般情况下，齿轮传动的失效主要发生在轮齿。齿轮的失效可分为轮齿折断、点蚀、齿面磨损、齿面胶合和齿面塑性变形等形式。

1. 轮齿折断

折断一般发生在齿轮的齿根部位。折断有两种形式：一是由多次重复的弯曲应力和应力集中造成的疲劳折断；二是短时过载或冲击载荷造成的过载折断。两种折断均起始于轮齿受拉应力一侧。

齿宽较小的直齿圆柱齿轮，裂纹一般是从齿根沿着横向扩展，发生全齿折断，如图 5-45(a)所示。偏载严重、齿宽较大的直齿圆柱齿轮常因载荷的存在而集中在齿的　端；有时载荷会作用在一端齿顶上，故裂纹往往从齿根斜向齿顶方向扩展，发生轮齿局部折断，如图 5-45(b)所示。

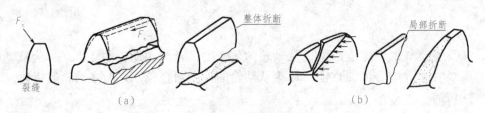

图 5-45　轮齿折断

(a)全齿折断；(b)局部齿折断

对于闭式硬齿面(齿面硬度＞350 HBS 或＞38 HRC)齿轮传动，其主要失效形式就是轮齿折断。

提高轮齿抗折断能力的一些措施：①增大模数；②增大齿根过渡曲面半径；③降低齿面粗糙度值；④减轻加工损伤(如磨削烧伤、滚切拉伤)；⑤采用表面强化处理，如喷丸(利用大量高速运动的珠丸打击零件表面，使表面产生冷硬层和残余压应力的强化方法)、碾压(用淬火的钢辊子在零件表面进行滚轧，使零件表面产生塑性变形和残余压应力的强化方法)等；⑥采用合适的热处理方式增强轮齿齿心的韧性。

2. 点蚀(齿面接触疲劳磨损)

齿面点蚀是一种齿面接触疲劳破坏，经常发生在润滑良好的闭式齿轮传动中。由于齿面接触应力是交变的，应力经过多次反复后，在节线附近靠近齿根部分的表面上，会产生若干小裂纹，封闭在裂纹中的润滑油，在压力作用下，产生楔挤作用而使裂纹扩大，最后导致表层小片状剥落而形成麻点。这种疲劳磨损现象在齿轮传动中常称为点蚀，如图 5-46 所示。

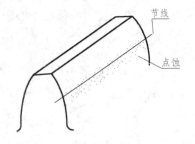

图 5-46　齿面接触疲劳磨损(点蚀)

润滑油是接触疲劳磨损的媒介，实践证明：润滑油黏度越低，越易渗入裂纹，点蚀扩展越快。点蚀将影响传动的平稳性并产生振动和噪声，甚至不能正常工作。由实践得知，对于润滑良好的闭式软齿面(齿面硬度≤350 HBS 或≤38 HRC)齿轮传动，其主要失效形式就是齿面点蚀，其次是轮齿折断。

在短时过载下，硬齿面齿轮可能出现齿面破碎，软齿面齿轮则可能出现齿面塑形变形。开式传动没有点蚀现象，这是由于齿面磨粒磨损比疲劳磨损发展得快。

提高齿轮的接触疲劳强度，防止或减轻点蚀的主要措施：①提高齿面硬度和降低齿面粗糙度值；②采用黏度较高的润滑油；③减小动载荷等。

3. 齿面磨损

当表面粗糙的硬齿与较软的轮齿相啮合时，由于相对滑动，软齿表面易被划伤而产生齿面磨粒磨损，如图 5-47 所示。外界硬屑落入啮合轮齿间也将产生磨粒磨损。磨损后，正确的齿形遭到破坏，引起冲击、振动和噪声；磨损严重时，齿厚减薄，导致轮齿因强度不足而折断。磨粒磨损是开式齿轮传动的主要失效形式。

对于闭式传动，减轻和防止磨粒磨损的主要措施有：①提高齿面硬度；②降低齿面粗糙度值；③降低滑动系数；④注意润滑油的清洁和定期更换等。对于开式传动，应特别注意环境清洁，减少磨粒侵入。

4. 齿面胶合

胶合是比较严重的黏着磨损。高速重载传动因滑动速度高而产生的瞬时高温会使油膜破裂，造成齿面间的粘焊现象，粘焊处被撕脱后，轮齿表面沿滑动方向形成沟痕，如图 5-48 所示。低速重载传动不易形成油膜，摩擦热虽不大，但也可能因重载而出现冷焊黏着。

图 5-47 齿面磨损

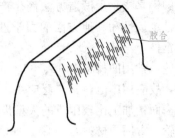

图 5-48 齿面胶合

胶合发生在齿面相对滑动速度大的齿顶或齿根部位。齿面一旦出现胶合，不但齿面温度升高，而且齿轮的振动和噪声也增大，导致失效。

减轻或防止齿面胶合的主要措施有：①减小模数、降低齿高以降低滑动速度；②提高齿面硬度和降低齿面粗糙度值；③采用抗胶合能力强的齿轮材料；④加入极压润滑油（含有极压添加剂、能承受重载荷和冲击载荷、降低机械磨损的润滑油）；⑤材料相同时，使大小齿轮保持适当硬度差等。

5. 齿面塑性变形

齿面较软的轮齿，重载时可能在摩擦力作用下产生齿面塑形变形，从而破坏正确齿形，如图 5-49 所示。这种损坏常在低速重载、频繁启动和过载中出现。由于主动轮齿面的节线两侧，齿顶和齿根的摩擦力方向相背，因此在节线附近形成凹槽；从动轮齿顶和齿根的摩擦力方向相对，因此在节线附近形成凸脊。

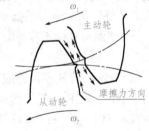

图 5-49 轮齿的塑性变形

适当提高齿面硬度，采用黏度较大的润滑油，可以减轻或防止齿面塑性变形。

七、齿轮的材料和热处理

● 对齿轮的要求有哪些？

齿轮材料及其热处理是影响齿轮承载能力和使用寿命的关键因素。为了使齿轮能够正常工作，应满足"齿面硬、齿心韧"的要求，即轮齿表面具有较高的硬度，以增强它的抗点蚀、抗磨损、抗胶合和抗塑性变形的能力；轮齿心部具有较好的韧性，以增强它承受冲击载荷的能力。

1. 齿轮的材料

● 常用的齿轮材料有哪些？

齿轮应按照使用时的工作条件选用合适的材料。齿轮材料的选择对齿轮的加工性能和使用寿命都有直接的影响。速度较高的齿轮传动，齿面容易产生疲劳点蚀，应选择齿面硬度较高而硬层较厚的材料；有冲击载荷的齿轮传动，轮齿容易折断，应选择韧性较好的材料；低速重载的齿轮传动，轮齿容易折断，齿面易磨损，应选择机械强度大、齿面硬度高的材料。齿轮常用的材料有钢材、铸铁、有色金属、非金属材料等。

(1)钢材。

①锻钢。锻钢是指采用锻造方法而生产出来的各种锻材和锻件。锻钢件能承受大的冲击力作用，塑性、韧性和其他方面的力学性能也都比铸钢件高，所以，一些重要的机器零件应当首选锻钢件。

软齿面齿轮，常用的材料有 45、50、40Cr、35SiMn。软齿面齿轮因齿面硬度不高，易制造，成本低，故应用广泛。其广泛应用于对强度和精度要求不太高的中低速齿轮传动中，以及热处理和齿面精加工比较困难的大型齿轮。

硬齿面齿轮，常用的材料有 20Cr、20CrMnTi、38CrMoAl、45、40Cr 等。硬齿面齿轮正逐渐得到广泛使用。

由于在啮合过程中，小齿轮的轮齿接触次数比大齿轮多，因此，若两齿轮的材料和齿面硬度都相同，则一般小齿轮的寿命较短。为了使大、小齿轮的寿命接近，应使小齿轮的齿面硬度比大齿轮的高出 30～50 HBS，这也有利于提高轮齿的抗胶合能力。对于高速、重载或重要的齿轮传动，可采用两个硬齿面齿轮配对，其中大、小齿轮的齿面硬度应大致相同。

②铸钢。铸钢是指采用铸造方法而生产出来的一种钢铸件。铸钢主要用于制造一些形状复杂、难于进行锻造或切削加工成形而又要求具有较高的强度和塑性的零件。铸钢耐磨性和强度均较好，承载能力稍低于锻钢。一般都用锻钢制造齿轮。当齿轮的尺寸较大(d_a＞400～600 mm)或结构复杂不容易锻造时，才采用铸钢制造。常用的材料有 ZG340-640(屈服强度 R_{eL}≥340 MPa、抗拉强度 R_m≥640 MPa)、ZG310-570 等。

(2)铸铁。铸铁容易铸成复杂的形状，容易切削，成本低，但抗弯及耐冲击性较差，主要用于低速、工作平稳、传递功率不大和对尺寸、质量无严格要求的开式齿轮传动中。常用材料有 HT250、HT300、HT350、QT600-3(球墨铸铁、最低抗拉强度为 600 MPa、最低断后伸长率为 3%)等。

(3)有色金属。有色金属作为齿轮材料的有铅黄铜 HPb59-1、锡青铜 ZCuSn10Pb1 和铝合金 7075、7A04(LC4)等。

(4)非金属材料。非金属材料中的夹布胶木、尼龙、塑料也常用于制造齿轮。这些材料具有易加工、传动噪声小、耐磨、减振性好等优点，适用于高速、轻载、需减振、低噪声、润滑条件差的场合。

2. 齿轮热处理

●常用的齿轮热处理方式有哪些？各适用于什么场合？

齿轮热处理工艺一般有调质、正火、碳渗(或碳、氮共渗)、氮化、表面淬火四类。当前总的趋势是提高齿面硬度；渗碳淬火齿轮的承载能力可比调质齿轮提高 2～3 倍。

(1)软齿面齿轮的常用热处理。软齿面齿轮采用的热处理方法一般是调质或正火等。热处理后切齿，齿面的精加工可以在热处理后进行，以消除热处理变形，保持齿轮的精度。

调质处理通常用于中碳钢齿轮和中碳合金钢齿轮，如 45、40Cr、35SiMn 等。调质后，材料的综合性能良好，容易切削和跑合。

正火处理通常用于中碳钢齿轮。正火处理可以消除内应力，细化晶粒，改善材料的力学性能和切削性能。机械强度要求不高的齿轮可用中碳钢正火处理。大直径的齿轮可用铸钢正火处理。

（2）硬齿面齿轮的常用热处理。硬齿面齿轮采用的热处理方法是表面淬火、表面渗碳淬火与渗氮等。

表面淬火处理通常用于中碳钢和中碳合金钢齿轮，如45、40Cr等。经过表面淬火后，齿面硬度一般为40～55 HRC，增强了轮齿齿面抗点蚀和抗磨损的能力，齿心仍然保持良好的韧性，故可以承受一定的冲击载荷。表面淬火后轮齿变形小，可不磨齿。

使齿轮获得高的齿面硬度，而心部又有足够韧性和较高的抗弯曲疲劳强度的热处理方法是渗碳淬火，一般选用20、20Cr、18CrMnTi等低碳钢或低碳合金钢。它们具有良好的切削性能，渗碳时工件的变形小，淬火硬度可达到56～62 HRC，齿面接触强度高，耐磨性好，齿心韧性高，通常渗碳淬火后要磨齿，多用于汽车、拖拉机中承载大而有冲击的齿轮。渗碳淬火齿轮可以获得高的表面硬度，好的耐磨性、韧性和抗冲击性能，能提供很强的抗点蚀、抗疲劳性能。

38CrMoAlA氮化钢经氮化处理后，渗氮后齿面硬度可达60～62 HRC，比渗碳淬火的齿轮具有更高的耐磨性与更好的耐腐蚀性；氮化处理温度低，变形很小，可以不磨齿，适用于难以磨齿的场合，如内齿轮。

（3）各类材料和热处理的特点及适用条件。各类材料和热处理的特点及适用条件见表5-3。采用何种材料及热处理方法应视具体需要及可能性而定。

表5-3　各类材料和热处理的特点及适用条件

材料	热处理	特　　点	适用条件
调质钢	调质或正火	①具有较好的强度和韧性，常在20～300 HBS的范围内使用。②当受刀具的限制而不能提高小齿轮的硬度时，为保持大小齿轮之间的硬度差，可使用正火的大齿轮，但强度较调质的差。③齿面的精切可在热处理后进行，以消除热处理变形，保持齿轮精度。④不需要专门的热处理设备和齿面精加工设备，制造成本低。⑤齿面硬度较低，易于跑合，但是不能充分发挥材料的承载能力	广泛应用于强度和精度要求不太高的一般中低速齿轮传动，以及热处理和齿面精加工困难的大型齿轮
	高频淬火	①齿面硬度高，具有较强的抗点蚀和耐磨性能。心部具有较好的韧性，表面经硬化后产生的残余压缩应力大大提高了齿根强度。通常的齿面硬度范围是：合金钢45～55 HRC，碳素钢40～50 HRC。②为进一步提高心部的强度，往往在高频淬火前先调质。③高频淬火时间短。④为消除热处理变形，需要磨齿，增加了加工时间和成本，但是可以获得高精度的齿轮。⑤当缺乏高频淬火设备时，可用火焰淬火来代替，但淬火质量不易保证。⑥表面硬化层深度和硬度沿齿面不等。⑦由于急速加热和冷却，容易淬裂	广泛用于要求承载能力高、体积小的齿轮

续表

材料	热处理	特 点	适 用 条 件
渗碳钢	渗碳淬火	①齿面硬度高，具有较强的抗点蚀和耐磨性能；心部具有较好的韧性，表面经硬化后产生的残余压缩应力大大提高了齿根强度；一般齿面硬度范围是56～62 HRC。②切削性能较好。③热处理变形较大，热处理后应进行磨齿，增加了加工时间和成本，但是可以获得高精度齿轮	广泛用于要求承载能力高、耐冲击性能好、精度高、体积小的中型以下的齿轮
氮化钢	氮 化	①可以获得很高的齿面硬度，具有较强的抗点蚀和耐磨性能；心部具有较好的韧性，为提高心部强度，对中碳钢往往先调质。②由于加热温度低，所以变形小，氮化后不需要磨齿。③硬化层很薄，因此承载能力不及渗碳淬火齿轮，不宜用于冲击载荷条件下。④成本较高	适用于较大载荷下工作的齿轮，以及没有齿面精加工设备而又需要硬齿面的条件
铸钢	正火或调质及高频淬火	①可以制造复杂形状的大型齿轮。②其强度低于同种牌号和热处理的调质钢。③容易产生铸造缺陷。	用于不能锻造的大型齿轮
铸铁		①价格便宜。②耐磨性好。③可以制造复杂形状的大型齿轮。④承载能力低	灰铸铁和可锻铸铁用于低速、轻载、无冲击的齿轮；球墨铸铁可用于载荷和冲击较大的齿轮

八、齿轮的结构形式

●齿轮常见的结构形式有哪些？结构上有什么特点？

齿轮的结构形式主要依据齿轮的尺寸、材料、加工工艺、经济性等因素而定，各部分尺寸由经验公式求得。

1. 齿轮轴

较小的钢制圆柱齿轮，其齿根圆至键槽底部的距离 $e \leqslant 2.5 m_n$（m_n 为法向模数），或圆锥齿轮小端齿根圆至键槽底部的距离 $e \leqslant 1.6 m$（m 为大端模数）时（图 5-50），轮和轴做成一体，称为齿轮轴（图 5-51）。

齿轮轴的刚度较好，但制造较复杂，齿轮损坏时轴将同时报废。故直径较大的齿轮应把齿轮和轴分开制造。

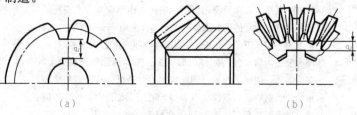

(a)　　　　　(b)

图 5-50　齿轮结构尺寸 e

(a)圆柱齿轮；(b)圆锥齿轮

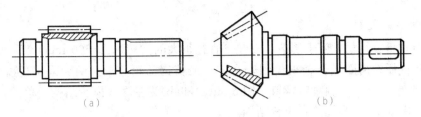

图 5-51 齿轮轴

(a)圆柱齿轮轴；(b)圆锥齿轮轴

2. 实心结构齿轮

当齿顶圆直径 $d_a \leqslant 200$ mm，且 e 超过齿轮轴的上述尺寸，可做成实心结构的齿轮，如图 5-52 所示。

3. 腹板式结构齿轮

齿顶圆直径 $d_a \leqslant 500$ mm 的较大尺寸的锻钢齿轮，为减小质量、节省材料，可做成腹板

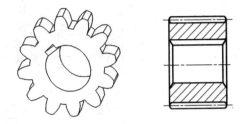

图 5-52 实心结构齿轮

式的结构，如图 5-53 所示。腹板上的圆孔是为了减小质量和满足起重运输上的需要而设计的。

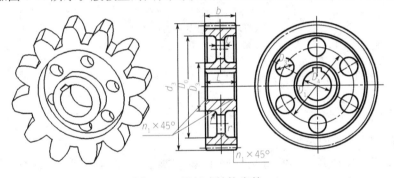

图 5-53 腹板式结构齿轮

4. 轮辐式齿轮

齿顶圆直径 $d_a \geqslant 400$ mm 时常用铸铁或铸钢制成轮辐式，如图 5-54 所示。

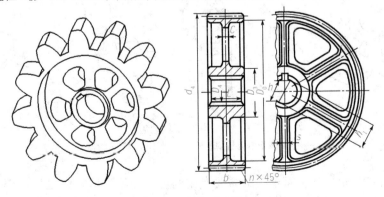

图 5-54 轮辐式齿轮

5. 组合式齿轮结构

为了节省贵重钢材，便于制造、安装，直径很大的齿轮(d_a>600 mm)常采用组装齿圈式结构。将优质钢齿圈或合金钢齿圈套在铸铁或铸钢的轮心上，两者采用过盈配合连接，在配合接缝上加装4～8颗紧定螺钉，图5-55(a)和(b)为镶圈式齿轮结构。单件生产也可用焊接结构，图5-55(c)为焊接式齿轮结构。

为了便于安装，也为了增加小齿轮的接触面，提高小齿轮的寿命，小齿轮宽度比大齿轮宽度宽5～10 mm。

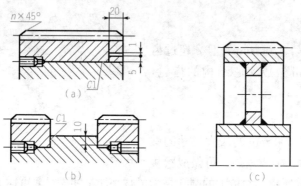

图 5-55　组合式齿轮结构
(a)，(b)镶圈式；(c)焊接式

九、渐开线齿廓的根切现象

1. 齿轮的加工方法

●齿轮的加工方法有哪些?

齿轮的加工方法很多，如铸造法、冲压法、热轧法、切削法等。其中最常用的还是切削加工。按切削齿廓的原理不同，可分为仿形法和范成法。

（1）仿形法。仿形法是在铣床上用与齿槽形状相同的盘形铣刀[图5-56(a)]或指形铣刀[图5-56(b)]，逐个切去齿槽，从而得到渐开线齿廓。

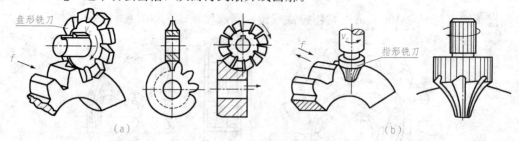

图 5-56　仿形法铣削齿轮
(a)盘形铣刀铣削齿槽；(b)指形铣刀铣削齿槽

仿形法加工齿轮的方法简单，不需要专用的齿轮加工机床，但是生产率低，加工精度低，故只适合于精度要求不高、单件或小批量生产。

（2）范成法。

●什么是范成法？利用范成法加工齿轮的方法有哪些？

范成法是利用一对齿轮（或齿轮和齿条）互相啮合时，其共轭齿廓互为包络的原理来加工齿轮的。用范成法切齿的常用刀具有三种——齿轮插刀、齿条插刀及滚刀。

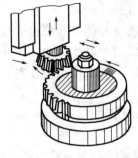
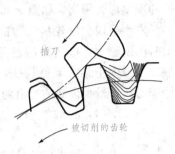

图 5-57　齿轮插刀加工齿轮

图 5-57 所示为齿轮插刀加工齿轮。具有渐开线齿形的齿轮插刀和被切齿轮都按规定的传动比转动。根据正确啮合条件，被切齿轮的模数和压力角与插刀相同。插刀沿被切齿轮轴线方向做往复切削运动，同时模仿一对齿轮啮合传动，插刀在被切齿轮上切出一系列渐开线外形，这些渐开线包络即为被切齿轮的渐开线齿廓。切制相同模数和压力角，不同齿数的齿轮，用同一把插刀即可。

图 5-58 所示为齿条插刀加工齿轮。当齿轮插刀的齿数增至无穷多时，其基圆半径变为无穷大，渐开线齿廓为直线齿廓，齿轮插刀便变为齿条插刀。其加工原理与齿轮插刀切削齿轮相同。用齿条插刀加工所得的轮齿齿廓也为刀刃在各个位置的包络线。由于齿条插刀的齿廓为直线，因此比制造齿轮插刀容易，精度高，但因为齿条插刀长度有限，每次移动全长后要求复位，所以生产效率低。

图 5-59 为齿轮滚刀加工齿轮。滚刀是蜗杆形状的铣刀，它的纵剖面为具有直线齿廓的齿条。当滚刀转动时，相当于齿条在移动，按范成法原理加工齿轮，它们的包络线形成被切齿轮的渐开线齿廓。

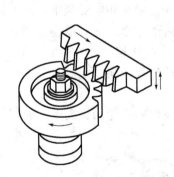
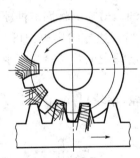
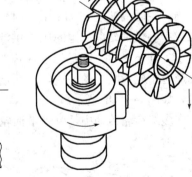

图 5-58　齿条插刀加工齿轮　　　　　图 5-59　齿轮滚刀加工齿轮

由于滚刀加工是连续切削，而插刀加工有进刀和退刀，是间断切削，因此，滚刀加工生产率较高，是目前应用最为广泛的加工方法，但是在切削时，被切齿廓略有误差，加工精度略低。

2. 根切现象和最少齿数

●什么是根切现象？范成法加工标准齿轮时，最少齿数一般是多少？

用范成法加工齿轮时，如果齿轮的齿数太少，则切削刀具的齿顶会切到轮齿的根部，这种现象称为根切，如图 5-60 所示。

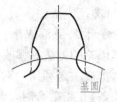

图 5-60　齿轮的根切

发生根切会使轮齿的弯曲强度降低，并使重合度减小，传动时出现噪声，故应设法避免根切的发生。为了避免根切，齿数 z 不得少于某一最低程度，用范成法加工齿轮时，对于各种标准刀具，最少齿数的数值为：

当 $h_a^* = 1$，$\alpha = 20^{\circ}$ 时，$z_{min} = 17$；当 $h_a^* = 0.8$，$\alpha = 20^{\circ}$ 时，$z_{min} = 14$。

必须指出，最少齿数是用范成法加工标准齿轮时提出的，用仿形法加工时不受最少齿数的限制。

十、齿轮传动的润滑

●齿轮传动的润滑方式有哪些？各用于什么场合？

齿轮啮合传动时，相啮合的齿面间既有相对滑动，又承受较高的压力，会产生摩擦和磨损，造成发热，影响齿轮的使用寿命。因此，必须考虑齿轮的润滑，特别是高速齿轮的润滑更应给予足够的重视。良好的润滑可提高效率，减少磨损，还可以起散热及防锈蚀等作用。

齿轮传动的润滑方式主要取决于齿轮圆周速度的大小。对于开式及半开式齿轮传动或速度较低的闭式齿轮传动，通常定期人工加润滑油或润滑脂。

对于闭式齿轮传动，当齿轮圆周速度 $v < 12$ m/s 时，采用大齿轮浸入油池中进行浸油润滑，如图 5-61(a)所示。这样，在传动时，齿轮就把润滑油带到啮合的齿面上，同时也将油甩到箱壁上，借以散热。齿轮浸入油中的深度可视齿轮的圆周速度大小而定，圆柱齿轮通常不宜超过一个齿高，但一般亦不应小于 10 mm。

当齿轮圆周速度 $v > 12$ m/s 时，为了避免动力因搅油而损失，常采用喷油润滑，即由油泵或中心供油站以一定的压力供油，借喷嘴将润滑油喷到轮齿的啮合面上。当齿轮圆周速度 $v \leqslant 25$ m/s 时，喷嘴位于轮齿啮入边或啮出边均可；当齿轮圆周速度 $v > 25$ m/s 时，喷嘴应位于轮齿啮出的一边，以便借润滑油及时冷却刚啮合过的轮齿，同时亦对轮齿进行润滑，如图 5-61(b)所示。

在多级齿轮传动中，可借带油轮(惰轮)将油带到未浸入油池内的齿轮的齿面上，如图 5-61(c)所示。

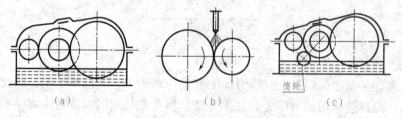

（a）　　　　　　　　（b）　　　　　　　　（c）

图 5-61　齿轮传动的润滑
(a)浸油润滑；(b)喷油润滑；(c)用惰轮带油

任务实施

1. 任务

检验和修理变速器齿轮。

2. 任务实施所需工具

塞尺、游标卡尺、扳手、螺丝刀、油石等。

3. 任务实施步骤

(1)观察变速器齿轮齿面是否磨损严重,有无断裂、剥落和阶梯形磨损等现象,若有则应更换新件。

(2)检测啮合间隙、啮合面积、齿厚磨损等。一般啮合间隙应不超过 0.60 mm,啮合面积不少于1/3,齿厚磨损不大于 0.40 mm。齿面有轻微剥落和毛糙刻痕时,允许用油石修磨后再用。更换齿轮,应成对更换,以免产生异响和噪声。

(3)滑动齿轮还应检查齿轮花键孔与花键轴的配合状况。一般配合间隙不得大于 0.60 mm。如过于松旷,应进行焊修或更换新件。

同步练习

1. 简述齿轮传动的组成和工作原理。

2. 简述齿轮传动的类型。

3. 齿轮传动的最基本要求是什么? 齿轮传动有哪些?

4. 某直齿圆柱齿轮传动的小齿轮已丢失,已知与之相配的大齿轮为标准齿轮,其齿数 $z_2 = 52$,齿顶圆直径 $d_{a2} = 135$ mm,标准安装中心距 $a = 112.5$ mm。试求丢失的小齿轮的齿数、模数、分度圆直径、齿顶圆直径、齿根圆直径。

5. 现有一对标准直齿圆柱外齿轮。已知模数 $m = 2.5$ mm,齿数 $z_1 = 23$,$z_2 = 57$,求传动比、分度圆直径、齿顶圆直径、齿根圆直径、基圆直径、中心距,分度圆上的齿距、齿厚、齿槽宽。

6. 渐开线标准直齿圆柱齿轮正确啮合条件有哪些?

7. 齿轮的失效形式有哪些?

8. 常用的齿轮材料有哪些?

9. 常见的齿轮热处理方法有哪些? 各适用于什么场合?

10. 齿轮的结构形式有哪些,结构上有什么特点?

11. 齿轮的加工方法有哪些? 什么是范成法? 利用范成法加工齿轮的方法有哪些?

12. 渐开线齿廓的根切现象是怎样形成的?

13. 齿轮传动的润滑方式有哪些,适于什么条件下运用?

任务小结

齿轮传动是机器中使用最多、最普遍的一种传动方式,它有传动效率高、传动比精确、使用寿命长、结构紧凑等核心优点。读者要重点掌握齿轮传动的优缺点、适合场合、怎么选取、怎么保养。对于涉及的计算知识可作了解。另外，读者能总结出可以把旋转运动变为直线运动的传动吗？有没有主动件和从动件轴线是交错的？

任务四　了解蜗杆蜗轮传动

任务目标

1. 了解蜗杆传动的类型。
2. 理解蜗杆传动的特点。
3. 掌握蜗杆传动的受力方向的判断、蜗轮回转方向的判断。
4. 了解蜗杆传动的失效形式。
5. 了解蜗杆、蜗轮材料的选择和热处理。
6. 了解蜗杆、蜗轮的结构形式。
7. 掌握蜗杆传动中传动比的含义及计算公式。
8. 了解蜗杆传动的润滑及散热方法。

任务引入

齿轮传动有很多优点，使用很广，传递形式有很多。那为什么又会出现蜗杆蜗轮传动传动方式呢？读者一定要把握其核心优点——可以在结构紧凑的情况下实现大传动比的传动。而且要注意，这种传动主动件和从动件是不可逆的，这在传动中是很少见的。

知识链接

卷扬机、带式运输机等起重类机械，要求用低速大扭矩、小功率、大传动比、防止负载反传等传动装置，而蜗杆传动具有传动比大、结构紧凑、不可逆传等优点，因此，在机床、冶金、矿山、起重运输机械中得到广泛应用。

蜗杆蜗轮传动由蜗杆、蜗轮和机架组成，用来传递空间两交错轴的运动和动力，如图5-62所示，通常两轴交错角为90°。

一、螺杆传动的类型

●按蜗杆螺旋线方向和螺旋线的数目不同，蜗杆分为哪些类型？

按螺旋线方向不同，蜗杆分为左旋、右旋。除特殊需要，一般都采用右旋蜗杆。蜗杆旋向判断方法与斜齿轮旋向判断方法一样。

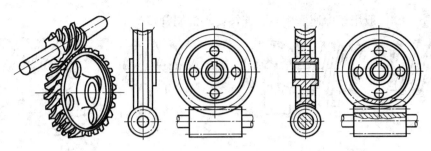

图 5-62 蜗杆蜗轮传动

按头数(螺旋线的数目)不同,蜗杆分为单头蜗杆(蜗杆上只有一条螺旋线,即蜗杆转一周,蜗轮转过一齿)和多头蜗杆(蜗杆上有多条螺旋线),如图 5-63 所示。一般来说,蜗杆头数越多,传动效率越高,但加工会更加困难。单头蜗杆主要用于传动比较大的场合,要求自锁的传动必须采用单头蜗杆。多头蜗杆主要用于传动比不大和要求效率较高的场合。

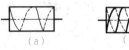

图 5-63 蜗杆头数示意图
(a)单头蜗杆;(b)多头蜗杆

●按形状不同,蜗杆可分为哪些类型?

按形状不同,蜗杆分为:圆柱蜗杆,如图 5-64(a)所示;环面蜗杆,如图 5-64(b)所示;锥面蜗杆,如图 5-64(c)所示。

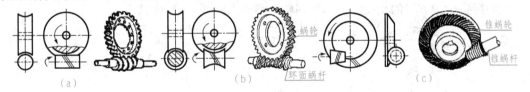

图 5-64 蜗杆形状示意图
(a)圆柱蜗杆;(b)环面蜗杆;(c)锥面蜗杆

●按刀具加工位置不同,圆柱蜗杆分为哪些类型?各用于什么场合?

按刀具加工位置不同,圆柱蜗杆分为阿基米德蜗杆(ZA 型)、渐开线蜗杆(ZI 型)和法面直齿廓蜗杆(ZH 型)等几种。

阿基米德蜗杆(ZA 型)历史悠久,工艺成熟,应用广泛。这类蜗杆主要适用于中小载荷、中低速度及间歇工作条件下的动力传动,如图 5-65(a)所示。

渐开线蜗杆(ZI 型)可以用平面砂轮磨削,可得精度高的硬齿面蜗杆,承载能力较高,效率可达 95%,但需要专用机床。一般用于蜗杆头数较多、转速较高和较精密的传动,如图 5-65(b)所示。

法面直齿廓蜗杆(ZH 型)多用于蜗杆分度传动,如图 5-65(c)所示。

圆弧圆柱蜗杆(ZC 型)是用刀刃为凸圆弧形的刀具加工的具有凹圆弧齿廓的蜗杆,如图 5-66 所示。圆弧圆柱蜗杆传动与普通圆柱蜗杆传动相比,承载能力提高约 50%,效率提高 8%~15%。其应用于大中载荷、中高速度、连续工作的蜗杆传动。

锥面包络圆柱蜗杆(ZK 蜗杆)用盘状铣刀或砂轮加工,如图 5-64(c)所示。这种蜗杆啮合齿数多,重合度大,故传动平稳;磨削工艺良好,可采用硬齿面蜗杆,获得较高的承载能力和效率。其一般用于中速、中载、连续传动的蜗杆传动。

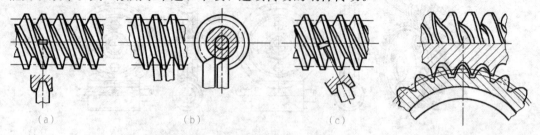

图 5-65　圆柱蜗杆的主要类型　　　　图 5-66　圆弧圆柱蜗杆
(a)阿基米德蜗杆；(b)渐开线蜗杆；(c)法面直齿廓蜗杆

二、蜗轮回转方向的判断

●如何判断蜗轮的回转方向？

先判断蜗杆的旋向，其判断方法与斜齿轮轮齿旋向的判断方法一样。蜗轮回转方向则用左、右手法则判断，如图 5-67 所示：

(1)左旋蜗杆用左手，右旋蜗杆用右手；

(2)用四指弯曲表示蜗杆的回转方向，拇指伸直代表蜗杆轴线；

(3)拇指所指方向的相反方向即为蜗轮上啮合点的线速度方向。

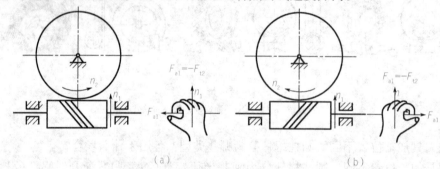

图 5-67　蜗轮回转方向的判断方法
(a)右手定则(蜗杆右旋)；(b)左手定则(蜗杆左旋)

三、蜗杆传动的特点

●蜗杆传动的特点有哪些？

(1)蜗杆传动的优点：

①传动比大，结构紧凑。在传递动力时，传动比一般为 8～100，常用的为 15～50。只传递运动(如分度机构)时，传动比可为几百，甚至达到 1 000。

②传动平稳，噪声小。由于蜗杆上的齿是连续的螺旋齿，蜗轮轮齿和蜗杆是逐渐进入啮合又逐渐退出啮合的，故传动平稳，噪声小。

③有自锁性。当蜗杆导程角小于当量摩擦角时，蜗轮不能带动蜗杆转动，呈自锁状态。

(2)蜗杆传动的缺点：

①传动效率低。蜗杆、蜗轮啮合处有较大的相对滑动，摩擦剧烈、发热量大，故效率低。一般效率 $\eta = 0.7 \sim 0.9$，具有自锁性能的蜗杆的效率仅为 0.4。

②蜗轮一般需用贵重的减摩材料制造。为了减摩和耐磨，蜗轮常用青铜制造，材料成本较高。

由上述特点可知：蜗杆传动适用于传动比大、传递功率不大、两轴空间交错的场合。蜗杆传动多用于减速，以蜗杆为原动件；也可用于增速，但应用较少。

四、蜗杆传动的失效形式、材料选择和结构

1. 蜗杆传动的失效形式

●蜗杆传动的失效形式有哪些？

蜗杆传动的失效形式和齿轮传动类似，有轮齿折断、疲劳点蚀、磨损和胶合等。蜗杆的齿是螺旋的，且蜗杆的强度高于蜗轮，因而失效多发生在蜗轮轮齿上。蜗轮轮齿的材料通常比蜗杆材料软得多，在发生胶合时，蜗轮表面的金属粘到蜗杆的螺旋面上去，使蜗轮的工作齿面形成沟痕。

闭式蜗杆传动中，由于蜗杆、蜗轮齿面间的相对滑动速度大，摩擦发热大，润滑油黏度因温度升高而下降，润滑条件变坏，容易发生胶合或点蚀。在润滑油不清洁的闭式传动中，齿面的磨损尤其显著。在开式蜗杆传动中，主要失效形式是轮齿的磨损和弯曲折断。

2. 蜗杆、蜗轮的材料选择

因为蜗杆传动难于保证高的接触精度，滑动速度较大，以及蜗杆变形等，所以蜗杆、蜗轮不能都用硬材料制造，其中之一（通常为蜗轮）应该用减摩性良好的软材料来制造。为了降低摩擦系数、减少磨损和防止胶合破坏，通常蜗杆用钢材制造，蜗轮用有色金属（铜合金、铝合金）制造。

1）蜗杆常用材料

●蜗杆常用材料有哪些？各用于什么场合？

蜗杆常用碳钢或合金钢制造。对高速重载传动，常用 15Cr、20Cr、20CrMnTi 等；经渗碳淬火，表面硬度为 58～63 HRC，须经磨削。对中速中载传动，蜗杆材料可用为 45、40Cr、42SiMn 等；经表面淬火，表面硬度为 45～55 HRC，需要磨削。对速度不高，载荷不大的蜗杆，材料可用 45 钢调质或正火处理，调质硬度为 220～270 HBS。蜗杆直径很大时，也可采用青铜蜗杆，蜗轮则用铸铁。

2）蜗轮常用材料

●蜗轮常用材料有哪些？各有什么特点？

蜗轮材料可参考相对滑动速度 v_S 来选择。蜗杆传动中，蜗杆的螺旋面和蜗轮齿面之间有较大的相对滑动。滑动速度 v_S 沿蜗杆螺旋线的切线方向。

（1）铸造锡青铜。抗胶合性、耐磨性好，易加工，允许的滑动速度 v_S 高（$12 \text{ m/s} \leqslant v_S \leqslant 26 \text{ m/s}$），但强度较低，价格较贵。常用的有 ZCuSn10P1、ZCuSn10Zn2 等。

（2）铸造铝青铜。适用于 $v_S < 10 \text{ m/s}$ 的工况，抗胶合能力比锡青铜差，但强度高，价格便宜；蜗杆硬度应不低于 45 HRC。常用的有 ZCuAl10Fe3、ZCuAl9Fe4Ni4Mn2 等。

（3）铸造铝黄铜。点蚀强度高，但磨损性能差，宜用于低滑动速度场合。常用的有ZCuZn25Al6Fe3Mn3等。

（4）灰铸铁和球墨铸铁。用于 $v_s \leqslant 2$ m/s 的低速轻载传动中，常用的有 HT200、HT300、QT800-2。直径较大的蜗轮常用铸铁制造。

3. 蜗杆与蜗轮的结构

1）蜗杆的结构

●常见的蜗杆是什么样的结构？各用于什么场合？

蜗杆通常与轴做成整体，称为蜗杆轴，很少做成装配式的；只有 $d_f/d \geqslant 1.7$ 时（d_f 为齿根圆直径），才采用蜗杆齿圈套装在轴上的型式。如图5-68(a)所示的结构，$d = d_f - (2 \sim 4)$mm，且有退刀槽，既可车制，也可铣制。铣削蜗杆无退刀槽，d 可大于 d_f，如图5-68(b)所示。

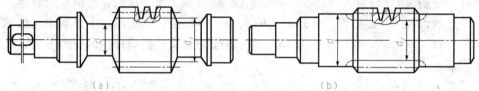

图 5-68　蜗杆轴的结构

2）蜗轮的结构

●常见的蜗轮有哪些结构？

蜗轮结构分为整体式和组合式两种。

如图5-69(a)所示的整体式蜗轮，适用于铸铁蜗轮及直径小于100 mm的青铜蜗轮。

如图5-69(b)、(c)、(d)均为组合式结构。图5-69(b)为齿圈式蜗轮，轮芯用铸铁或铸钢制造，齿圈用青铜材料制造，两者采用过盈配合（H7/s6 或 H7/r6），并沿配合面安装4~6个紧定螺钉，该结构用于中等尺寸而且工作温度变化较小的场合。

图5-69(c)为螺栓式蜗轮，齿圈和轮芯用普通螺栓或铰制孔螺栓连接，常用于尺寸较大的蜗轮。

图5-69(d)为镶铸式蜗轮，将青铜轮缘铸在铸铁轮芯上然后切齿，适用于中等尺寸、批量生产的蜗轮。

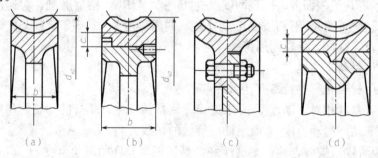

图 5-69　蜗轮的结构
(a)整体式；(b)齿圈式；(c)螺栓式；(d)镶铸式

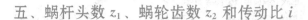

五、蜗杆头数 z_1、蜗轮齿数 z_2 和传动比 i

●什么是蜗杆头数，一般为多少？什么是蜗轮齿数，一般为多少？

蜗杆头数 z_1 即蜗杆螺旋线的数目。蜗杆头数一般取 $z_1＝1～6$。当传动比大于 40 或要求自锁时，取 $z_1＝1$；当传动功率较大时，为提高传动效率，应取较大值，但蜗杆头数过多，加工精度难于保证。

蜗轮的齿数一般取 $z_2＝27～80$。z_2 过少将产生根切；z_2 过大，蜗轮直径增大，与之相应的蜗杆长度增加，刚度减小。

●蜗杆传动的传动比怎么计算？

蜗杆传动的传动比 i 等于蜗杆与蜗轮转速之比。当蜗杆回转一周时，蜗轮被蜗杆推动转过 z_1 个齿（或 z_1/z_2 周），因此传动比为

$$i＝\frac{n_1}{n_2}＝\frac{z_2}{z_1}$$

式中，n_1、n_2 分别为蜗杆和蜗轮的转速（r/min）；z_1 为蜗杆的头数；z_2 为蜗轮的齿数。

在蜗杆传动设计中，传动比的公称值按下列数值选取：5、7.5、10、12.5、15、20、25、30、40、50、60、70、80。其中 10、20、40、80 为基本传动比，应优先选用。z_1、z_2 可根据传动比 i 按表 5-4 选取。

表 5-4　z_1 和 z_2 的推荐值

i	7~8	9~13	14~24	25~27	28~40	>40
z_1	4	3~4	2~3	2~3	1~2	1
z_2	28~32	27~52	28~72	50~81	28~80	>40

六、蜗杆传动的润滑与散热

1. 蜗杆传动的润滑

●如何选择蜗杆传动的润滑方法？

润滑对蜗杆传动特别重要，因为润滑不良时，蜗杆传动的效率将显著降低，并会导致剧烈的磨损和胶合。

为提高蜗杆传动的抗胶合性能，宜选用黏度较高的润滑油。在矿物油中适当加些油性添加剂（如加入 5% 的动物脂肪），有利于提高油膜厚度，减轻胶合危险。用青铜制造的蜗轮，不允许采用活性大的极压添加剂，以免腐蚀青铜。

闭式蜗杆传动的润滑油黏度和润滑方法，可参考表 5-5 选择。

表 5-5　蜗杆传动的润滑油黏度和润滑方法

滑动速度 $v_S/(\text{m·s}^{-1})$	<1	<2.5	<5	>5~10	>10~15	>15~25	>25
工作条件	重载	重载	中载	—	—	—	—
运动黏度 $v_{40℃}/(\text{mm}^2·\text{s}^{-1})$	1 000	680	320	220	150	100	68
润滑方法	浸油			浸油或喷油	喷油润滑，油压/MPa		
					0.07	0.2	0.3

开式传动则采用黏度较高的齿轮油或润滑脂进行润滑。

闭式蜗杆传动用油池润滑，蜗杆最好布置在下方。蜗杆浸入油中的深度至少能浸入螺旋的牙高，且油面不应超过蜗杆两端的滚动轴承最低滚动体的中心，如图 5-70(a)和(b)所示。油池容量宜适当大些，以免蜗杆工作时泛起箱内沉淀物和油。只有在不得已的情况下（如受结构上的限制），蜗杆才布置在上方，这时，浸入油池的蜗轮深度允许达到蜗轮半径的 1/6～1/3；若速度高于 10 m/s，必须采用压力喷油润滑，由喷油嘴向传动的啮合区供油，如图 5-70(c)所示。为增加冷却效果，喷油嘴宜放在啮出侧。

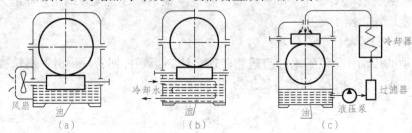

图 5-70　蜗杆传动的散热方法

(a)风扇冷却；(b)内水管冷却；(c)外冷却器冷却

2. 蜗杆传动的散热

●蜗杆传动的散热方法有哪些？

蜗杆传动效率低，发热量大，若产生的热量不能及时散逸，将使油温升高，油黏度下降，油膜破坏，磨损加剧，甚至产生胶合破坏。因此，对连续工作的蜗杆传动，若工作温度超过许用温度，则需进行散热。首先考虑在不增大箱体尺寸的前提下，设法增加散热面积。若仍未满足要求，则可采用下列措施以增强其散热能力：

(1)在蜗杆轴上装风扇，如图 5-70(a)所示。

(2)油池内安装冷却水管。在箱体油池内安装蛇形冷却管，以便循环流动的冷水和油池中的热油进行热交换，降低油温，如图 5-70(b)所示。

(3)外冷却压力喷油润滑。润滑油循环系统如图 5-70(c)所示，热油通过冷却器后，油温降低，然后送入啮合区。

任务实施

1. 任务

蜗杆减速器的拆装。

2. 任务实施所需工具

活动扳手、手锤、铜棒、钢直尺、铅丝、轴承拆卸器、游标卡尺、百分表及表架、煤油若干量、油盘若干只。

3. 任务实施步骤

(1)观察减速器外部结构，判断传动级数，输入轴、输出轴及安装方式。

(2)观察减速器的外形与箱体附件，了解附件的功能、结构特点和位置，测出外廓尺寸、中心距、中心高。

（3）测定轴承的轴向间隙。固定好百分表，用手推动轴至一端，然后再推动轴至另一端，百分表所指示出的量值差即是轴承轴向间隙的大小。

（4）拧下箱盖和箱座连接螺栓，拧下端盖螺钉（嵌入式端盖除外），拔出定位销，借助起盖螺钉打开箱盖。

（5）测定齿轮副的侧隙。将一段铅丝插入齿轮间，转动齿轮碾压铅丝，铅丝变形后的厚度即是齿轮副侧隙的大小，用游标卡尺测量其值。

（6）仔细观察箱体剖分面及内部结构、箱体内轴系零部件间相互位置关系，确定传动方式。数出齿轮齿数并计算传动比，判定蜗杆、蜗轮的旋向，轴承型号及安装方式。绘制机构传动示意图。

（7）取出轴系部件，拆零件并观察分析各零件的作用、结构、周向定位、轴向定位、间隙调整、润滑、密封等问题。把各零件编号并分类放置。

（8）分析轴承内圈与轴的配合、轴承外圈与机座的配合情况。

（9）在煤油里清洗各零件。

（10）拆、量、观察分析过程结束后，按拆卸的反顺序装配好减速器。

同步练习

1. 根据蜗杆形状，蜗杆传动分哪些类型？根据刀具加工位置的不同，圆柱蜗杆传动有哪几种？

2. 蜗杆传动有何特点，适用于什么场合？

3. 简述直蜗杆、蜗轮所受力的方向的判断方法。

4. 如何选择蜗杆的头数 Z_1、蜗轮的齿数 Z_2？

5. 蜗杆传动的失效形式有哪几种？

6. 蜗杆、蜗轮常用的材料有哪些，选择材料的主要依据是什么？

7. 蜗杆、蜗轮常用的热处理方式有哪些？

8. 蜗杆、蜗轮的结构分别有哪些？

9. 为什么蜗杆传动常采用青铜蜗轮而不采用钢制蜗轮？为什么青铜蜗轮常采用组合结构？

10. 一对阿基米德标准蜗杆蜗轮机构，蜗杆为主动件，蜗杆头数 $Z_1=2$，蜗轮齿数 $Z_2=50$，求传动比 i 并解释传动比 i 的含义。

11. 若蜗杆传动的温度过高，应采取哪些措施？

12. 标出图 5-71 中蜗杆或蜗轮的旋向及转向（蜗杆为主动件）。

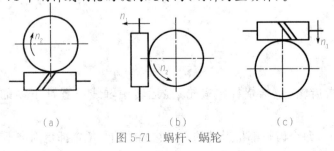

（a）　　　　　　　（b）　　　　　　　（c）

图 5-71　蜗杆、蜗轮

任务小结

在这个任务里我们学习了蜗杆、蜗轮传动，它可以在结构紧凑的情况下实现大传动比的传动，而要实现同样的功能，齿轮传动只能用轮系来解决，我们接下来要介绍，到时读者可以自己比较一下。

任务五　认识轮系

任务目标

1. 了解定轴轮系的定义。
2. 了解齿轮啮合简图并掌握齿轮啮合时，旋转方向的判断方法。
3. 了解定轴轮系的分类并掌握定轴轮系的传动比计算。
4. 认识惰轮及其作用。
5. 能运用定轴轮系的传动比公式进行相应的计算。
6. 了解行星轮系和差动轮系。

任务引入

用啮合的一对齿轮可以传递运动和动力，实现增速、减速和改变传动轴旋转方向的目的。这种由啮合的一对齿轮所组成的齿轮机构，是齿轮传动中最简单的形式。在实际应用中，有的主动轴与从动轴的距离较远，有的需要有较大传动比，有的要求实现变速和变向等，用一对齿轮传动已不能满足需要，常采用一系列互相啮合的齿轮来进行传动。这种齿轮系统就称作轮系。

根据轮系在传动时各齿轮的轴线是否固定，轮系可分为定轴轮系和周转轮系两种类型。

知识链接

一、定轴轮系

定轴轮系是指齿轮（包括蜗杆、蜗轮）在运转中轴线位置都不动的轮系，如图 5-72 所示。

轮系在工作时，每个齿轮都是运转的，但它们的轴线位置都是固定不动的。

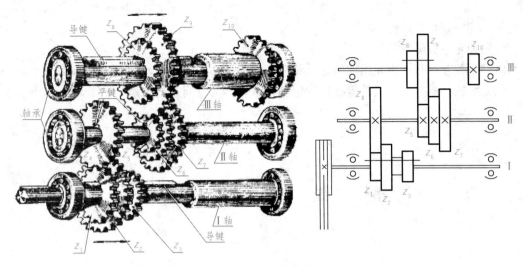

图 5-72 定轴轮系

1. 齿轮啮合简图与旋转方向的判断

●齿轮啮合简图是怎样的？啮合时，齿轮旋转方向如何判断？

表示齿轮旋转方向的基本方法是画箭头。若运动简图或投影图中的齿轮呈圆形，可以根据其旋转方向用圆弧箭头表示；若运动简图或投影图中的齿轮不呈圆形，可以根据其可见部分转向的投影用直线箭头表示。

（1）直齿圆柱齿轮外啮合，两齿轮旋转方向相反（表示旋转方向的箭头方向相背或相对），图 5-73（a）所示为表示旋转方向的箭头方向相背。

（2）直齿圆柱齿轮内啮合，两齿轮旋转方向相同（表示旋转方向的箭头方向相同），如图 5-73（b）所示。

（3）直齿圆锥齿轮啮合，如图 5-73（c）所示。表示两齿轮旋转方向的箭头指向啮合处或背离啮合处。

（4）蜗轮蜗杆啮合，如图 5-73（d）所示。其方向的判断详见本项目中的任务四。

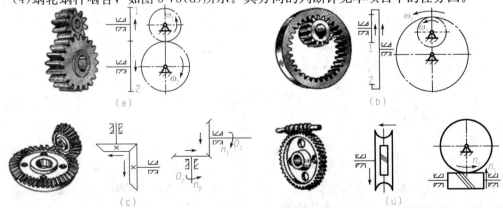

（a）　　　　　　　　　　　（b）

（c）　　　　　　　　　　　（d）

图 5-73 齿轮啮合简图

(a)直齿圆柱齿轮外啮合简图；(b)直齿圆柱齿轮内啮合简图；

(c)直齿圆锥齿轮啮合简图；(d)蜗轮蜗杆啮合简图

2. 定轴轮系的分类

●定轴轮系分哪两类?

由轴线相互平行的齿轮组成的定轴轮系,称为平面定轴轮系,如图 5-74(a)所示。

包含蜗轮、蜗杆、锥齿轮等在内的定轴轮系,称为空间定轴轮系,如图 5-74(b)所示。

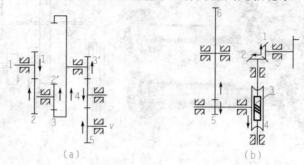

图 5-74　定轴轮系

(a)平面定轴轮系;(b)空间定轴轮系

3. 定轴轮系的传动比计算

●定轴轮系的传动比怎么计算?

轮系的传动比是轮系首、尾两轮的转速比。传动比用 i 表示,并在其右下角附注两个角标来表示对应的两个齿轮。例如,$i_{15}=n_1/n_5$ 表示齿轮 1 和齿轮 5 的传动比。计算轮系的传动比不仅要确定它的数值,而且要确定它的符号,这样才能完整表示输入轴与输出轴间的运动关系。

1)一对啮合齿轮的传动比计算

图 5-75(a)为一对外啮合圆柱齿轮传动。当主动轮 1 按逆时针方向旋转时,从动轮 2 就按顺时针方向旋转,两轮的旋转方向相反,则规定其传动比前加负号:

$$i_{12}=\frac{n_1}{n_2}=-\frac{z_2}{z_1}$$

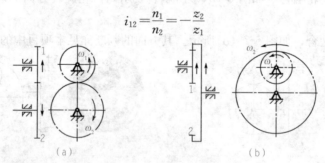

图 5-75　齿轮的啮合

(a)外啮合;(b)内啮合

图 5-75(b)为一对内啮合齿轮传动,当主动轮 1 逆时针方向旋转时,从动轮 2 也逆时针方向旋转,两旋转方向相同,规定其传动比前加正号(正号可不写):

$$i_{12}=\frac{n_1}{n_2}=+\frac{z_2}{z_1}$$

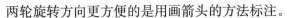

两轮旋转方向更方便的是用画箭头的方法标注。

2) 轮系的传动比计算

如图 5-76 所示，轮系的运动和动力是由 Ⅰ 轴上的齿轮 Z_1 传到 Ⅱ 轴上的齿轮 Z_2，齿轮 Z_2 与齿轮 Z_3 都固定在 Ⅱ 轴上，齿轮 Z_3 的转速与齿轮 Z_2 的转速一样；然后再通过齿轮 Z_3 将运动和动力传到 Ⅲ 轴上的齿轮 Z_4，齿轮 Z_4 与齿轮 Z_5 同轴，齿轮 Z_5 的转速与齿轮 Z_4 的转速一样；齿轮 Z_5 将运动和动力传到 Ⅳ 轴上的齿轮 Z_6。其中：

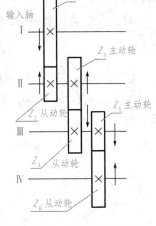

图 5-76　定轴轮系举例

$$i_{12}=\frac{n_1}{n_2}=-\frac{z_2}{z_1} \qquad i_{34}=\frac{n_3}{n_4}=-\frac{z_4}{z_3} \qquad i_{56}=\frac{n_5}{n_6}=-\frac{z_6}{z_5}$$

总传动比 i_{16} 是由各传动比 i_{12}，i_{34}，i_{56} 形成的，应等于各传动比连乘积：

$$i_{16}=i_{12}\times i_{34}\times i_{56}=\frac{n_1}{n_2}\times\frac{n_3}{n_4}\times\frac{n_5}{n_6}$$

$$=\left(-\frac{z_2}{z_1}\right)\times\left(-\frac{z_4}{z_3}\right)\times\left(-\frac{z_6}{z_5}\right)$$

由于 $n_2=n_3$，$n_4=n_5$，代入上式得

$$i_{16}=\frac{n_1}{n_6}=(-1)^3\frac{z_2\times z_4\times z_6}{z_1\times z_3\times z_5}$$

式中的 $(-1)^3$ 是该平行轴轮系外啮合 3 次，得负值，说明首、末两轮转向相反；分子 z_2，z_4，z_6 是从动轮齿数连乘积，分母 z_1，z_3，z_5 是主动轮齿数连乘积。

可进一步推论，任意定轴轮系首轮到末轮由 z_1，z_2，$\cdots$，z_k 组成，平行轴间齿轮外啮合次数为 m，用于确定全部由圆柱齿轮组成的定轴轮系中输出轮的转向，则

$$i_{1k}=\frac{n_1}{n_k}=(-1)^m\frac{z_2\times z_4\times z_6\cdots z_k}{z_1\times z_3\times z_5\cdots z_{k-1}}$$

$$=(-1)^m\frac{\text{从 1 轮到 } k \text{ 轮之间所有从动轮齿数的连乘积}}{\text{从 1 轮到 } k \text{ 轮之间所有主动轮齿数的连乘积}}$$

即任意定轴轮系的总传动比，即首、末两轮的转速比，等于其所有从动轮齿数连乘积与所有主动轮齿数连乘积之比。啮合的转向也可用画箭头的方法或左右手方法判断。

3) 惰轮及其作用

●什么是惰轮，惰轮起什么作用？

如图 5-77 所示：主动轮 Z_1 将运动和动力传递给齿轮 Z_2，齿轮 Z_2 再将运动和动力传递给轮 Z_3。

$$i_{12}=\frac{n_1}{n_2}=-\frac{z_2}{z_1} \qquad\qquad i_{23}=\frac{n_2}{n_3}=-\frac{z_3}{z_2}$$

则

$$i_{13}=\frac{n_1}{n_3}=-\frac{z_2}{z_1}\times\left(-\frac{z_3}{z_2}\right)=(-1)^2\times\frac{z_3}{z_1}=\frac{z_3}{z_1}$$

可见，在齿轮 Z_1 与齿轮 Z_3 之间插入齿轮 Z_2，并不影响传动的大小，所以齿轮 Z_2 为惰轮。但是，若没有齿轮 Z_2，齿轮 Z_3 将逆时针旋转；有了齿轮 Z_2，齿轮 Z_3 做顺时针旋转。因此，惰轮不影响传动比，增加了一个惰轮只是改变了末轮旋转的方向。每增加一个惰轮，则改变一次转向。

【例 5-4】如图 5-77 所示，设 $z_1=30$，$z_2=20$（惰轮），$z_3=60$，求总传动比 i_{13}。

解： 由于齿轮 Z_2 既是齿轮 Z_1 的从动轮，又是带动齿轮 Z_3 旋转的主动轮，代入公式得

$$i_{13}=(-1)^2\times\frac{z_2\times z_3}{z_1\times z_2}=\frac{z_3}{z_1}=\frac{60}{30}=2$$

【例 5-5】图 5-78 为一卷扬机的传动系统，末端是蜗杆传动。$z_1=36$，$z_2=72$，$z_3=40$，$z_4=80$，$z_5=2$，$z_6=50$，若 $n_1=1\,000$ r/min，鼓轮直径 $D=150$ mm，求重物移动速度及方向。

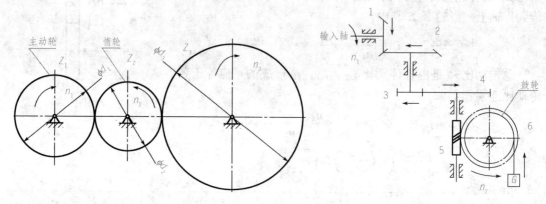

图 5-77 惰轮的应用

图 5-78 卷扬机传动系统

解： 由公式 $i_{16}=\dfrac{n_1}{n_6}=\dfrac{z_2\times z_4\times z_6}{z_1\times z_3\times z_5}$ 可知：

蜗轮转速 $n_6=n_1\times\dfrac{z_1\times z_3\times z_5}{z_2\times z_4\times z_6}=1\,000\times\dfrac{36\times40\times2}{72\times80\times50}=10(\text{r/min})$

鼓轮周长 $L=\pi D\approx3.14\times150=471(\text{mm})$

重物移动的速度：$v=10\times471=4\,710(\text{mm/min})=4.71(\text{m/min})$

重物向上移动，判断方法如图 5-78 所示。

【例 5-6】图 5-79 为磨床砂轮架进给机构，手柄转动通过轮系传至丝杠带动砂轮架移动。已知丝杠为右旋，导程为 6 mm，求手柄顺时针方向每分钟旋转 50 转时，砂轮架移动的距离。

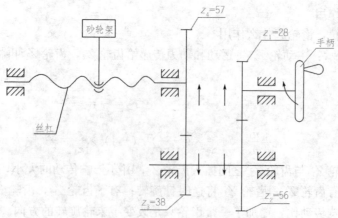

图 5-79 磨床砂轮架进给机构

解：砂轮架移动方向可根据齿轮转动方向判定，如图 5-79 所示。

手柄转速：$n_1 = 50 (\text{r/min})$

轮系传动比：$i_{14} = \dfrac{n_1}{n_4} = (-1)^2 \dfrac{z_2 \times z_4}{z_1 \times z_3}$

齿轮 Z_4 的转速：$n_4 = \dfrac{n_1}{i_{14}} = n_1 \times \dfrac{1}{i_{14}} = 50 \times \dfrac{28 \times 38}{56 \times 57}$

砂轮架移动距离：$s = n_4 \times L = 50 \times \dfrac{28 \times 38}{56 \times 57} \times 6 = 100 (\text{mm/min})$

【例 5-7】如图 5-80 为半自动车床主轴箱的传动，试求当电动机转速 $n = 1\ 443\ \text{r/min}$ 时，主轴Ⅲ的各级转速。（小带轮的基准直径为 90 mm，大带轮的基准直径为 180 mm）

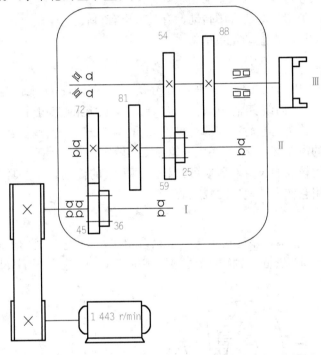

图 5-80　半自动车床主轴箱传动

解：电动机带动皮带轮旋转，从而带动轴Ⅰ的皮带轮传动，传动比只有一个 $\dfrac{180}{90}$，所以轴Ⅰ只有一种转速。

轴Ⅰ的运动通过拨动双联滑移齿轮传递给轴Ⅱ，传动比有两个——$\dfrac{45}{72}$ 或 $\dfrac{36}{81}$，所以轴Ⅱ可有两种不同的转速。

轴Ⅱ的运动通过拨动双联滑移齿轮传递给轴Ⅲ，传动比有两个——$\dfrac{59}{54}$ 或 $\dfrac{25}{88}$，所以轴Ⅲ也有两种不同的转速。

轴Ⅰ的转速：$n_1 = 1\ 443 \times \dfrac{90}{180} = 721.5 (\text{r/min})$

轴Ⅲ的转速：$n_{Ⅲ_1} = n_1 \times \dfrac{45}{72} \times \dfrac{59}{54} \approx 493 (\text{r/min})$

$$或\ n_{Ⅲ_2} = n_1 \times \frac{45}{72} \times \frac{25}{88} \approx 128 (\text{r/min})$$

$$或\ n_{Ⅲ_3} = n_1 \times \frac{36}{81} \times \frac{59}{54} \approx 350 (\text{r/min})$$

$$或\ n_{Ⅲ_4} = n_1 \times \frac{36}{81} \times \frac{25}{88} \approx 91 (\text{r/min})$$

二、周转轮系

在轮系中，如果至少有一个齿轮及轴线是围绕另一个齿轮旋转，那么这个轮系就叫作周转轮系。周转轮系分行星轮系和差动轮系两种。

周转轮系的结构类似行星绕太阳转动，有公转也有自转。

● 行星轮系是怎样的，差动轮系是怎样的？

1. 行星轮系

图 5-81(a)是一个内啮合的行星轮系，齿轮 Z_2 空套在构件 H 上，并与齿轮 Z_1、Z_3 相啮合，所以齿轮 Z_2 一方面绕其轴 O_1 转动（自转），同时还随着构件 H 绕轴线 O 转动（公转），因此，齿轮 Z_2 称为行星轮。支撑行星轮 Z_2 的构件 H 称为行星架。与行星轮 Z_2 相啮合，且作定轴转动的齿轮 Z_1、Z_3 称为中心轮或太阳轮。

行星轮系可以用较少的齿轮和紧凑的结构得到很大的传动比，并具有传动效率高、传动平稳等优点；常用它作大转速比的减速器。

2. 差动轮系

图 5-81(b)为差动轮系。差动轮系与行星轮系相比，主要是它没有一个固定的中心轮。齿轮 Z_1、齿轮 Z_3 都围绕着固定轴线回转，都是中心轮（太阳轮）。构件 H 与中心轮 Z_3 都可以是主动件。

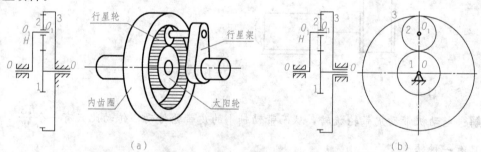

图 5-81 周转轮系

(a)行星轮系；(b)差动轮系

差动轮系可以将一个原动构件的转动分解为另外两个从动基本构件的不同转动，常用于汽车后桥差速器中。差动轮系还可进行运动合成，被广泛应用于机床、计算机构及补偿调整装置中。

任务实施

1. 任务

分解主减速器。

2. 任务实施所需工具

螺丝刀、轴承拉具、手钳、扳手、铜锤等。

3. 任务实施步骤

(1)先放净主减速器内的齿轮油，拆去左右半轴和主减速器与后桥壳的固定螺栓，将主减速器从后桥壳中取出，并清洗干净。

(2)将主减速器总成放到专用拆装架上进行分解。松开差速器轴承盖紧固螺栓；取下差速器轴承盖及调整螺母。将差速器连同圆柱从动齿轮一起从主减速器壳中取出，用拉具拉出差速器轴承内座圈。

(3)拆下差速器的固定螺栓，将差速器左右侧分开，取出差速器十字轴及差速器齿轮等。

(4)拆下主减速器壳圆柱主动齿轮轴(中间轴)左右侧盖固定螺栓，取下侧盖(注意侧盖下的调整垫片左右不要倒错)，将主动圆柱齿轮轴连同从动锥齿轮一起从主减速器壳中取出，用专用拉具拉下主动圆柱齿轮轴承内座圈。

(5)拆下主动锥齿轮轴承座与主减速器壳的固定螺栓，从主减速器壳体上拆下主动锥齿轮和轴承座等组成的总成。

(6)分解主动锥齿轮。将其夹在台虎钳上或专用拆装台架上，首先拆下主动锥齿轮轴上槽形螺母的开口销及螺母，取下凸缘，用专用工具拆下油封，用压具或锤子垫上软金属将主动锥齿轮轴从前轴承中退出，取下调整垫片，然后从轴颈上拉下后轴承内座圈。

同步练习

1. 什么是定轴轮系？定轴轮系分哪两类？

2. 齿轮啮合简图是怎样的？啮合时，齿轮旋转方向如何判断？

3. 定轴轮系的传动比怎么计算？

4. 如图 5-82 所示的轮系，已知各齿轮齿数分别为 $z_1=24$，$z_2=28$，$z_3=20$，$z_4=60$，$z_5=20$，$z_6=20$，$z_7=28$，求传动比 i_{17}。若 n_1 的旋向已知，试判断齿轮 7 的旋向。

5. 如图 5-83 所示的轮系，已知 $z_1=z_2=z_4=z_5=20$，齿轮 Z_1、Z_4 和齿轮 Z_3、Z_6 同轴线，求传动比 i_{16}。

6. 图 5-84 为提升装置。其中各轮齿数为：$z_1=20$，$z_2=80$，$z_3=25$，$z_4=30$，$z_5=1$，$z_6=40$。试求传动比 i_{16} 并判断蜗轮 6 的转向。

7. 图 5-85 为车床溜板箱手动操纵机构。已知 $z_1=16$，$z_2=80$；$z_3=13$，模数 $m=2.5$ mm，与齿轮 Z_3 啮合的齿条被固定在床身上。试求当溜板箱移动速度为 1 m/min 时手轮的转速。

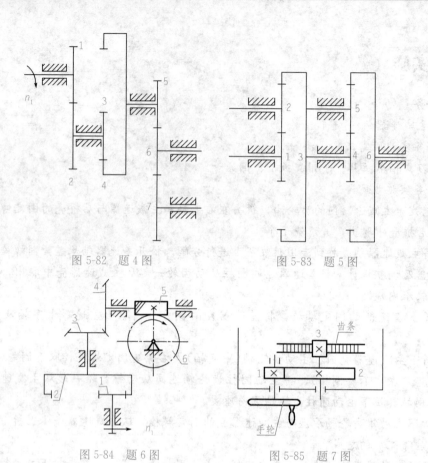

图 5-82　题 4 图　　　　　　　　　　　图 5-83　题 5 图

图 5-84　题 6 图　　　　　　　　　　　图 5-85　题 7 图

8. 什么是惰轮，惰轮起什么作用？

9. 什么是周转轮系？行星轮系和差动轮系有什么区别？

任务小结

　　轮系就是很多对齿轮组合在一起达到一定的传动要求的组合，它可实现较远距离、较大传动比、变速和变向等要求的传动。它与蜗杆、蜗轮传动各有哪些特点，我们在实际运用中怎么选择？

任务六　认识螺旋传动

任务目标

1. 了解螺旋传动的类型。

2. 了解滚动丝杠副的主要组成部分及特点。

3. 了解差动螺旋传动的原理。

任务引入

前面我们介绍了螺纹不但具有连接功能，还具有传动功能。那么螺纹传动有什么主要特点呢？其主要特点：一是能将旋转运动变成直线运动（前面介绍的齿轮齿条传动是不是也可以呢？），二是能实现差动传动。

知识链接

一、螺旋传动的类型

螺旋传动由螺杆和螺母组成，主要用来将旋转运动变换为直线运动，将转矩转换成推力。螺杆或螺母旋转一圈，则螺杆或螺母沿螺纹方向移动一个导程的距离。按其螺旋副（又称螺纹副）中摩擦性质的不同，螺旋传动一般分为两类：

(1)螺旋副做相对运动时，产生滑动摩擦的滑动螺旋传动。

(2)螺旋副做相对运动时，产生滚动摩擦的滚动螺旋传动。

●螺旋传动按其用途和受力情况分为哪些类型？

1. 传力螺旋

传力螺旋主要用来传递轴向力，要求用较小的力矩转动螺杆（或螺母）而使螺母（或螺杆）产生直线移动和较大的轴向力，如螺旋千斤顶（图 5-86）和螺旋压力机的螺旋等。

2. 传导螺旋

传导螺旋主要用来传递轴向力，要求具有较高的传动精度。例如：用于机床进给机构的传导螺旋，螺杆旋转，推动螺母连同滑板和刀架做直线运动。

3. 调整螺旋

调整螺旋主要用来调整和固定零件或工件的相互位置，不经常传动，受力也不大，如车床尾座和卡盘头的螺旋。

这些螺旋传动一般采用梯形螺纹、锯齿形螺纹或矩形螺纹，其主要特点是结构简单，运转平稳无噪声，便于制造，易于自锁，但传动效率较低，摩擦和磨损较大等。

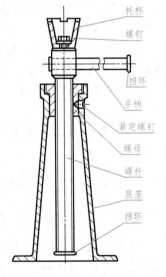

图 5-86 螺旋千斤顶

4. 差动螺旋

差动螺旋是由两个螺旋副组成的使活动的螺母与螺杆产生差动（即不一致）的螺旋传动。差动螺旋的目的是利用较大导程的螺纹零件来产生微小的位移。采用差动螺旋的原因是：小导程的螺纹加工难度大、精度低、耐磨性差等。

二、螺旋传动中直线移动方向的判定方法

●怎么判定普通螺旋传动中直线移动方向？

（1）如图 5-87 所示台虎钳（螺杆上的螺纹为右旋螺纹），螺母不动，螺杆回转并移动。

判断方法：①右旋螺纹伸右手；②四指弯曲方向与螺杆旋转方向一致；③大拇指伸直；④因为该螺旋副为螺母不动，螺杆转动，则拇指的指向与螺杆移动方向一致，即螺杆边旋转、边向右移动，从而带动活动钳口移动。

（2）如图 5-88（丝杠上的螺纹为右旋螺纹）所示，螺杆回转，螺母移动。

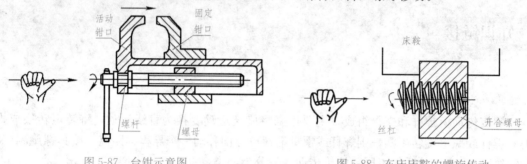

图 5-87　台钳示意图　　　　　　　　　　　　　图 5-88　车床床鞍的螺旋传动

判断方法：①右旋螺纹伸右手；②四指弯曲方向与螺杆旋转方向一致；③大拇指伸直；④因为该螺旋副为螺杆转动，螺母移动，则拇指的指向与螺母的移动方向相反，即螺母向左移动。

（3）普通螺旋传动直线移动方向的判定。普通螺旋传动时，螺杆或螺母移动的方向不仅与螺纹的回转方向有关，还与螺纹的旋向有关。

①右旋螺纹用右手，左旋螺纹用左手。手握空拳，四指的指向与螺杆（或螺母）的回转方向相同，大拇指竖直。

②若螺杆（或螺母）回转并移动，螺母（或螺杆）不动，则大拇指的指向为螺杆（或螺母）的移动方向。

③若螺杆（或螺母）回转，螺母（或螺杆）移动，则与大拇指的指向相反方向为螺母（或螺杆）的移动方向。

三、差动螺旋传动

1. 差动螺旋传动的原理

●差动螺旋传动的原理是怎样的？

如图 5-89 所示的差动螺旋传动机构中，机架上为固定螺母（不能移动），螺杆分别与机架、活动螺母组成 a 和 b 两段螺旋副，a 段为固定螺母，b 段为活动螺母。活动螺母不能回转而只能沿机架的导向槽移动。

机架和活动螺母的旋向若同为右旋，按图 5-89 所示方向回转螺杆时，螺杆相对机架向左

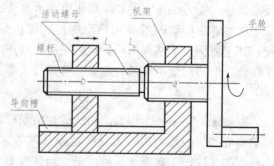

图 5-89　差动螺旋传动原理

移动，而活动螺母相对螺杆向右移动，这样活动螺母相对机架实现差动移动，螺杆每转 1 转，活动螺母实际移动距离为两段螺纹导程之差。

如果机架上螺母螺纹旋向仍为右旋，活动螺母的螺纹旋向为左旋，则按如图 5-89 所示方向回转螺杆时，螺杆相对机架向左移动，而活动螺母相对螺杆也向左移动，螺杆每转 1 转，活动螺母实际移动距离为两段螺纹导程之和。

2. 差动距离的计算

●差动螺旋传动中，移动距离是怎样计算的？

在普通螺旋传动中，螺杆（或螺母）的移动距离由导程决定，即螺杆（或螺母）每转 1 转，螺杆（或螺母）移动 1 个导程的距离，转几转就移动几个导程的距离，即

$$s = n \times L$$

式中，s——移动距离；

　　　n——回转圈数；

　　　L——导程。

差动螺旋传动中，活动螺母的实际移动距离可用公式表示：

$$s = n(L_a \pm L_b)$$

式中，s——活动螺母的实际移动距离，mm；

　　　n——螺杆的回转圈数；

　　　L_a——机架上固定螺母的导程，mm；

　　　L_b——活动螺母的导程，mm。

说明：当两螺纹旋向相反时，公式中用"＋"号；当两螺纹旋向相同时，公式中用"－"号。计算结果为正值时，说明活动螺母实际移动方向与螺杆移动方向相同；计算结果为负值时，说明活动螺母实际移动方向与螺杆移动方向相反。

【例 5-8】如图 5-89 所示，固定螺母导程 $L_a = 2$ mm，活动螺母的导程 $L_b = 2.5$ mm，螺纹均为右旋，当螺杆转 0.5 转时，活动螺母移动距离是多少？移动方向如何？

解：螺纹螺旋方向相同，即

$$s = n(L_a - L_b) = 0.5 \times (2 - 2.5) = -0.25 \text{(mm)}$$

其结果是负值，说明活动螺母的实际移动方向与螺杆移动方向相反。用右手法则判断螺杆左移，所以活动螺母向右移动了 0.25 mm。

3. 差动螺旋传动的应用

●差动螺旋传动经常用于哪些场合？

差动螺旋传动机构可以产生极小的位移，而其螺纹导程并不需要很小，加工也就容易得多，所以差动螺旋传动机构常用于测微器、分度机，以及许多精密切削机床、仪器和工具中。例如，差动螺旋传动运用于外径千分尺，可使千分尺中的精密螺纹的制造难度显著降低，制造成本大幅下降，并且结构简单、紧凑。

【例 5-9】图 5-90 是应用在微调镗刀上的差动螺旋传动实例。

螺杆 1 在Ⅰ和Ⅱ两处均为右旋螺纹，刀套 3 固定在镗杆 2 上，镗刀 4 在刀套中不能回转，只能移动。当螺杆回转时，可使镗刀得到微量移动。设固定螺母螺纹（刀套）的导程 $L_1 = 1.5$ mm，活动螺母（镗刀）的导程 $L_2 = 1.25$ mm，则螺杆按图示方向回转 1 转时，镗刀移动的距离为

$$s = n(L_1 - L_2) = 1 \times (1.5 - 1.25) = +0.25 \text{(mm)}$$

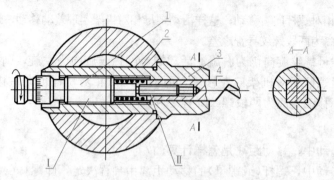

图 5-90 差动螺旋传动的微调镗刀
1—螺杆；2—镗杆；3—刀套；4—镗刀

　　其结果是正值，说明镗刀的实际移动方向与螺杆移动方向相同。用右手法则判断螺杆是向右移动的，则螺杆回转 1 转，镗刀向右移动 0.25 mm。

　　如果将螺杆在圆周上 1 圈等分为 100 格，螺杆每转过 1 格，镗刀的实际位移：

$$s=(1.5-1.25)/100=+0.002\ 5(\text{mm})$$

　　由此可知，差动螺旋传动可以方便地实现微量调节。

四、滚珠丝杠传动

　　●滚珠丝杠副有哪些主要组成部分，有什么特点？

　　用滚动体在螺纹工作面间实现滚动摩擦的螺旋传动，称为滚珠丝杠传动。滚动体通常为滚珠，也有用滚子的。滚动丝杠传动的效率一般在 90% 以上。它不自锁，具有传动的可逆性；但结构复杂，制造精度要求高，抗冲击性能差。

　　如图 5-91 所示，滚珠丝杠副主要由丝杠 1、螺母 3、滚珠 4 和反向器 2 组成。在丝杠外圆和螺母内孔上分别开出断面呈半圆形的螺旋槽，丝杠与螺母内孔用间隙配合，两构件上的螺旋槽配合成断面呈圆形的螺旋通道，在此通道中充入钢珠使两构件连接起来，构成滚动螺旋装置或称滚珠丝杠副。滚珠丝杠副螺旋面的摩擦为滚动摩擦。为防止滚珠从滚道端部掉出和保证滚珠做纯滚动，还设置有滚珠回程引导装置（又称反向器），使滚珠得以返回入口形成循环滚动。

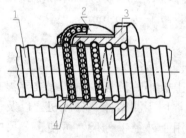

图 5-91 滚珠丝杆副的组成原理
1—丝杠；2—反向器；3—螺母；4—滚珠

　　滚珠丝杠副螺旋面之间为滚动摩擦，具有摩擦小、效率高、轴向刚度大、运动平稳、传动精度高、寿命长等突出特点。它已广泛地应用于机床、飞机、船舶和汽车等要求高精度或高效率的场合。例如：飞机机翼和起落架的控制、水闸的升降机构和数控机床进给装置等。应该注意到滚珠丝杠副逆传效率高(可达到80％以上)，但不自锁，会给使用带来一定影响。例如：用普通丝杠副提吊重物在半途暂停时，因普通丝杠副的自锁使重物不会靠重力自动下移，但换成滚珠丝杠副，就要采取措施防止重物自动下移。

任务实施

1. 任务

车削螺纹。

2. 任务实施所需设备

普通车床、螺纹车刀、螺纹样板等。

3. 任务实施步骤

任务实施步骤如图5-92所示。

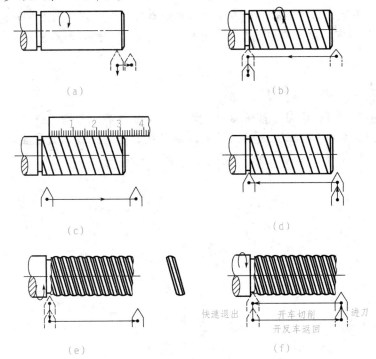

(a)　　　　　　　　　　(b)

(c)　　　　　　　　　　(d)

(e)　　　　　　　　　　(f)

图5-92　车削螺纹步骤

(a)开车，使车刀与工件轻微接触，记下刻度盘读数。向右退出车刀；(b)合上开合螺母，
在工件表面车出一条螺旋线。横向退出车刀，停车；(c)开反车使车刀退到工件右端，停车。
用钢尺检查螺距是否正确；(d)利用刻度盘调整切深。开车切削，车钢料时加机油润滑；
(e)车刀将至行程终了时，应做好退刀停车准备。先快速退出车刀，然后停车。开反车退回刀架；
(f)再次横向切入，继续切削。其切削过程的路线如图所示

(1)确定车螺纹切削深度的起始位置，将中滑板刻度调到零位，开车，使刀尖轻微接触工件表面，然后迅速将中滑板刻度调至零位，以便于进刀记数。

(2)试切第一条螺旋线并检查螺距。将床鞍摇至离工件端面8~10牙处，横向进刀0.05 mm左右。开车，合上开合螺母，在工件表面车出一条螺旋线，至螺纹终止线处退出车刀，开反车把

车刀退到工件右端；停车，用钢尺检查螺距是否正确。

（3）用刻度盘调整背吃刀量，开车切削。螺纹的总背吃刀量 a_p 与螺距 P 的关系按经验公式 $a_p \approx 0.65P$，每次的背吃刀量约 0.1 mm。

（4）车刀将至终点时，应做好退刀停车准备，先快速退出车刀，然后开反车退出刀架。

（5）再次横向进刀，继续切削至车出正确的牙型。

同步练习

1. 螺旋传动有什么特点？按其用途和受力情况分为哪些类型，各用于什么场合？

2. 什么是差动螺旋传动？怎样计算活动螺母的移动距离？怎样判定活动螺母的移动方向？

3. 如图 5-90 所示，Ⅰ和Ⅱ两处均为左旋螺纹，$L_1 = 2.4$ mm，$L_2 = 2.6$ mm，螺杆 1 按图示方向回转，当螺杆 1 转 1 圈时，镗刀 4 移动的距离为多少？方向是怎样的？

4. 滚珠丝杠副有哪些主要组成部分，有什么特点，用于哪些场合？

任务小结

在这个任务里，我们学习了螺旋传动，螺旋传动在机器上用得非常普遍，如钳工用的台虎钳、车工用的车床、铣工用的铣床等都运用了螺旋传动。我们日常生活中很多地方也会用到螺旋传动，读者要注意观察，更要学会利用。

项目六 认识常用机构

在汽车中，很多地方都会涉及机构，如发动机中的活塞和连杆就可组成一个机构，实现活塞的往复运动，从而做功使汽车获得前进的动力。机构能传递一些非匀速的间歇、往复或直线运动等特定运动，这仅靠机械传动是不够的，读者要注意比较它与机械传动的区别。

任务一　分析平面机构及其运动简图

任务目标

1. 了解运动副的概念、类型和各自的特点。
2. 认识运动副的表示方法。
3. 了解运动链、闭链、开链的概念。
4. 了解运动链与机构的关系，以及机构中构件的名称。
5. 能识读平面机构运动简图。
6. 能读懂平面机构示意图。

任务引入

机器中每一个独立的运动单元体称为一个构件，由两个或两个以上构件通过活动连接形成的构件系统叫作机构，其主要功能之一就是实现运动的传递和变换。在这个任务里，我们去认识一下运动副、运动链、机构等概念，了解机构运动简图，学会用简单的符号和图形表示机器的组成和传动原理。

知识链接

一、运动副及其分类

1. 运动副

●什么是运动副？它通常包括哪些类型，各类型有什么特点？

机构是由具有确定相对运动的若干构件组成的，组成机构的构件必然相互约束，相邻两构件之间必定以一定的方式连接起来并实现确定的相对运动。这种两个构件之间的可动连接称为运动副。两个构件只能在同一平面做相对运动的运动副，称为平面运动副。

根据运动副元素的不同，平面运动副可分为低副和高副。

（1）低副。两个构件之间通过面与面接触而组成的运动副称为低副。两个构件组成低副时，只能沿某一方向移动或绕某轴转动。因此，低副又可分为转动副和移动副。

①转动副。若组成运动副的两个构件只能绕某一轴线做相对转动，则这种运动副称为转动副，也称铰链，如图 6-1 所示。构件与圆柱销的圆柱面接触而组成转动副；这两个构件只能产生绕 x 轴的转动。如日常所见的门窗活页、折叠椅等都是转动副。

②移动副。若组成运动副的两个构件只能沿某一方向做相对移动，则这种运动副称为移动副。如图 6-2(a)所示，构件 1 与构件 2 通过四个平面接触组成移动副，这两个构件只能产生沿 x 轴的相对直线移动。图 6-2(b)为车床刀架与导轨构成的移动副。如日常生活中的导轨式抽屉就是移动副。

 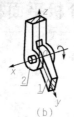
（a） （b）

图 6-1　转动副

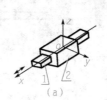
（a） （b）

图 6-2　移动副

（2）高副。由两个构件的点接触或线接触构成的运动副称为高副。平面高副中最为常见的是凸轮副和齿轮副。如图 6-3(a)所示，机车轮子与钢轨是线接触的高副。如图 6-3(b)所示，齿轮与齿轮之间的啮合也是线接触的高副。图 6-3(c)所示的凸轮副是点接触的高副。

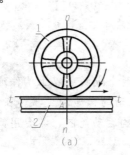 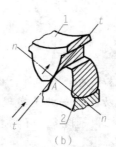 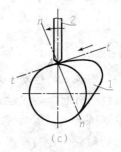
（a） （b） （c）

图 6-3　高副
(a)线接触的高副；(b)齿轮副；(c)凸轮副

2. 空间运动副

在生产实际和日常生活中，我们还能经常看到螺旋副和球面副等空间运动副。空间运动副就是构成运动副的两个构件之间的相对运动为空间运动的运动副。

如图 6-4(a)所示，螺杆与螺母的两个螺旋面接触，使螺杆与螺母的相对运动为空间的螺旋运动，故其运动副是空间运动副中的螺纹副。

如图 6-4(b)所示，构件 1 与构件 2 是球面接触，使构件 1 与构件 2 的相对运动为空间的球面运动，故其运动副是空间运动副中的球面副。

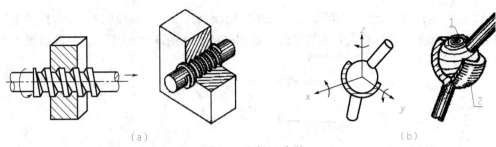

图 6-4　空间运动副

(a)螺纹副；(b)球面副

3. 运动副的表示方法

●运动副有哪些表示方法？

(1)转动副的表示方法。一般用"小圆圈"表示，圆心表示两构件相对转动中心，必须与回转轴线重合。如图 6-5 所示，杆 1 与杆 2 相对转动，为中心转动。当图面不垂直于回转轴线时，轴线用图 6-5 中最后一个图形表示。

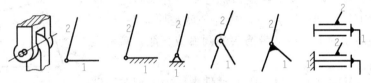

图 6-5　转动副的表示方法

(2)移动副的表示方法。一般用"矩形框"和"直线"表示，矩形框的长边和直线表示移动的导路。如图 6-6 所示，构件 2 可沿着构件 1 的方向移动，或构件 1 沿着构件 2 中的槽移动。

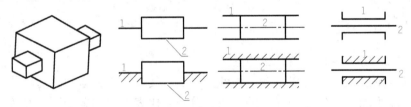

图 6-6　移动副的表示方法

(3)高副的表示方法。画出两个构件接触处的曲线轮廓。齿轮副可用两节圆表示。图 6-7(a)为齿轮副，图 6-7(b)为凸轮副。

二、运动链与机构

●什么是运动链？什么是闭链？什么是开链？

若干构件通过运动副连接而成的系统，称为运动链。如果运动链中各构件构成封闭的形式，

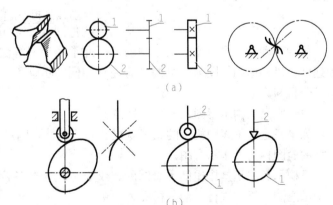

图 6-7　高副的表示方法

(a)齿轮副；(b)凸轮副

则此运动链称为闭式运动链，简称闭链，如图 6-8(a)所示；如果运动链中各构件并不构成封闭的形式，则此运动链称为开式运动链，简称开链，如图 6-8(b)所示。一般机械中都采用闭链。

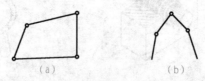

图 6-8　运动链

(a)闭链；(b)开链

● 怎样的运动链是机构？机构中有哪些构件？

如果将运动链中的一个构件固定，并使另一个构件（或几个构件）按给定的运动规律运动，而其余构件能随之做确定的相对运动，则这种运动链就是机构。机构中有原动件、从动件、机架等构件。

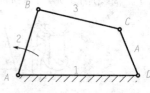

图 6-9　平面四杆机构

(1)原动件（主动件）。原动件是指机构中按外部给定的运动规律运动的构件。如图 6-9 所示，构件 2 就是原动件（也称为主动件），在原动件上须标上带箭头的圆弧或直线，箭头表示运动方向。

(2)从动件。从动件是指机构随原动件做确定的相对运动的构件，如图 6-9 中构件 3、构件 4 就是从动件。其中，输出预期运动的从动件为输出构件；其他从动件则起传递运动的作用。

(3)机架。机架是指机构中固定不动的构件，如图 6-9 中构件 1 就是机架。

三、机构运动简图与示意图

● 什么是机构运动简图，有什么特点？

在分析机构的运动时，可以不考虑构件的形状、截面尺寸和运动副的具体构造等与运动无关的因素。因此，只需要用简单的线条和符号来代表构件和运动副，并按一定的比例尺定出各运动副的相对位置。这样画出的机构图称为机构运动简图。

$$比例尺\ \mu_L = \frac{构件实际长度(m 或 mm)}{构件图示长度(mm)}$$

机构运动简图是按比例尺绘制的，因此常用于图解法中求机构上各点的轨迹、速度和加速度。机构运动简图与原机构具有完全相同的运动特性，因而可以根据该图对机构进行运动分析和力分析。

● 什么是机构示意图，有什么特点？

如果只是为了表明机构的组成状况和结构特性，则可不按准确的比例尺来绘制机构图，这样的简图称为机构示意图。

机构示意图不是按比例尺绘制的，仅定性地表达各构件间的相互关系，因此不能根据机构示意图对机构进行运动分析和力分析。

● 机构运动简图符号。

机构运动简图符号见表 6-1。

表 6-1　机构运动简图符号

名称		简图符号	名称		简图符号
构件	轴、杆		机架	基本符号	
	三副元素构件			机架是转动副的一部分	
	构件的永久连接			机架是移动副的一部分	
平面低副	转动副		平面高副	齿轮副 外啮合 内啮合	
	移动副			凸轮副	

●机构示意图实例。

【例 6-1】发动机配气机构示意图（图 6-10）。

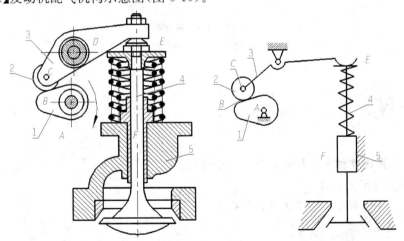

图 6-10　发动机配气机构示意图

1—凸轮；2—滚子；3—摆杆；4—气阀杆；5—机架

（1）明确机构的组成。按运动传递的顺序依次进行：主动件（凸轮）1 顺时针方向转动；从动件（滚子）2 绕转动副 C 转动；从动件（摆杆）3 绕转动副 D 摆动；构件 4 做往复运动——

开、关气阀。其中，弹簧起复位作用。故配气机构由5个构件，3个转动副A、C、D，一个移动副F和两个高副B、E组成。

（2）选择视图平面。一般选择与各构件运动平面相互平行的平面作为绘制机构示意图的视图平面。

（3）绘制机构示意图。选择适当的比例，从主动件（原动件）开始，依次绘图，则可得到配气机构示意图。

【例6-2】颚式破碎机的机构示意图（图6-11）。

（1）明确机构的组成。按运动传递的顺序依次进行：带轮5逆时针方向转动；偏心轴2绕转动副A进行偏心转动；动颚板3绕转动副B摆动，从而不断破碎物体；肘板4支承动颚板，做摆动运动。故颚式破碎机的机构由4个构件，4个转动副A、B、C、D组成。

（2）选择视图平面。一般选择与各构件运动平面相互平行的平面作为绘制机构简图的视图平面。

（3）绘制机构示意图。选择适当的比例，从主动件开始依次绘图，则可得到颚式破碎机的机构示意图。

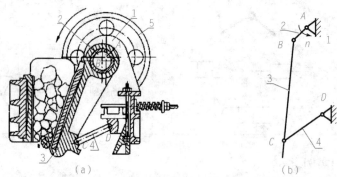

图6-11　颚式破碎机的机构示意图

(a)结构图；(b)运动简图

1—机架；2—偏心轴；3—动颚板；4—肘板；5—带轮

任务实施

1. 任务

绘制往复式内燃机中曲柄连杆机构的示意图。

2. 任务实施所需工具

钢直尺、游标卡尺、绘图工具、扳手等。

3. 任务实施步骤

曲柄连杆机构是往复式内燃机中的动力传递系统。曲柄连杆机构是发动机实现工作循环、完成能量转换的主要运动部分。

（1）分析往复式内燃机中曲柄连杆机构工作原理。

（2）测量各个零件的尺寸。

（3）按比例绘制其曲柄连杆机构示意图。

同步练习

1. 什么是运动副？什么是低副？什么是高副？各有什么特点？
2. 绘图说明运动副的表示方法。
3. 什么是运动链？什么是闭链？什么是开链？怎样的运动链是机构？
4. 机构中有哪些构件？
5. 什么是机构运动简图，有什么特点？
6. 什么是机构示意图，有什么特点？

任务小结

在这个任务中，我们认识了运动副、运动链、机构等概念，了解了机构运动简图，学会用简单的符号和图形表示机构的组成和传动原理。下面我们就可以去认识一些具体的机构了。

任务二 认识平面四杆机构

任务目标

1. 了解平面四杆机构的基本概念。
2. 掌握铰链四杆机构的组成部分、基本形式。
3. 明确曲柄摇杆机构的概念，熟悉其应用。
4. 明确双曲柄机构的概念，熟悉其应用。
5. 明确双摇杆机构的概念，熟悉其应用。
6. 能根据铰链四杆机构中曲柄存在的条件判断铰链四杆机构的基本类型。
7. 了解曲柄滑块机构的类型，熟悉其应用。
8. 了解导杆机构的类型，熟悉其应用。
9. 了解摇块机构、定块机构，熟悉其应用。
10. 掌握曲柄摇杆机构的运动特性。
11. 了解曲柄摇杆机构的止点位置和避免出现止点的方法。

任务引入

平面四杆机构是在各种机器中应用较广泛的机构之一，广泛应用于各种机械和仪表中。

例如：内燃机、牛头刨床、锻压机的主运动机构，以及摄影机的升降机构，颚式破碎机、搅拌机、汽车等机器中的传动或控制机构，都是平面连杆机构。

知识链接

一、平面四杆机构的基本形式

1. 平面四杆机构的基本概念

● 什么是平面连杆机构，有哪些特点？什么是平面四杆机构？

(1)平面连杆机构是由一定数量的构件用低副连接而成的机构，各构件均在相互平行的平面内运动。

平面连杆机构的主要特点：

①平面连杆机构中，各运动副均为面接触，传动时受到单位面积上的压力较小，且有利于润滑，所以磨损较轻，寿命较长。

②连杆机构以杆件为主，结构简单，易于制造。

③平面连杆机构能够实现多种运动形式的转换。如将原动件的转动转变为从动件的转动、往复移动和摆动；反之，也可将往复移动或摆动转变为连续的转动。

④可实现预定的运动轨迹或预定的运动规律。

⑤连杆机构的设计计算比较复杂烦琐，低副存在间隙，容易引起运动误差，其实现的运动规律也往往精度不高。

⑥平面连杆机构在高速运行时，将引起较大的振动和动荷载，因此此机构常用于速度较低的场合。

(2)最简单的平面连杆机构是由四个构件组成的，称为平面四杆机构。它是工程上最常用的平面连杆机构，以铰链四杆机构、曲柄滑块机构和导杆机构应用最广泛，如图 6-12 所示。其中，铰链四杆机构是平面四杆机构的基本形式。

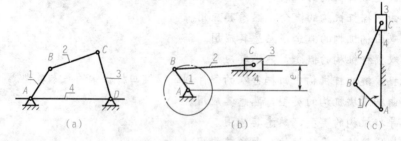

(a)　　　　　　　　(b)　　　　　　　　(c)

图 6-12　平面四杆机构

(a)铰链四杆机构；(b)曲柄滑块机构；(c)导杆机构

二、铰链四杆机构

● 铰链四杆机构有哪些组成部分，有哪些基本形式？

如图 6-12(a)所示，铰链四杆机构是由转动副将各构件的头尾连接起的封闭四杆系统，并将其中一个构件固定而组成的。被固定的构件 4 称为机架；与机架直接铰接的两个构件 1 和 3 称为连架杆；不直接与机架铰接的构件 2 称为连杆；连架杆如果能做整圈运动就称为曲柄；只能在一定角度范围内摆动的连架杆称为摇杆。

●铰链四杆机构的基本形式有哪些？

铰链四杆机构根据其两个连架杆的运动形式的不同，可以分为曲柄摇杆机构、双曲柄机构和双摇杆机构三种基本形式。

1. 曲柄摇杆机构

●什么是曲柄摇杆机构，有哪些应用？

在铰链四杆机构中，如果有一个连架杆做循环的整周运动（曲柄）而另一个连架杆做摇摆运动，则该机构称为曲柄摇杆机构，如图 6-13 所示。

图 6-14(a)所示的是雷达天线调整机构的原理图，机构由构件 AB、BC、固连有天线的 CD 及机架 AD 组成，构件 AB 可做整圈的转动，为曲柄；天线 3 作为机构的另一个连架杆而可做一定范围的摆动运动，为摇杆；随着曲柄的缓缓转动，天线仰角得到改变。

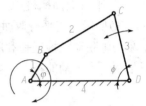

图 6-13 曲柄摇杆机构

图 6-14(b)所示为汽车刮水器，随着电动机带着曲柄 AB 转动，刮水器与摇杆 CD 一起摆动，完成刮水功能。

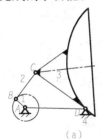 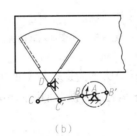 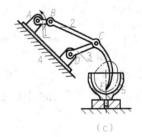

（a） （b） （c）

图 6-14 曲柄摇杆机构的应用

(a)雷达天线调整机构的原理图；(b)汽车刮水器；(c)搅拌器

图 6-14(c)所示为搅拌器，电动机带动曲柄 AB 转动，搅拌爪则与连杆 2 一起做往复的摆动运动，爪端点 E 做轨迹为椭圆的运动，从而实现搅拌功能。

2. 双曲柄机构

●什么是双曲柄机构，有哪些应用？

在铰链四杆机构中，两个连架杆均能做整周的运动（双曲柄），则该机构为双曲柄机构，如图 6-15 所示。

图 6-16 所示的惯性筛工作机构原理是双曲柄机构的应用实例。由于从动曲柄 3 与主动曲柄 1 的长度不同，故当主动曲柄 1 匀速回转 周时，从动曲柄 3 做变速回转一周，机构利用这一特点使筛子 6 做加速往复运动，从而提高了工作性能。

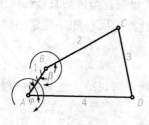

图 6-15　双曲柄机构

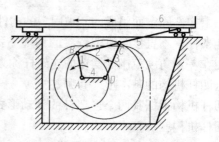

图 6-16　惯性筛工作机构

(1)平行双曲柄机构。当两曲柄的长度相等且平行布置时，构成了平行双曲柄机构。图 6-17(a)所示为正平行双曲柄机构，其特点是两曲柄转向相同、转速相等、连杆做平动。火车驱动轮联动机构正是利用了同向等速的特点，如图 6-17(b)所示；路灯检修车的载人升斗正是利用了平动的特点，如图 6-17(c)所示。

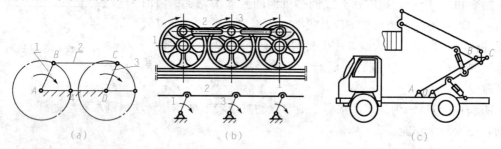

（a）　　　　　　　　　（b）　　　　　　　　　（c）

图 6-17　平行双曲柄机构

（a）正平行双曲柄机构；（b）火车驱动轮联动机构；（c）路灯检修车

(2)逆平行双曲柄机构。图 6-18(a)所示为逆平行双曲柄机构，其主要特点是两曲柄转向相反、转速不相等。车门的启闭机构正是利用了两曲柄反向转动的特点，如图 6-18(b)所示。

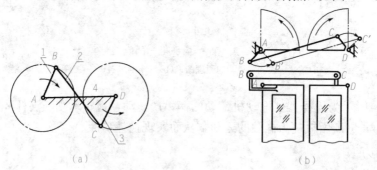

（a）　　　　　　　　　　　（b）

图 6-18　逆平行双曲柄机构

（a）逆平行双曲柄机构示意图；（b）车门的启闭机构示意图

3. 双摇杆机构

●什么是双摇杆机构，有哪些应用？

两根连架杆均只能在不足一周的范围内运动的铰链四杆机构称为双摇杆机构，如图 6-19所示。

图 6-20(a)所示为港口用起重机吊臂结构原理。其中，ABCD 构成双摇杆机构，AD 为机架，在主动摇杆 AB 的驱动下，随着机构的运动连杆 BC 的外伸端点 M 获得近似直线的水平运动，使吊重 Q 能做水平移动而大大节省了移动吊重所需要的功率。

图 6-20(b)所示为电风扇摇头机构。电动机与摇杆 AB 固连在一起，蜗轮与连杆 BC 固连为一体。电动机转动时，与电动机轴相连的蜗杆也转动，通过蜗杆与蜗轮的啮合使连杆 BC 作为主动件绕铰链 B 转动，带动连架杆 AB、CD 分别绕转动副 A、D 往复摆动，从而达到风扇摇头的目的。这样一台电动机同时驱动扇叶和摇头机构。

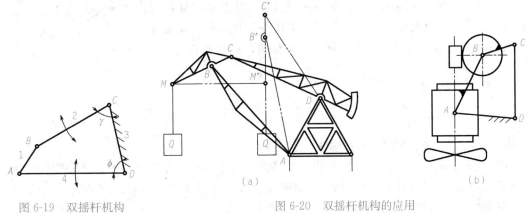

图 6-19　双摇杆机构

图 6-20　双摇杆机构的应用

(a)港口用起重机吊臂结构原理；(b)电风扇摇头机构

三、铰链四杆机构中曲柄存在的条件

铰链四杆机构分为曲柄摇杆机构、双曲柄机构和双摇杆机构三种类型。这三种类型的主要区别在于是否存在曲柄及存在几个曲柄。下面来说明铰链四杆机构中存在曲柄的条件。

● 铰链四杆机构中曲柄存在的条件是什么？

机构中是否存在曲柄，与各构件相对尺寸的大小以及作机架的构件有关。可以证明，铰链四杆机构中存在曲柄的条件为：

(1)曲柄为最短杆。

(2)最短杆与最长杆长度之和小于或等于其他两杆长度之和。

● 判断铰链四杆机构基本类型的准则有哪些？

(1)如果最短杆与最长杆长度之和小于或等于其他两杆长度之和，则有以下三种情形：

①若取与最短杆相邻的杆为机架，则此机构为曲柄摇杆机构。其中，最短杆为曲柄，最短杆对面的杆为摇杆。

②若取最短杆为机架，则此机构为双曲柄机构。

③若取最短杆对面的杆为机架，则此机构为双摇杆机构。

(2)如果最短杆与最长杆长度之和大于其他两杆长度之和，则无论取哪　杆为机架，均为双摇杆机构。

● 判断铰链四杆机构基本类型的例题。

【例 6-3】　铰链四杆机构 ABCD 如图 6-21 所示。试根据其基本类型判别准则，说明分

别以 AB、BC、CD、AD 各杆为机架时，铰链四杆机构分别是哪种基本类型？

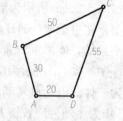

解： 经测量的各杆长度标于图中，最短杆 $AD=20$ mm，最长杆 $CD=55$ mm，其余两杆 $AB=30$ mm、$BC=50$ mm。由于

$$L_{min}+L_{max}=AD+CD=20+55=75<AB+BC=30+50=80$$

图 6-21　铰链四杆机构

故满足曲柄存在的条件是：

（1）以 AB 或 CD 为机架时，即最短杆 AD 是连架杆，故机构为曲柄摇杆机构。

（2）以 BC 为机架时，即最短杆 AD 是连杆，故机构为双摇杆机构。

（3）以 AD 为机架时，即最短杆 AD 是机架，故机构为双曲柄机构。

四、平面四杆机构的其他形式

1. 曲柄滑块机构

●曲柄滑块机构是怎样演变来的，有哪些类型？

图 6-22(a)所示为一曲柄摇杆机构，若将其摇杆 CD 的长度增加至无穷大，即转动副 D 将移至无穷远处；转动副 C 的轨迹 mn 将变成直线，于是构件 3 与 4 之间的转动副 D 将转化为移动副，该机构演化成曲柄滑块机构，如图 6-22(b)和(c)所示。这种含有移动副的四杆机构称为滑块四杆机构。

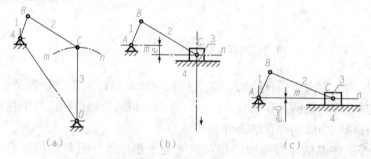

图 6-22　直线曲柄滑块机构的演变
(a)曲柄摇杆机构；(b)偏置曲柄滑块机构；(c)对心曲柄滑块机构

直线曲柄滑块机构分为两种情况：①如图 6-22(b)所示的偏置曲柄滑块机构，导路与曲柄转动中心有一个偏距 e；②当 $e=0$，即导路通过曲柄转动中心时，称为对心曲柄滑块机构，如图 6-22(c)所示。由于对心曲柄滑块机构结构简单，受力情况好，故在实际生产中得到广泛应用。因此，如果没有特别说明，通常所说的曲柄滑块机构即是对心曲柄滑块机构。

●曲柄滑块机构有哪些应用？

图 6-23 所示为曲柄滑块机构的应用。

图 6-23(a)所示为应用于内燃机、空压机、蒸汽机的活塞-连杆-曲柄机构，其中活塞相当于滑块。曲柄 AB 绕 A 点旋转，带动活塞(滑块)在缸体内做上下往复运动。

图 6-23(b)所示为用于自动送料装置的曲柄滑块机构，曲柄 AB 绕 A 点旋转一圈，滑块 C 沿导路运动，送出一个工件并退回，上面的工件便落下来；曲柄 AB 继续旋转，滑块 C

再送出一个工件并退回，如此循环。

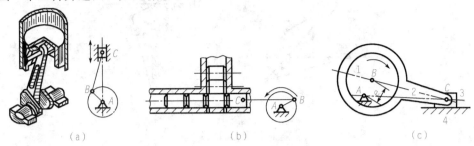

图 6-23　曲柄滑块机构的应用
(a)内燃机活塞工作机构；(b)自动送料装置；(c)偏心轮机构

当需要将曲柄做得很短时，结构上难以实现。一般采用图 6-23(c)所示的偏心轮机构，其偏心圆盘的偏心距 e 就是曲柄的长度。这种结构减少了曲柄的驱动力，增大了转动副的尺寸，提高了曲柄的强度和刚度，广泛应用于冲压机床、破碎机等承受冲击载荷的机械中。

2. 导杆机构

●导杆机构是怎样演变来的，有哪些类型？

在对心曲柄滑块机构中，导路是固定不动的，如果将导路做成导杆 4 铰接于 A 点，使之能够绕 A 点转动，并使 AB 杆固定，就变成了导杆机构，如图 6-24 所示。

如图 6-24(a)所示，当 $AB<BC$ 时，导杆 4 绕 A 点能够做整周的回转，称为旋转导杆机构。

如图 6-24(b)所示，当 $AB>BC$ 时，导杆 4 只能绕 A 点做不足一周的回转，称为摆动导杆机构。

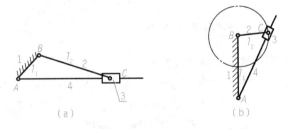

图 6-24　导杆机构
(a)旋转导杆机构；(b)摆动导杆机构

●导杆机构有哪些应用？

导杆机构具有很好的传力性，在插床、刨床等要求传递重载的场合得到应用。

图 6-25(a)所示为插床的工作机构，其中构件 1、2、3 和 4 组成旋转导杆机构，借此将曲柄的转动转变为导杆 4 的转动。然后再通过构件 5 使滑块 6 做往复运动，因此固接在滑块 6 上的插刀进行插削工作。

图 6-25(b)所示为牛头刨床的工作机构，其中构件 1、2、3 和 4 组成摆动导杆机构，借此将曲柄的转动转变为导杆 4 的摆动。然后再通过构件 5 使滑块 6 做往复运动，因此固接在滑块 6 上的刨刀进行刨削工作。

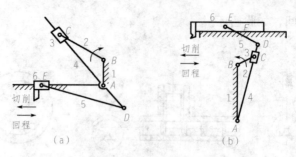

图 6-25　导杆机构的应用

(a)插床的工作机构；(b)牛头刨床的工作机构

3. 摇块机构和定块机构

●摇块机构是怎样演变来的，有哪些应用？

在对心曲柄滑块机构中，将与滑块铰接的构件固定成机架，使滑块只能摇摆不能移动，就成为摇块机构，如图 6-26(a)所示。

摇块机构在液压与气压传动系统中得到广泛应用，如图 6-26(b)所示。以车架为机架 AC，液压缸筒 3 与车架铰接于 C 点成摇块；主动件活塞及活塞杆 2 可沿缸筒中心线往复移动成导路，带动车箱 1 绕 A 点摆动，实现卸料或复位。

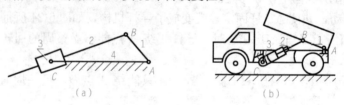

图 6-26　摇块机构的应用

(a)摇块机构；(b)摇块机构在自卸车上的应用

●定块机构是怎样演变来的，有哪些应用？

将对心曲柄滑块机构中的滑块固定为机架，就成为定块机构，如图 6-27(a)所示。

定块机构在手动泵筒上的应用如图 6-27(b)所示。用手上、下扳动杆 1，使作为导路的活塞及活塞杆 4 沿泵筒中心线往复移动，实现抽水或抽油。

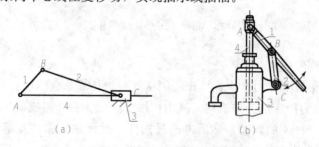

图 6-27　定块机构的应用

(a)定块机构；(b)定块机构在手动泵筒上的应用

4. 铰链四杆机构及其演化的主要形式的对比

铰链四杆机构及其演化主要形式的对比见表6-2。

表6-2　铰链四杆机构及其演化

固定构件	铰链四杆机构		含一个移动副的四杆机构（$e=0$）	
4	曲柄摇杆机构		曲柄滑块机构	
1	双曲柄机构		转动导杆机构	
2	曲柄摇杆机构		摇块机构	
			摆动导杆机构	
3	双摇杆机构		定块机构	

五、曲柄摇杆机构的运动特性及止点位置

● 曲柄摇杆机构的运动特性是什么？

在图 6-28 所示的曲柄摇杆机构中，设曲柄 AB 为主动件，曲柄 AB 在旋转过程中每周有两次与连杆重叠，如 B_1AC_1 和 AB_2C_2 两位置。

此时的摇杆位置 C_1D 和 C_2D 称为极限位置，简称极位。C_1D 与 C_2D 的夹角 φ 称为最大摆角。曲柄处于两极位，AC_1 和 AB_2 所形成的锐角 θ 称为极位夹角。

设曲柄 AB 以等角速度 ω_1 顺时针转动，从 AB_1 转到 AB_2 和从 AB_2 到 AB_1 所经过的角度分别为 $180°+\theta$ 和 $180°-\theta$，所需的时间为 t_1 和 t_2，相应的

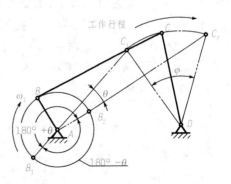

图 6-28　曲柄摇杆机构的运动特性

摇杆上 C 点经过的路线分别为 $\overparen{C_1C_2}$ 和 $\overparen{C_2C_1}$（$\overparen{C_1C_2}=\overparen{C_2C_1}$）。

主动曲柄由 AB_1 转至 AB_2（转过角度 $180°+\theta$），对应摇杆由 C_1D 摆至 C_2D，C 点的平均线速度为 v_1。主动曲柄由 AB_2 转至 AB_1（转过角度 $180°-\theta$），对应摇杆由 C_2D 摆至 C_1D，C 点的平均线速度为 v_2。

由于 AB 以等角速度 ω_1 转动，由 AB_1 转至 AB_2 的角度大于主动曲柄由 AB_2 转至 AB_1 的角度，显然有 $t_1>t_2$；又因为 $\overparen{C_1C_2}=\overparen{C_2C_1}$，则有 $v_1<v_2$。这种返回速度大于推进速度的现象称为急回特性。θ 越大，急回特性就越明显。

急回特性在实际应用中广泛用于单向工作的场合。因为它可以将空回程的非生产时间缩短，以提高生产率。如牛头刨床滑枕的运动。

●曲柄摇杆机构的止点位置在哪里？

1. 压力角（α）与传动角（γ）

如图 6-29 所示，主动曲柄的动力通过连杆作用于摇杆上的 C 点，驱动力 F 必然沿 BC 方向，将 F 分解为切线方向和径向两个分力 F_t 和 F_n，切向分力 F_t 与 C 点的运动方向 v_C 同向。

α 角是 F_t 与 F 的夹角，称为机构的压力角，即驱动力 F 与 C 点的运动方向的夹角。α 随机构位置的不同而有不同的值。它表明在驱动力 F 不变时，推动摇杆摆动的有效分力 F_t 的变化规律，α 越小，F_t 就越大。

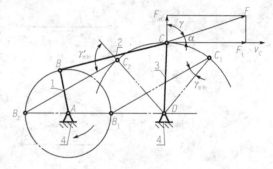

图 6-29　曲柄摇杆机构的压力角和传动角

压力角 α 的余角 γ 是连杆与摇杆所夹锐角，称为传动角。传动角 γ 随机构的不断运动而相应变化，为保证机构有较好的传力性能，应控制机构的最小传动角 γ_{min}。一般可取 $\gamma_{min}\geqslant40°$，重载高速场合取 $\gamma_{min}\geqslant50°$。

2. 曲柄摇杆机构的止点位置

从 $F_t=F\cos\alpha$ 可知，当压力角 $\alpha=90°$ 时，$F_t=0$，则连杆对从动件的作用力或力矩为零，此时连杆不能驱动从动件工作。机构所处的这种位置称为止点位置。

图 6-30(a)所示为曲柄摇杆机构。C_1D 为主动杆，当从动曲柄与连杆共线时，压力角 $\alpha=90°$，传动角 $\gamma=0°$；此时该机构处于止点位置，从动件要依靠惯性越过止点。

图 6-30(b)所示为曲柄滑块机构。如果以滑块作主动件，则当从动曲柄与连杆共线时，外力 F 无法推动从动曲柄转动。

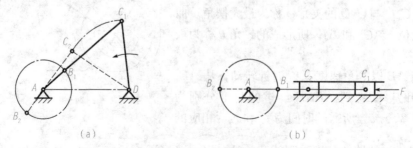

　　　　　（a）　　　　　　　　　　　　　　　　（b）

图 6-30　平面机构的止点位置

机构处于止点位置，一方面，驱动力作用降为零，从动件要依靠惯性越过止点；另一方面，方向不定，可能因偶然外力的影响造成反转。

●避免出现止点的方法有哪些？

止点的存在对机构运动是不利的，应尽量避免出现止点。四杆机构是否存在止点，取决于从动件是否与连杆共线。例如，图6-30(a)所示的曲柄摇杆机构，如果改摇杆主动为曲柄主动，则摇杆为从动件，就不存在止点；图6-30(b)所示的曲柄滑块机构，如果改曲柄为主动，就不存在止点。

当无法避免出现止点时，一般可以采用加大从动件惯性的方法，靠惯性帮助通过止点。例如，图6-31所示的内燃机曲轴上的飞轮组结构中，零件8就是飞轮。

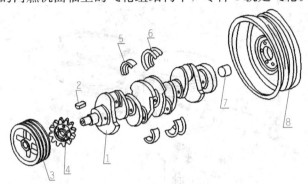

6-31　飞轮组结构

1—曲轴；2—键；3—带轮；4—正时齿轮；5—轴瓦；

6—组合止推轴瓦；7—滚针轴承；8—飞轮

●止点位置有哪些应用？

在实际工程应用中，有许多场合是利用止点位置来实现一定工作要求的。

图6-32(a)所示为一种连杆式快速夹具，它是利用止点位置来夹紧工件的。在连杆2上的手柄处加一作用力F，使连杆2与连架杆3成一直线，这时构件1的左端夹紧工件。外力F撤除后，工件给构件1的反力N，欲使构件1顺时针方向转动，但这时由于连杆机构的传动角γ＝0°而处于止点位置，从而保持了工件上的夹紧力。放松工件时，只要在手柄上加一个向上的力F，就可以使机构脱离止点位置，从而放松工件。这种夹紧方式广泛应用于钻夹具、焊接用夹具等场合。

图6-32(b)所示为飞机起落架处于放下机轮的位置，地面反力作用于机轮上，使AB件为主动件，从动件CD杆与连杆BC成一直线，机构处于止点，只要用很小的锁紧力作用于CD杆即可有效地保持支撑状态。当飞机升空离地要收起机轮时，只

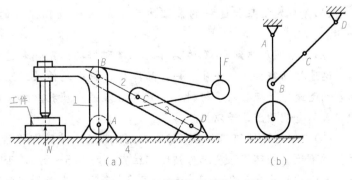

图6-32　机构止点位置的应用

需要用较小力量推动 CD 杆；因主动件改为 CD 杆，破坏了止点位置而轻易地收起机轮。这种支承方式还用于汽车发动机盖、折叠椅等场合。

任务实施

1. 任务
装配活塞与连杆，如图 6-33 所示。

2. 任务实施所需工具
机油、加热装置、铜锤等。

3. 任务实施步骤

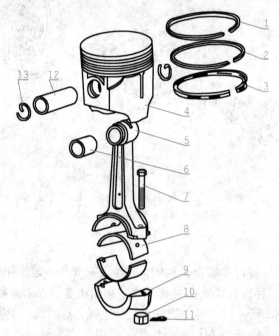

图 6-33　活塞连杆组分解图

1—第一道活塞环；2—第二道活塞环；3—油环；4—活塞；5—连杆；6—连杆衬套；7—连杆螺栓；
8—连杆轴承衬瓦；9—连杆瓦盖；10—连杆螺母；11—开口销；12—活塞销；13—活塞销锁环

（1）先确定活塞和连杆的装配方向。活塞销座孔偏位的方向和连杆大端的油孔在同一侧。

（2）把活塞加热到 80 ℃左右，在已修配好的活塞销和连杆衬套内涂些机油，取出活塞后，迅速把活塞插入一个座孔内，随即把连杆小端伸入活塞销座孔之间，对正活塞销，将活塞销迅速地轻轻敲入连杆衬套，直至活塞另一座孔。组装后扳动连杆，应有一定阻力感觉，否则查明原因，予以排除。

（3）安装活塞销锁环。活塞销装入销孔以后，应随即将活塞销锁环装复，以免漏装，发生拉缸事故。锁环槽深度应为锁环钢丝直径的 3/5～2/3，否则应车深锁环槽。锁环缩紧后与活塞销端面应有 0.2～0.5 mm 的间隙，否则应车磨活塞销端面。

同步练习

1. 什么是平面连杆机构？什么是平面四杆机构，有哪些特点？

2. 试述机架、曲柄、连杆和摇杆在组成机构中的特征。

3. 铰链四杆机构的基本形式有哪些？什么是曲柄摇杆机构？什么是双曲柄机构？什么是双摇杆机构？

4. 铰链四杆机构中，要满足哪些条件才有曲柄存在？

5. 根据哪些条件可以组成曲柄摇杆机构、双曲柄机构、双摇杆机构？

6. 试根据图 6-34 所标明的尺寸，判断各铰链四杆机构的类型。

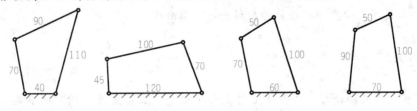

图 6-34　题 6 图

7. 如图 6-35 所示，各杆的尺寸为 $AB=450$ mm，$BC=400$ mm，$CD=300$ mm，$AD=200$ mm。若取 AD 杆为机架，试判断此机构的类型；若取 BC 杆为机架，试判断此机构的类型；若取 AB 杆为机架，试判断此机构的类型。简述各判断过程。

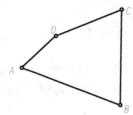

图 6-35　题 7 图

8. 曲柄滑块机构有哪些类型？有哪些应用？

9. 导杆机构有哪些类型？有哪些应用？

10. 摇块机构有哪些应用？定块机构有哪些应用？

11. 什么是机构的急回特性？

12. 用图形说明在什么条件下会产生止点位置。通常采用什么方法克服？

任务小结

有无可以将旋转运动转变为直线运动的平面连杆机构？它与前面学习的能够将旋转运动转变为直线运动的"齿轮齿条传动"和螺旋传动有什么区别？

任务三　认识和应用凸轮机构

任务目标

1. 认识凸轮机构的主要组成部分、应用及特点。
2. 了解凸轮机构的常见分类。
3. 能绘制尖顶对心直动从动件的盘形凸轮轮廓曲线。

任务引入

凸轮机构能将主动件的连续等速运动变为从动件的往复变速运动或间歇运动。凸轮机构可以实现各种复杂的运动要求，而且结构简单、紧凑。在汽车发动机的配气部件上就有运用，它还广泛应用于各种自动机械、仪器和操纵控制装置。

知识链接

一、凸轮机构的组成部分、应用和特点

在各种机器中，为了实现各种复杂的运动要求，经常用到凸轮机构，只要适当选择凸轮的轮廓，就可使从动件得到任意预定的运动规律，因此在自动化和半自动化机械中应用更为广泛。

●凸轮机构主要有哪些组成部分？

凸轮机构主要是由凸轮1、从动件2和机架3三个基本构件组成的高副机构。凸轮是一个具有曲线轮廓或凹槽的构件，如图6-36所示。

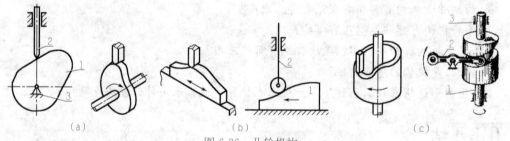

图 6-36　凸轮机构
(a)盘形凸轮；(b)移动凸轮；(c)圆柱凸轮

●凸轮机构的应用案例。

图6-37(a)所示为内燃机配气凸轮机构。盘形凸轮回转时，它的轮廓驱使从动件(阀杆)按预期的运动规律，沿固定导管运动，启、闭阀门。

图 6-37(b)所示为自动机床的横向进给机构。当具有曲线凹槽的圆柱凸轮 1 转动时,其凹槽的侧面将驱使从动件 2 绕 O 轴摆动;通过扇形齿轮与齿条的啮合传动,控制刀架按预期的运动规律进刀和退刀。

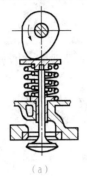 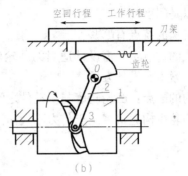

| (a) | (b) |

图 6-37　凸轮机构应用案例(一)

图 6-38(a)所示为靠模机构,用于仿形加工。移动凸轮 3,被弹簧压在凸轮上的滚子沿着凸轮 3 上的外轮廓运动,从而带动车刀做与凸轮 3 外轮廓相同的运动,车削出手柄 2。

图 6-38(b)所示为绕线机中用于排线的凸轮机构。当绕线轴快速转动时,绕轴线上的蜗杆带动蜗轮旋转,蜗轮与凸轮同轴,则蜗轮缓慢地转动,通过凸轮轮廓与尖顶 A 之间的作用,驱使摆杆往复摇动,因而使线均匀地绕在绕线轴上。

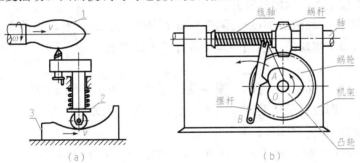

图 6-38　凸轮机构应用案例(二)

图 6-39(a)所示为应用于冲床上的凸轮机构。凸轮 1 固定在冲头上,当冲头上下往复运动时,凸轮驱使从动件 2 以一定的规律做水平往复运动,从而带动机械手装卸工件。

图 6-39(b)为自动送料机构。当带有凹槽的圆柱凸轮 1 转动时,通过槽中的滚子,驱使从运件 2 做往复移动。凸轮每回转一周,从动件即从储料器中推出一个毛坯送到加工位置。

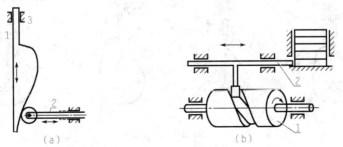

图 6-39　凸轮机构应用案例(三)

从以上例子可以看出，凸轮是一个具有某种特殊曲线轮廓或凹槽的构件。它通常做等速连续转动，但也有做摆动或往复直线运动的。被凸轮直接驱动的构件统称为从动件。从动件的运动完全取决于凸轮轮廓曲线的形状；可以是等速的，也可以是变速的；可以是连续的，也可以是间歇的。

●凸轮机构的特点有哪些？

凸轮机构的优点：只需设计适当的凸轮轮廓，便可使从动件得到所需的运动规律，并且结构简单、紧凑、设计方便。

凸轮机构的缺点：凸轮轮廓与从动件之间为点接触或线接触，易于磨损。

因此，凸轮机构通常多用于传力不大而需要实现特殊运动规律场合。

二、凸轮机构的分类

●凸轮机构按凸轮的形状分类。

（1）盘形凸轮。它是凸轮的最基本形式。这种凸轮是一个绕固定轴转动并且具有变化半径的盘形零件，如图 6-36(a)所示。

（2）移动凸轮。当盘形凸轮的回转中心趋于无穷远时，凸轮相对机架做直线运动，这种凸轮称为移动凸轮，如图 6-36(b)所示。

（3）圆柱凸轮。将移动凸轮卷成圆柱体，即成为圆柱凸轮，如图 6-36(c)所示。

●凸轮机构按从动件的形式分类。

（1）尖顶从动件。如图 6-36(a)、图 6-38(b)、图 6-40(a)所示，尖顶能与复杂的凸轮轮廓保持接触，因而能实现任意预期的运动规律；但磨损快、效率低，只适用于受力不大的低速凸轮机构。

（2）滚子从动件。如图 6-37(b)、图 6-38(a)、图 6-39(a)、图 6-40(b)所示，在从动件前端安装一个滚子，即成滚子从动件。滚子和凸轮轮廓之间为滚动摩擦，耐磨损，可以承受较大荷载，是最常用的一种形式。

（3）平底从动件。如图 6-37(a)、图 6-40(c)所示，从动件的一端为一平面，直接与凸轮轮廓相接触。若不考虑摩擦，凸轮对从动件的作用力始终垂直于端平面，传动效率高，且接触面间容易形成油膜，利于润滑，故常用于高速凸轮机构。它的缺点是不能用于凸轮轮廓有凹曲线的凸轮机构中。

（4）曲面底从动件。如图 6-40(d)所示，这是尖端从动件的改进形式，与尖端从动件相比不易磨损。

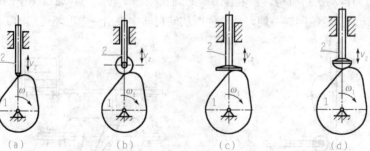

图 6-40 从动件不同的凸轮机构

(a)尖顶从动件；(b)滚子从动件；(c)平底从动件；(d)曲面底从动件

以上四种从动件都可以相对机架做往复直线移动或往复摆动。为使凸轮与从动件始终保持接触，可利用重力、弹簧力或凸轮上的凹槽来实现。

三、绘制尖顶对心直动从动件的盘形凸轮轮廓曲线

根据工作要求合理地选择从动件的运动规律之后，可以按照结构所允许的空间和具体要求，初步确定凸轮的基圆半径 r_b，然后绘制凸轮的轮廓。

图 6-40(a) 所示为从动件导路通过凸轮回转中心的尖顶对心直动从动件的盘形凸轮机构。现已知：从动件的位移线如图 6-41(a) 所示；凸轮的基圆半径 r_b（最小半径 r_{min}）；凸轮以等角速度 ω_1 顺时针回转。要求绘出此凸轮的轮廓。

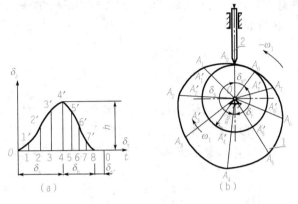

图 6-41 尖顶对心直动从动件的盘形凸轮机构

凸轮轮廓可按以下步骤作图求得[图 6-38(b)]：

(1) 以 O 点为圆心、r_b 为半径作基圆。

(2) 任取始点 A_0，自 OA_0 开始沿 ω_1 的相反方向取角度 δ_s、δ_h、$\delta_{s'}$，并将 δ_s 和 δ_h 各等分成若干等份（任选等份数目），如各等分成 4 份，得 A'_1，A'_2，…，A_8 各点。

(3) 以 O 点为始点分别过 A'_1，A'_2，A'_3，…，A'_7 各点作射线。

(4) 在位移线图上量取各个位移量，并在相应的射线上截取 $A_1A'_1 = 11'$，$A_2A'_2 = 22'$，…，$A_7A'_7 = 77'$，得反转后尖顶的一系列位置 A_1，A_2，…，A_8。

(5) 将 A_0，A_1，A_2，…，A_8 各点连成光滑的曲线，便得到所要求的凸轮轮廓。

任务实施

1. 任务

安装凸轮轴。

2. 任务实施所需工具

扳手、塞尺、机油等。

3. 任务实施步骤

(1) 把隔套、止推突缘、半圆键和正时齿轮按要求装配在凸轮轴上，装好螺母和锁圈，检查轴向间隙应符合规定的 0.1～0.2 mm。

（2）在凸轮轴承表面涂以机油，插入凸轮轴，对准正时齿轮记号后，将凸轮轴推入轴承孔内，拧紧止推突缘固定螺钉，检查齿轮啮合间隙为 0.025～0.075 mm。转动曲轴时，阻力应没有显著增加为宜。

同步练习

1. 凸轮机构由哪几个基本构件组成？其基本原理是什么？它有什么优缺点？

2. 按凸轮形状，凸轮机构分哪几类？按传动件形式分哪几类？

3. 尖顶对心直动从动件的盘形凸轮，顺时针方向转过 180° 时，从动杆等速上升 20 mm；再转过 90° 时，从动件静止不动；最后转过 90° 时，从动件等速下降 20 mm，试按反转法画出其轮廓曲线。基圆半径为 30 mm。

任务小结

凸轮机构广泛应用于各种自动机械、仪器和操纵控制装置，它之所以得到如此广泛的应用，主要是由于凸轮机构可以实现各种复杂的运动要求。因为从动件的运动规律取决于凸轮轮廓曲线，所以在应用时，只要根据从动件的运动规律来设计凸轮的轮廓曲线即可。

任务四　了解间歇运动机构

任务目标

1. 认识棘轮机构的主要组成部分、类型及工作原理。

2. 了解棘轮机构的特点及应用场合。

3. 认识槽轮机构的主要组成部分及工作原理。

4. 了解槽轮机构的应用及特点。

5. 认识不完全齿轮机构的工作原理、特点及应用场合。

任务引入

有些机械需要其构件周期性地运动和停歇。能够将原动件的连续转动转变为从动件周期性运动和停歇的机构，称为间歇运动机构。常见的间歇运动机构有棘轮机构、槽轮机构等。

知识链接

一、间歇运动机构

间歇运动的机构很多，下面介绍最常见的几种。

1. 棘轮机构

●棘轮机构有哪些主要组成部分？

典型的棘轮机构由棘爪 1、棘轮 2、摇杆 3、机架 4 等组成，如图 6-42 所示。摇杆及棘爪为主动件，棘轮为从动件。

●棘轮机构的类型有哪些？工作原理又是怎样的？

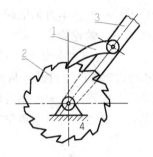

图 6-42　棘轮机构的组成

(1)内、外啮合棘轮机构及棘条机构。图 6-43(a)所示为外啮合棘轮机构。它由摆杆 1、棘爪 2、棘轮 3、止回爪 4 和机架 5 组成。通常以摆杆 1 为主动件、棘轮 3 为从动件。当摆杆 1 连同棘爪 2 顺时针转动时，棘爪进入棘轮的相应齿槽，并推动棘轮转过相应的角度；当摆杆逆时针转动时，棘爪在棘轮齿顶上滑过。为了防止棘轮跟随摆杆反转，应设置止回爪 4。这样，摆杆不断地做往复摆动，棘轮便得到单向的间歇运动。

图 6-43(b)所示为内啮合棘轮机构，其工作原理和外啮合棘轮机构类似。

图 6-43(c)所示为棘条机构，其工作原理和外啮合棘轮机构类似。

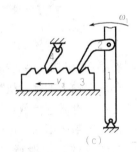

(a)　　　　　　　　　　(b)　　　　　　　　　　(c)

图 6-43　棘轮机构

(2)双动式驱动棘爪。如果要求摇杆往复运动时都能使棘轮向同一方向转动，则可采用图 6-44 所示的双动式棘轮机构。驱动棘爪可制成钩头，如图 6-44(a)所示；也可制成直头，如图 6-44(b)所示。

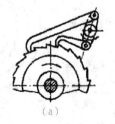
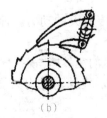

(a)　　　　　　　　　　(b)

图 6-44　双动式棘轮机构

（3）矩形齿双向棘轮机构。如果要求棘轮做双向间歇运动，可采用具有矩形齿的棘轮以及与之相适应的双向棘爪。图 6-45 所示为矩形齿双向棘轮机构。

如图 6-45(a)所示，驱动棘爪在实线位置时，棘轮只能做逆时针间歇转动；将驱动棘爪绕 A 点翻转成虚线位置时，棘轮只能做顺时针间歇转动。

如图 6-45(b)所示，当棘爪 1 按图示位置放置时，棘轮 2 只能做逆时针间歇转动。若将棘爪提起，并绕本身轴线转动 180° 后再插入棘轮齿槽，棘轮 2 只能做顺时针方向间歇转动。若将棘爪提起绕本身轴线转动 90°，棘爪将被架在壳体的平面上，使轮与爪脱开，当棘爪往复摆动时，棘轮静止不动。

（4）摩擦式棘轮机构。如图 6-46 所示，当摆杆 1 做逆时针转动时，利用楔块 2 与摩擦轮 3 之间的摩擦产生自锁，从而带动摩擦轮 3 和摆杆 1 一起转动；当摆杆做顺时针转动时，楔块 2 与摩擦轮 3 之间产生滑动。这时楔块 4 的自锁作用能阻止摩擦轮反转。这样，在摆杆不断做往复运动时，摩擦轮 3 便做单向的间歇运动。

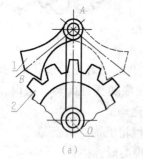
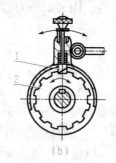

图 6-45　矩形齿双向棘轮机构
(a)双向棘轮机构；(b)回转棘爪双向棘轮机构

图 6-46　摩擦式棘轮机构

（5）超越式棘轮机构。棘轮机构除了常用于实现间歇运动外，还能实现超越运动。图 6-47 所示为自行车后轮轴上的棘轮机构。当脚蹬踏板时，经链轮 1 和链条 2 带动内圈具有棘齿的链轮 3 顺时针转动，再通过棘爪 4 的作用，使后轮轴 5 顺时针转动，从而驱使自行车前进。当自行车前进时，如果踏板不动，后轮轴 5 便会超越链轮 3 而转动，让棘爪 4 在棘轮齿背上划过，从而实现不蹬踏板的自由滑行。● 棘轮机构的特点有哪些？一般用于哪些场合？

（1）棘轮机构结构简单，容易制造，常用作防止转动件反转的附加保险机构。

（2）棘轮的转角和动停时间比可调，常用于机构工况经常改变的场合。

（3）棘轮机构不能传递大的动力，而且传动平稳性较差。

（4）棘轮是在动棘爪的突然撞击下启动的，在接触瞬间，理论上是刚性冲击，故棘轮机构只能用于低速的间歇运动场合。

棘轮机构一般用作机床及自动机械的进给机构、送

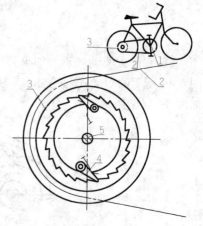

图 6-47　超越式棘轮机构

料机构、刀架的转位机构、精纺机的成形机构、牛头刨床的送进机构等，也广泛用于卷扬机、提升机及牵引设备中，作为防止机械逆转的止动器。

2. 槽轮机构

槽轮机构是由槽轮和圆柱销组成的单向间歇运动机构，又称马耳它机构。它常被用来将主动件的连续转动转换成从动件的带有停歇的单向周期性转动。

●槽轮机构主要有哪些组成部分？

槽轮机构主要有外啮合、内啮合及球面槽轮等类型。如图 6-48 所示，它由具有径向圆销的主动拨盘 1、具有径向槽的槽轮 2 和机架组成。

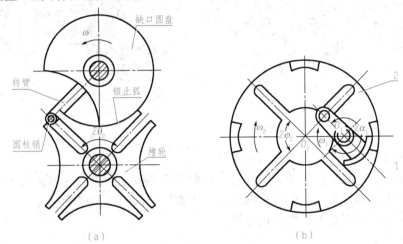

图 6-48　槽轮机构
(a)单背外啮合槽轮机构；(b)单背内啮合槽轮机构

●槽轮机构的工作原理是怎样的？

如图 6-48(a)所示，缺口拨盘做匀速转动时，驱动槽轮做时转时停的单向间歇运动。当拨盘上圆销未进入槽轮径向槽时，由于槽轮的内凹锁止弧被拨盘的外凸圆弧卡住，因此槽轮静止。

图示位置是圆销刚开始进入槽轮径向槽时的情况，这时锁止弧刚被松开，因此槽轮受圆销的驱动开始沿顺时针方向转动；当圆销离开径向槽时，槽轮的下一个内凹锁止槽又被拨盘的外锁止槽卡住，致使槽轮静止，直到圆销进入槽轮另一径向槽时，两者又重复上述运动循环。

在这个具有 4 个槽的槽轮机构中，当原动件回转一周时，从动件只转 1/4 周。同理，具有 n 个槽的槽轮机构，当原动件回转一周时，槽轮转过 $1/n$ 周。如此重复循环，槽轮便实现单向间歇转动。

图 6-48(b)所示的单背内啮合槽轮机构与单背外啮合槽轮机构的原理类似。

●槽轮机构的应用案例。

槽轮机构常用于某些自动机械(如自动机床、老式电影放映机等)和轻工机械中作转位机构。

(1)老式电影放映机的卷片机构。图 6-49 所示为槽轮机构在老式电影放映机中的应用。槽轮带有4个径向槽,当传动轴带动带圆柱销的拨盘每转过一周时,圆柱销带动槽轮转过90°,槽轮带动与其相连的轴转动90°,播放下一张影片。这样可使影片的画面能有一段停留时间。

(2)刀架转位机构。如图6-50所示,刀架上装有6种可以变换的刀具,槽轮上开有6个径向槽,当圆柱销进出槽轮依次推动槽轮转动60°时,可以间歇性地将下一道工序需要的刀具依次转换到工作位置上。

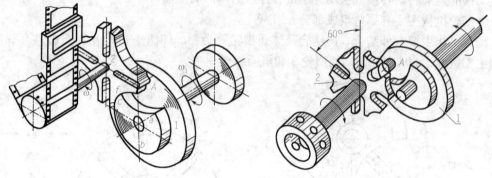

图6-49 老式电影放映机的卷片机构　　　　图6-50 刀架转位机构

●槽轮机构的特点有哪些?

槽轮机构的特点是结构简单,工作可靠,机械效率高,在进入和脱离接触时运动较平稳,能准确控制转动的角度,但槽轮的转角不可调节,故只能用于定转角的间歇运动机构中,如自动机床、电影机械、包装机械等。

二、不完全齿轮机构

如图6-51所示,不完全齿轮机构的主动轮1为只有一个齿或几个齿的不完全齿轮,从动轮2由正常齿和带有锁止弧的厚齿彼此相间组成。从动轮上的轮齿分布,根据机构运动时间与静止时间的要求而定。图6-51(a)和(b)所示为外啮合不完全齿轮机构,主动轮1与从动轮2转向相反。图6-51(c)所示为内啮合不完全齿轮机构,主动轮1与从动轮2转向相同。

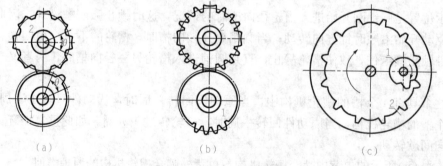

（a）　　　　　　　　　（b）　　　　　　　　　（c）

图6-51 不完全齿轮机构

(a)一个齿的不完全齿轮机构;(b)数个齿的不完全齿轮机构;(c)内啮合不完全齿轮机构

●不完全齿轮机构的工作原理是怎样的?

当主动轮1的有齿部分作用时,从动轮2就转动;当主动轮1的无齿圆弧部分作用时,从动轮 2 停止不动。因而当主动轮 1 连续转动时，从动轮 2 获得时转时停的间歇运动。

如图 6-51(a)所示，每当主动轮转过 1 圈时，从动轮 2 间歇转过 1/8 圈；如图 6-51(b)所示，每当主动轮转过 1 圈时，从动轮 2 间歇转过 1/4 圈。为了防止从动轮在停歇期间游动，两轮轮缘上各有锁止弧。

●不完全齿轮机构的特点有哪些？应用于哪些场合？

不完全齿轮机构的优点是：结构简单，制造方便，工作可靠。设计时，从动轮的运动时间和静止时间的比例可在较大范围内变化。

不完全齿轮机构的缺点是：当从动轮由停止突然到达某一转速时，或由某一转速突然停止时，此机构具有较大冲击，故一般只适用于低速、轻载场合。

不完全齿轮机构常用于多工位自动机和半自动机工作台的间歇转位以及某些间歇进给机构中。

任务实施

1. 任务

拆装棘轮扳手并绘制其原理图。

2. 任务实施所需工具

棘轮扳手、拆装工具、绘图工具、游标卡尺等。

3. 任务实施步骤

(1)拆开棘轮扳手。

(2)分析各零部件的作用，认识其工作原理。

(3)测量各零件的尺寸。

(4)绘制棘轮扳手的原理图。

(5)装配棘轮扳手。

同步练习

1. 棘轮机构有哪些主要组成部分？棘轮机构的类型有哪些，工作原理又是怎样的？

2. 槽轮机构主要有哪些组成部分？槽轮机构的工作原理是怎样的，特点有哪些？

3. 不完全齿轮机构的工作原理是怎样的？不完全齿轮机构的特点有哪些，应用于哪些场合？

任务小结

间歇运动机构是将主动件的均匀转动转换为时动时停的周期性运动的机构。读者可观察一下生活中哪些机器上应用了间歇机构。

项目七 认识液压传动

在汽车中很多地方都要用到液压传动，如减振系统、方向控制系统等。它同带传动、链传动、齿轮传动等机械传动一样，也是机器上的重要传动方式，它还有自身非常明显的优点，如能方便地实现自动控制、能实现液压能与机械能的转化。

任务一　分析液压传动系统的工作原理

任务目标

1. 掌握液压传动系统的工作原理。
2. 了解液压传动系统的组成部分和特点。

任务引入

液压传动是以液体作为工作介质，利用液体压力来传递动力和进行控制的一种传动方式。在自动化程度较高的专用机床、组合机床及数控机床上，液压传动使用很普遍。

知识链接

一、液压传动系统的工作原理

以液压千斤顶的原理图和机床工作台液压系统为例，来说明液压传动系统的工作原理。

1. 液压千斤顶的工作原理

●液压千斤顶的工作原理是怎样的？

如图 7-1 所示，以液压千斤顶为例，来说明液压传动系统的工作原理。

工作时，关闭放油阀 8，向上提起杠杆 1 时，活塞 3 就被带动上升，油腔 4 密封容积增大（此时单向阀 7 因受油腔 10 中油液的作用力而关闭），形成局部真空。于是油箱 6 中的油液在大气压力的作用下，推开单向阀 5 中的钢球，并沿着吸油管道进入油腔 4，如图 7-1(b)所示。

当用力压下杠杆 1 时，活塞 3 下降，油腔 4 下腔的容积缩小。油液受到外力挤压产生压力，迫使单向阀 5 关闭，并使单向阀 7 的钢球被推开，油腔 4 中油液的压力就传递到油腔 10，油液就被压入油腔 10，迫使它的密封容积变大，如图 7-1(c)所示。结果推动活塞 11连同重物 G 一起上升。

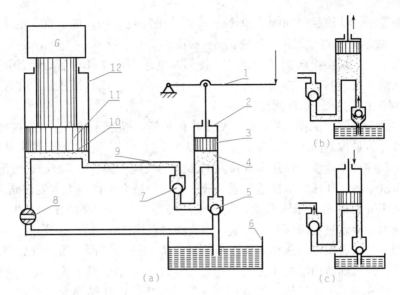

图 7-1　液压千斤顶的工作原理

(a)工作原理图；(b)泵的吸油过程；(c)泵的压油过程

1—杠杆；2—泵体；3，11—活塞；4，10—油腔；5，7—单向阀；6—油箱；8—放油阀；9—油管；12—缸体

如此反复提压杠杆 1，就可以使重物不断上升，达到顶起重物的目的。工作完毕，打开放油阀 8，使油腔 10 下腔的油液通过管路直接流回油箱，活塞 11 在外力和自重的作用下实现回程。

2. 机床工作台液压系统的工作原理

● 机床工作台液压系统的工作原理是怎样的？

如图 7-2 所示，以机床工作台液压系统为例，来说明液压传动系统的工作原理。

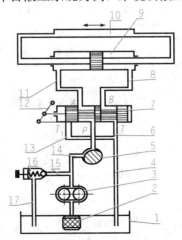

图 7-2　机床工作台液压系统的工作原理

1—油箱；2—过滤器，3—液压泵；4，6，8，11，13，14，15，17—管路；

5—流量控制阀；7—换向阀；9—液压缸；10—工作台；12—换向手柄；16—溢流阀

当液压泵 3 由电动机驱动旋转时，油液从油箱 1 经过过滤器 2 被吸入液压泵 3，再由液压泵3压入油管中。油液经换向阀7和管路11进入液压缸9的左腔，推动活塞杆及工作台10向右运动。液压缸9右腔的油液经管路8、换向阀7和管路6、4排回油箱。

扳动换向手柄，切换换向阀7的阀芯，使阀芯处于左端工作位置，则油液经换向阀7和管路8进入液压缸的右腔，推动活塞杆及工作台10向左运动。液压缸9左腔的油液经管路11、换向阀7和管路6、4排回油箱。

切换换向阀7的阀芯工作位置，使其处于中间位置，则液压缸9在任意位置停止运动。

调节和改变流量控制阀5的开度大小，可以调节进入液压缸9的流量，从而调节液压缸活塞及工作台的运动速度。液压泵3排除的多余油液经管路15、溢流阀16和管路17流回油箱。液压缸9的工作压力取决于负载。液压泵3的最大工作压力由溢流阀16调定，其调定值应为液压缸的最大工作压力及系统中油液经各类阀和管路的压力损失之和。因此，系统的工作压力不会超过溢流阀的调定值，溢流阀对系统还有超载保护作用。

从上述例子可以看出，液压传动的工作原理是以油液为工作介质，依靠密封容积的变化来传递运动，依靠油液内部的压力来传递动力。液压传动装置实质上是一种能量转换装置，它先将机械能转换为便于输送的液压能，然后又将液压能转换为机械能，以驱动工作机构完成所要求的各种动作。

二、系统的组成部分和液压传动的特点

1. 液压传动系统的组成部分

●液压传动系统有哪些组成部分？

一个完整的、能够正常工作的液压系统，应该由表7-1中5个主要部分组成。

表7-1　液压系统组成

序号	组 成		作 用	图7-2中的相应元件
1	动力部分	液压泵	将机械能转换成液压能，以推动液压缸等执行元件运动	液压泵3
2	执行部分	液压缸、液压马达	将液压能转换为机械能，并输出直线运动或旋转运动	液压缸9
3	控制部分	液压阀	控制液体压力、流量和流动方向	流量控制阀5、换向阀7、溢流阀16
4	辅助部分	油箱	储存液体	油箱1、过滤器2、管路4、6、8、11、13、14、15、17
		油管和管接头	输送液体	
		滤油器	对液体进行过滤	
		密封件	密封	
		压力表、流量计	测定液体压力或油量	
5	工作介质	液压油、其他合成液体	它在液压传动及控制中起传递运动、动力及信号的作用	

2. 液压传动的特点

●液压传动的特点有哪些？

液压传动与机械传动、电气传动比较，主要优点有：

(1)传递功率大，结构简单，布局灵活，便于和其他传动方式联用(电液联合控制)，易于实现远距离操纵和自动控制。

(2)速度、扭矩、功率均可作无级调节。

(3)传动平稳，能迅速换向和变速，调速范围宽，动作快速性好。

(4)机件在油中工作，润滑好，寿命长。

(5)系统能自动进行过载保护和保压。

(6)液压元件易于实现系列化、标准化、通用化。

由于液压传动有上述优点，所以在各个工业部门得到广泛应用。液压系统对油液的质量、密封、冷却、过滤，对元件的制造精度、安装、调整和维护要求较高，同时存在下列缺点：

(1)由于油液具有一定压缩性，以及泄漏不可能完全避免，因此传动比不恒定，速比不如机械传动准确。

(2)漏油会引起能量损失，此外，管道阻力以及机械摩擦也产生能量损失，所以液压传动效率较低。

(3)液压传动产生故障时，不易找到原因。

任务实施

1. 任务

装配液压制动系统。

2. 任务实施所需工具

制动液、机油、扳手等。

3. 任务实施步骤

(1)将已修理装配完好的制动主缸装回车架托架上，装上推杆、开口销以及踏板复位弹簧，然后装上出油管，扭紧接头，装好制动灯开关接线。

(2)将前后制动底板装于转向节及后桥凸缘上，如有垫片，应加垫片；如有挡油圈，应将挡油圈装上，然后再旋紧螺栓。

(3)将经过检验、清洗后的制动轮缸零件涂上制动液，依次将弹簧、皮碗、活塞等装入轮缸内，再装上护罩及放气螺钉套和螺塞，然后装于底板上，并旋紧固定螺栓。

(4)润滑制动蹄调整凸轮(连轴)，并用扳手来回转动，应转动灵活，然后扭到最低(小)位置。

(5)将制动蹄支承销及销孔涂抹机油润滑，将制动蹄及支承销装于制动底板上(摩擦片长的一片装在前面，支承销上的标记应在相对位置)，然后旋好支承销螺母。

(6)前、后轮的左、右制动蹄复位弹簧拉力应相等，并符合规定要求。连接各轮缸油管，不允许有漏油现象。

(7)装配轮毂并调整轴承间隙至符合规定。

同步练习

1. 液压传动是靠什么来传递力和运动的？
2. 液压传动的工作原理是怎样的？
3. 液压传动系统有哪些组成部分？
4. 液压传动有哪些主要优缺点？

任务小结

液压传动又称为流体传动，是根据17世纪帕斯卡提出的液体静压力传动原理而发展起来的一门新兴技术，是工农业生产中广为应用的一门技术。如今，液体传动技术水平的高低已成为一个国家工业发展水平的重要标志。

液压传动是利用由能源元件（液压泵）所产生的液体压力能，在控制元件（阀）的控制下，将液体压力能传输给执行元件、控制元件（液压缸或液压马达），转化为机械能，完成直线运动和旋转运动。

液压传动的工作介质是液压油。

与液压传动相类似的还有气压传动，它的工作原理、组成等与液压传动相似，只是工作介质是空气。

任务二　认识液压缸、液压泵与液压马达

任务目标

1. 理解液压缸的做功原理。
2. 分析活塞式液压缸的典型结构、柱塞式液压缸的典型结构、双作用伸缩式液压缸的典型结构。（选学）
3. 认识单活塞杆的差动连接。
4. 认识液压泵的工作原理、常用种类和图形符号。
5. 了解外啮合齿轮泵、叶片泵、柱塞泵的工作原理。（选学）
6. 了解轴向柱塞马达的工作原理、外啮合齿轮马达的工作原理、叶片马达的工作原理。（选学）
7. 了解液压马达的图形符号。

液压传动系统是由动力部分、执行部分、控制部分、辅助部分、液压油等几个部分组成的。在这个任务里我们来认识一下它的动力部分——液压泵；执行部分——液压缸和液压马达。

知识链接

一、液压缸

　　液压缸的作用是将液压泵供给的液压能转换为机械能而对负载做功，实现直线往复运动或旋转运动。液压缸有多种结构形式，最常用的有两种——活塞式液压缸和柱塞式液压缸。液压缸作为执行元件，只向外传递力和运动。

1. 液压缸的做功原理

　　●液压缸的做功原理是怎样的？

　　(1)液压传动的压力与推力。

　　①液压传动的压力。密封容器内的液体受外力的挤压，液体内部便会产生压力。在液体传动中，把单位面积上油液承受的挤压力称为压力，记作 p。如图 7-3(a)所示，重力 G 便是一种挤压力，它作用于面积为 A 的活塞上，使油液内部产生一定的压力：

$$p = \frac{G}{A}$$

　　②液压传动的推力。假如再从密封的缸体内强制性地挤进一些油液，使活塞克服负载 G，将重物举起来，那么活塞上必定有一个向上推举的力 F，如不考虑摩擦力，则应该有

$$F = G$$

　　推力 F 是压力油作用于活塞底部产生的。假如油液的压力一定，那么活塞面积 A 越大，则力 F 越大，它们之间的关系是

$$液压油缸推力(F) = 压力(p) \times 活塞面积(A)$$

　　液压油缸就是利用由油液的压力产生的活塞推力 F 来做功的。压力的单位为 Pa，$1\ \text{Pa} = 1\ \text{N/m}^2$。

　　(2)流量与速度。单位时间内流过某截面的液体体积称为流量。若在时间 t 内流过的液体体积为 V，则流量为

$$Q = \frac{V}{t}$$

　　计算流量时，液体体积的单位为 m^3，时间的单位为 s，故流量的单位为 m^3/s。

　　如图 7-3(b)所示，若面积为 A 的活塞在压力油推动下，经过时间 t 移动的距离为 s(从 a 移动到 b)，则在这段时间内流入油缸的液体体积 $V = A \cdot s$，流入的流量为

$$Q = \frac{V}{t} = A \cdot \frac{s}{t}$$

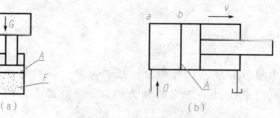

图 7-3　液压缸的压力与速度示意图

(a)液压缸的压力；(b)液压缸的速度

显然$\frac{s}{t}=v$，是活塞的移动速度，所以有

$$Q=A\cdot\frac{s}{t}=A\cdot v$$

或

$$v=\frac{Q}{A}$$

式中，v——活塞或缸的移动速度，m/s；

Q——输入液压缸的流量，m^3/s；

A——活塞的有效作用面积，m^2。

根据以上分析，进入油缸的流量 Q 越大，活塞的运动速度 v 也就越大；反之，如果流量 Q 越小，则速度 v 也越小。

2. 活塞式液压缸的典型结构(选学)

●活塞式液压缸的典型结构是怎样的?

(1)单作用活塞式液压缸。单作用活塞式液压缸的活塞仅单向运动，返回行程是利用自重、弹簧、负荷等外力将活塞推回。单作用活塞式液压缸多用于行程较短的场合，一般采取弹簧复位，如机床的夹紧、定位、抬刀等辅助液压缸。

图 7-4 所示为单作用活塞式液压缸，主要组成零件有缸体、活塞、活塞杆、端盖板、密封圈、弹簧等。

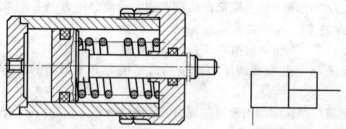

图 7-4　单作用活塞式液压缸(弹簧复位)及其符号

液压油从左端的注油口 P 进入，若油液产生的推力大于弹簧力，油液将推动活塞向右运动，从而带动活塞杆也向右运动。若油液将活塞推到要求的位置，油液压力保持不变，则活塞杆就在工作位置保持不动。若油液压力变小，小于弹簧力，活塞将在弹簧的作用下向左运动。

(2)双作用活塞式液压缸。这种液压缸工作时，主要通过向油缸中的活塞两侧交替输送液压油，利用活塞两侧液压油的压力差，实现活塞在正、反两个方向的往复运动。安装方式一般有缸体固定和活塞杆固定两种。

①双作用单活塞杆液压缸。图 7-5 所示为双作用单活塞杆液压缸的结构图，它主要由缸底 1、活塞 4 和活塞杆 7 等零件组成。工作时，若压力油通过油口 A 进油，油液推动活塞 4 及活塞杆 7 向右运动，液压缸右腔的油液通过油口 B 出油；若压力油通过油口 B 进油，推动活塞 4 及活塞杆 7 向左运动，液压缸左腔的油液通过油口 A 出油；这样实现了活塞在正、反两个方向的往复运动。

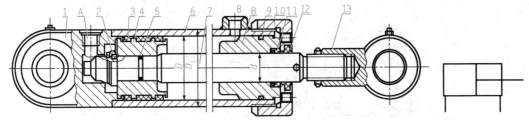

图 7-5 双作用单活塞杆液压缸的结构图及符号

1—缸底；2—卡键；3、5、9、11—密封圈；4—活塞；6—缸筒；
7—活塞杆；8—导向套；10—缸盖；12—防尘圈；13—耳轴

这种液压缸只在活塞的一侧装有活塞杆，因而两腔有效作用面积不同，往返的运动速度和作用力也不相等。无杆腔进油时，活塞杆推出作用力较大，速度较慢；有杆腔进油时，活塞杆拉入，只克服摩擦力的作用，作用力较小，速度较快。因而它适用于推出时承受工作荷载、拉入时为空载或工作荷载较小的液压装置。双作用单活塞杆液压缸是单边有杆，双向液压驱动，双向推力和速度不等。

双作用单活塞杆液压缸是应用最多的一种液压缸。这种液压缸在往复运动时，其轴线可随工作需要自由摆动，常用于液压挖掘机等工程机械。

②单活塞杆的差动连接。

●单活塞杆的差动连接是怎样的？

如图 7-6 所示，有杆腔（右腔）、无杆腔（左腔）和压力油源接通的连接方式称为差动连接。

差动连接时，活塞运动方向与无杆腔进油时的方向相同。这是因为相同的油压力在活塞两个面上产生两个方向相反、大小不同的推力。无杆腔内进油时所产生的推力比有杆腔进油时的推力大，产生了差动。

如图 7-6 所示，设差动连接时，活塞向右运动的速度为 v_3，则由有杆腔排出的油液流量 $Q'=A_2 v_3$。

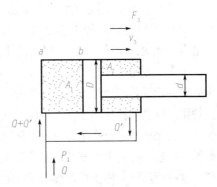

图 7-6 单活塞杆的差动连接

Q' 和液压泵供给的流量 Q 一起流入无杆腔，进入无杆腔的总流量 $Q+Q'=Q+A_2 v_3=A_1 v_3$，$A_1-A_2=\pi\dfrac{d^2}{4}$（$d$ 为活塞杆的直径），即差速连接时 $v_3=\dfrac{4Q}{\pi d^2}$。

由此可知，同样大小的液压缸在差动连接后，活塞运动速度 $v_3=4Q/\pi d^2$ 大于非差速连接时无杆腔进油时的速度 $v_1 = 4Q/\pi D^2$（D 为活塞的直径，$D > d$）；因此差动连接可以获得快速运动。在实际生产中，常采用液压缸差动连接形式来实现快进、工进、快退运动；但差动连接输出的力比非差速连接时压力油进入无杆腔的输出力小。

差动连接的活塞运动速度较快，产生的推力较小，所以常用于空载快进场合。

③双作用双活塞杆液压缸。如图 7-7 所示，双作用双活塞杆液压缸主要由缸体 4、活塞 5 和两个活塞杆 1 等零件组成，活塞 5 和活塞杆 1 用开口销连接。活塞杆 1 分别由导向套 7 和 9 导向，并用 V 形密封圈 6 密封，螺钉 2 用于 V 形密封圈的松紧。两个端盖 3 上开有进、出油口。

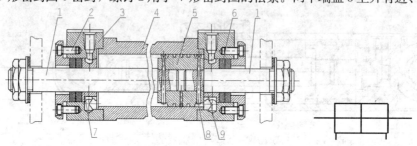

图 7-7　双作用活塞杆液压缸的结构图及符号

1—活塞杆；2—螺钉；3—端盖；4—缸体；5—活塞；6—密封圈；7，9—导向套；8—开口销

当液压缸右腔进油、左腔回油时，活塞左移；反之，活塞右移。双作用双活塞杆液压缸的活塞两侧均装有活塞杆。由于两边活塞杆直径相同，活塞两端的有效作用面积相同。若左、右两端分别输入相同压力和流量的油液，则活塞上产生的推力和往返速度也相等。

这种液压缸双边有杆，双向液压驱动，可实现等速往复运动。常用于往返速度相同且推力不大的场合，如用来驱动外圆磨床的工作台等。

3. 柱塞式液压缸的典型结构(选学)

●柱塞式液压缸的典型结构是怎样的？

前面所介绍的活塞式液压缸的应用非常广泛，但这种液压缸由于缸孔加工精度要求很高，当行程较长时，加工难度大，因此制造成本增加。在生产实际中，某些场合所用的液压缸并不要求双向控制，柱塞式液压缸正是满足了这种使用要求的一种价格低廉的液压缸。

如图 7-8 所示，右端 P 为注油口。油液从注油口进入，推动柱塞 2 向左运动。它只能实现一个方向的运动，回程靠重力或弹簧力或负载将柱塞推回。为了得到双向运动，通常成对、反向布置使用。柱塞 2 靠导向套 3 来导向，柱塞与缸体不接触，因此缸体内壁不需精加工。柱塞是端部受压，为保证柱塞缸有足够的推力和稳定性，柱塞一般较粗，质量较大，水平安装时易产生单边磨损，故柱塞缸宜垂直安装。水平安装使用时，为减小质量和提高稳定性而用无缝钢管制成柱塞。这种液压缸常用于长行程机床，如龙门刨、导轨磨床、大型拉床、冶金炉等。

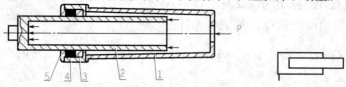

图 7-8　柱塞式液压缸及其符号

1—缸体；2—柱塞；3—导向套；4—V 形密封圈；5—压盖

4. 双作用伸缩式液压缸的典型结构(选学)

● 双作用伸缩式液压缸的典型结构是怎样的?

如图 7-9 所示,双作用伸缩式液压缸主要组成零件有缸体 5、活塞 4、套筒活塞 3 等。缸体两端有进、出油口 A 和 B。当 A 口进油、B 口回油时,先推动一级活塞 3,连同二级活塞 4 一起向右运动,由于一级活塞的有效作用面积大,所以运动速度低而推力大。一级活塞右行至终点时,二级活塞 4 在压力油的作用下继续向右运动,因其有效作用面积小,所以运动速度快,但推力小。若 B 口进油,A 口回油,则二级活塞 4 先退回至终点,然后一级活塞 3 才退回。

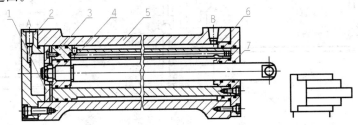

图 7-9 双作用伸缩式液压缸及其符号

1—压板;2,6—端盖;3—套筒活塞;4—活塞;5—缸体;7—套筒活塞端盖

伸缩式液压缸双向液压驱动,伸出由大到小逐节推出,由小到大逐节缩回。其活塞杆伸出的行程长,收缩后的结构尺寸小,适用于翻斗汽车、起重机的伸缩臂等。

二、液压泵

液压泵是将电动机(或其他原动机)输出的机械能转换为液体压力能,向系统供油的能量转换装置。在液压系统中,液压泵是动力元件,是液压系统的重要组成部分。

1. 液压泵的工作原理

● 液压泵的工作原理是怎样的?

图 7-10 所示为千斤顶液压传动示意图,其液压泵的工作原理为:

当提起杠杆 1,活塞 3 随之上升时,单向阀 7 封闭,油腔 4 的容积逐渐增大,产生局部真空,油箱 6 内的油液在大气压力的作用下,顶开单向阀 5 进入油腔 4,这时液压泵吸油。当压下杠杆 1,活塞 3 随之下移时,单向阀 5 封闭,油腔 4 的容积逐渐缩小,腔内的油液受到挤压后,顶开单向阀 7 进入工作系统中,这时泵压油。由上可知,液压泵是靠密封容积的变化来实现吸油和压油的,所以称为容积泵。其正常工作的必备条件是:

(1)应具备密封容积,如图 7-10 中的油腔 4。

(2)密封容积能交替变化。工作腔周而复始地增大和减小。当它增大时,与吸油口相连;当它减小时,与排油口相通。

(3)应有配流装置。图 7-10 中的单向阀 5 和 7 就是配流装置。吸油口与排油口不能沟通,即不能同时开启。

(4)吸油过程中,油箱必须与大气相通,这是吸油的必要条件。压油过程中,实际油压取决于输出油路中所遇到的阻力,即取决于外界负载,这是形成油压的条件。

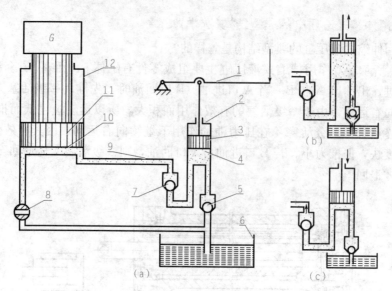

图 7-10　千斤顶液压传动示意图

1—杠杆；2—泵体；3，11—活塞；4，10—油腔；5，7—单向阀；6—油箱；8—放油阀；9—油管；12—缸体

2. 液压泵的常用种类和图形符号

●液压泵的常用种类和图形符号有哪些？

液压泵按其在单位时间内所能输出的油液的体积是否可调节分为定量泵和变量泵两类；按结构形式分为齿轮式、叶片式和柱塞式三大类。表 7-2 所示为液压泵的图形符号。

表 7-2　液压泵的图形符号

名称	单向定量泵	单向变量泵	双向定量泵	双向变量泵	并联单向定量泵
图形符号					

3. 外啮合齿轮泵的工作原理(选学)

●外啮合齿轮泵的工作原理是怎样的？

图 7-11 所示为外啮合齿轮泵的工作原理图。一对互相啮合的齿轮装在泵体内，齿轮两端面靠端盖密封，轮齿由泵体圆弧形内表面密封，在齿轮的各个齿间形成密封的工作容积。

齿轮泵主要由主、从动齿轮，驱动轴，泵体及端盖等主要零件构成。泵体内相互啮合的主、从动齿轮 2 和 3 与两端盖及泵体一起构成密封工作容积，齿轮的啮合点沿啮合线将左、右两腔隔开，形成吸、压油腔。当齿轮按图示方向旋转时：

(1)右侧吸油腔内的轮齿脱离啮合，密封工作腔容积不断增大，形成部分真空，油液在大气压力作用下从油箱经吸油管进入吸油腔，并被旋转的轮齿带入左侧的压油腔。

(2)左侧压油腔内的轮齿不断进入啮合，使密封工作腔容积减小，油液受到挤压，就从出油口进入液压系统中。

这就是齿轮泵的吸油和压油过程。

4. 叶片泵的工作原理(选学)

●叶片泵的工作原理是怎样的?

(1)单作用叶片泵的工作原理。图 7-12 所示为单作用叶片泵的工作原理图。它由转子 1、定子 2、叶片 3 和配流盘等元件组成。定子 2 的内表面是圆柱面,转子 1 和定子 2 中心之间存在偏心,叶片 3 可在转子 1 的槽内灵活滑动。在转子 1 转动时产生的离心力以及叶片根部油压力作用下,叶片顶部贴紧在定子 2 的内表面上;于是,两相邻叶片、配油盘、定子 2 和转子 1 便形成了一个密封的工作腔。当转子按逆时针方向旋转时:

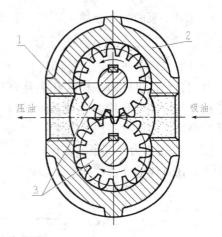

图 7-11　外啮合齿轮泵的工作原理图

1—泵体;2—主动齿轮;3—从动齿轮

①图右侧的叶片向外伸出,密封工作腔容积逐渐增大,产生真空,油液通过吸油口、配油盘上的吸油窗口进入密封工作腔。

②图左侧的叶片向槽内缩进,密封腔的容积逐渐缩小,密封腔中的油液经排油口被输送到液压系统中。

这种泵在转子旋转一圈的过程中,吸油、压油各一次,故称单作用叶片泵。若改变定子和转子间偏心距的大小,便可改变泵的排量,形成变量叶片泵。

(2)双作用叶片泵的工作原理。图 7-13 所示为双作用叶片泵的工作原理图。

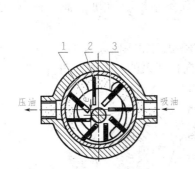

图 7-12　单作用叶片泵的工作原理图

1—转子;2—定子;3—叶片

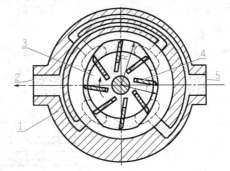

图 7-13　双作用叶片泵的工作原理图

1—定子;2—压油口;3—转子;4—叶片;5—吸油口

双作用叶片泵的工作原理和单作用叶片泵相似,不同之处只在于:双作用叶片泵定子内表面是由两段长半径圆弧、两段短半径圆弧和四段过渡曲线组成的,且定子和转子是同心的。

当转子顺时针方向旋转时,密封工作腔的容积在左上角和右下角处逐渐增大,为吸油区;在左下角和右上角处逐渐减小,为压油区;吸油区和压油区之间有一段封油区,可将吸、压油区隔开。

这种泵的转子每旋转一圈,每个密封工作腔完成吸油和压油动作各两次,所以称为双作用叶片泵。泵的两个吸油区和两个压油区是径向对称的。

5. 柱塞泵的工作原理(选学)

●柱塞泵的工作原理是怎样的?

柱塞泵是通过柱塞在柱塞孔内往复运动时密封工作容积的变化来实现吸油和排油的。由于柱塞与缸体内孔均为圆柱表面,滑动表面配合精度高,所以这类泵的特点是泄漏小,容积效率高,可以在高压下工作。

图 7-14 所示为柱塞泵的工作原理图。偏心轮 1 旋转时,柱塞 2 在偏心轮 1 和弹簧 4 的作用下,在缸体的柱塞孔内左、右往复移动,缸体与柱塞之间构成容积可变的密封工作腔。

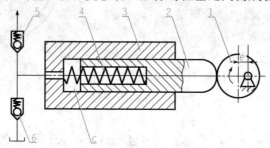

图 7-14　柱塞泵的工作原理图

1—偏心轮;2—柱塞;3—泵体;4—弹簧;5—压油阀;6—吸油阀;c—工作腔

当偏心轮 1 由电动机带动旋转时,柱塞 2 做往复运动。柱塞 2 右移时,密封工作腔 c 的容积逐渐增大,形成局部真空,油箱中的油液在大气压力作用下,通过吸油阀 6 进入工作腔 c,这是吸油过程。当柱塞左移时,工作腔 c 的容积逐渐减小,压油阀 5 被打开,腔内油液进入系统,这是压油过程。偏心轮不断旋转,泵就不断地吸油和压油。在工作过程中,吸、压油阀 6、5 不会同时开启。

(1)轴向柱塞泵的工作原理。轴向柱塞泵可分为斜盘式和斜轴式两大类。

①斜盘式轴向柱塞泵。图 7-15 所示为斜盘式轴向柱塞泵的工作原理图。

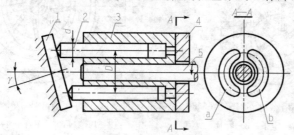

图 7-15　斜盘式轴向柱塞泵的工作原理图

1—斜盘;2—柱塞;3—缸体;4—配流盘;5—传动轴

a—吸油口;b—压油口

斜盘式轴向柱塞泵由斜盘 1、柱塞 2、缸体 3、配流盘 4 等主要零件组成,斜盘 1 和配流盘 4 是不动的,传动轴带动缸体 3、柱塞 2 一起转动。柱塞靠机械装置或在低压油作用下压紧在斜盘上。

当传动轴按图示方向旋转时:柱塞在其沿斜盘自下而上回转的半周内逐渐向缸体外伸

出，使缸体孔内密封工作腔容积不断增加，产生局部真空，从而通过配流盘上的吸油口 a 吸入油液；柱塞在其自上而下回转的半周内又逐渐向里推入，使密封工作腔容积不断减小，将油液从配流盘口 b 向外排出。

缸体每旋转一圈，每个柱塞往复运动一次，完成一次吸油动作。改变斜盘的倾角 γ，就可以改变密封工作容积的有效变化量，实现泵的变量。

②斜轴式轴向柱塞泵。图 7-16 所示为斜轴式轴向柱塞泵的工作原理图。

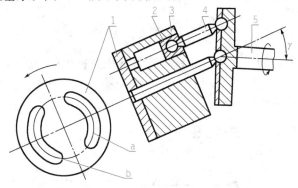

图 7-16 斜轴式轴向柱塞泵的工作原理图

1—配流盘；2—柱塞；3—缸体；4—连杆；5—传动轴

a—吸油口；b—压油口

斜轴式轴向柱塞泵的传动轴 5 的轴线相对于缸体 3 有倾角 γ，柱塞 2 与传动轴圆盘之间用相互铰接的连杆 4 相连。

当传动轴 5 沿图示方向旋转时，连杆 4 就带动柱塞 2 连同缸体 3 一起绕缸体轴线旋转，柱塞 2 同时也在缸体的柱塞孔内做往复运动，使柱塞孔底部的密封腔容积不断发生增大和缩小的变化，通过配流盘 1 上的 a 和 b 实现吸油和压油。

与斜盘式泵相比，斜轴式泵缸体轴线与驱动轴的夹角 γ 较大，变量范围较大；但外形尺寸较大，结构也较复杂。目前，斜轴式轴向柱塞泵的使用相当广泛。

(2)径向柱塞泵的工作原理。图 7-17 所示为径向柱塞泵的工作原理图。

由图 7-17 可见，径向柱塞泵的柱塞径向布置在缸体上，在转子 2 上径向均匀分布数个柱塞孔，孔中装有柱塞 1；转子 2 的中心与定子 4 的中心之间有一个偏心量 e。在固定不动的配流轴 5 上，相对于柱塞孔的部位有相互隔开的上、下两个配流窗口，该配流窗口又分别通过所在部位的两个轴向孔与泵的吸、排油口连通。

当转子 2 旋转时，柱塞 1 在离心力及机械回程力作用下，它的头部与定子 4 的内表面紧紧接触，由于转子 2 与定子 4 存在偏心，所以柱塞 1 在

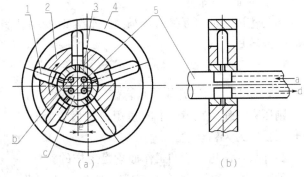

图 7-17 径向柱塞泵的工作原理图

(a)端面局部剖视图；(b)轴向连接情况

1—柱塞；2—转子；3—衬套；4—定子；5—配流轴；

a，b—吸油腔；c，d—压油腔

随转子转动的同时又在柱塞孔内做径向往复滑动。当转子 2 按图示箭头方向旋转时，上半周的柱塞皆往外滑动，柱塞孔的密封容积增大，通过轴向孔吸油；下半周的柱塞皆往里滑动，柱塞孔内的密封工作容积缩小，通过配流盘向外排油。

当移动定子，改变偏心量 e 的大小时，泵的排量就发生改变；当移动定子使偏心量从正值变为负值时，泵的吸、排油口就互相调换，因此，径向柱塞泵可以是单向或双向变量泵。

三、液压马达

液压马达是液压系统的一种执行元件，它将液压泵提供的液体压力能转变为其输出轴的机械能(转矩和转速)。

1. 轴向柱塞马达的工作原理(选学)

●轴向柱塞马达的工作原理是怎样的？

图 7-18 所示为轴向柱塞马达示意图。

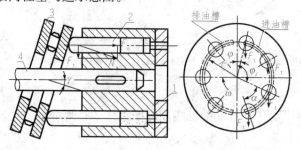

图 7-18　轴向柱塞马达示意图

1—配流盘；2—柱塞；3—斜盘；4—主轴

当压力油输入液压马达时，处于压力腔(进油腔)的柱塞 2 被顶出，压在斜盘 3 上。设斜盘 3 作用在柱塞 2 上的反作用力为 N，N 可以分解为两个分力——轴向分力 F_a 和垂直轴向的分力 F_t。其中，分力 F_a 和作用在柱塞后端的液压力平衡；分力 F_t 使缸体产生转矩，从而带动主轴 4 旋转。

当马达进出油口互换时，马达反转，改变马达斜盘倾角，马达排量改变，从而调节输出转速或转矩。

2. 外啮合齿轮马达的工作原理(选学)

图 7-19 所示为渐开线外啮合齿轮马达示意图。如果不用原动机，而将液压油输入齿轮泵，则压力油作用在齿轮上的扭矩将使齿轮旋转，并可在齿轮轴上输出一定的转矩，这时齿轮泵就成为齿轮马达。

●外啮合齿轮马达的工作原理是怎样的？

如图 7-19 所示，两个相互啮合的齿轮Ⅰ、Ⅱ的中心为 O_1 和 O_2，啮合点半径为 r_1 和 r_2。齿轮Ⅰ为带有负载的输出轴。

当压力为 p_1 高压油液(p_2 为回油压力)进入齿轮马达的进油腔(由齿 1、2、3 和 1′、2′、3′、4′的表面及壳体和端盖的有关内表面组成)之后，由于啮合点的半径小于齿顶圆半径，

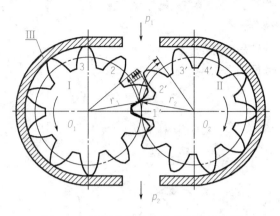

图 7-19　渐开线外啮合齿轮马达示意图

故在齿 1 和 2′ 的齿面上便产生如箭头所示的不平衡液压力。该液压力对于中心 O_1 和 O_2 产生转矩。在该转矩的作用下，齿轮马达按图示方向连续地旋转，从而带动与齿轮相连接的输出轴旋转。随着齿轮的旋转，油液被带到回油腔排出。只要连续不断地向齿轮马达提供压力油，液压马达就连续旋转，输出转矩和转速。

3. 叶片马达的工作原理(选学)

●叶片马达的工作原理是怎样的？

叶片马达的结构通常是双作用定量马达，它主要由定子、转子、叶片、配流盘、输出轴、外壳等组成，如图 7-20 所示。

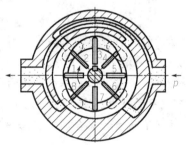

图 7-20　叶片马达示意图

当压力为 p 的油液从进油口进入叶片 1 和 3 之间时，叶片 2 因两面均受液胀油的作用，所以不产生转矩。叶片 1、3 上，一面是高压油，另一面为低压油。由于叶片 3 伸出的面积大于叶片 1 伸出的面积，因此作用于叶片 3 上的总液压力大于作用于叶片 1 上的总液压力，于是压力差使转子产生顺时针方向的转矩。同样，压力油进入叶片 5 和 7 之间时，叶片 7 伸出的面积大于叶片 5 伸出的面积，也产生顺时针转矩。这样就把油液的压力能转变成了机械能。这就是叶片马达的工作原理。当输油方向改变时，液压马达就反转。

事实上，液压马达和液压泵在结构上基本相同，并且也是靠密封容积的变化进行工作的。它们在工作原理上是互逆的，当向泵输入压力油时，其轴输出转速和转矩就成为马达。齿轮式、叶片式、柱塞式泵除阀式配流外，理论上都可以作液压马达用。

4. 液压马达的图形符号

●液压马达的图形符号是怎样的？

液压马达的图形符号见表7-3。

表7-3　液压马达的图形符号

名称	单向定量 液压马达	单向变量液压马达	双向定量 液压马达	双向变量 液压马达
圆形符号				

任务实施

1. 任务

检修柱塞式喷油泵的柱塞与柱塞套。

2. 任务实施所需工具

千分尺、扳手等。

3. 任务实施步骤

(1)检查柱塞与柱塞套的滑动性能。将柱塞与柱塞套保持与水平线成60°角左右的位置，在几个方向拉出柱塞，它能自动慢慢地滑下即为合格。

(2)检查柱塞与柱塞套的密封性能。一手握住柱塞套，用两个手指堵住柱塞套顶和侧面的进油孔，另一手拉出柱塞，应感到有显著的吸力，放松柱塞时，它能立即缩回原位即为合适。

(3)检查柱塞控制套缺口与柱塞下凸块的配合间隙，若超过0.08 mm，必须进行修整或更换。

(4)检查柱塞套与泵体接触面有无变形、擦伤和凸凹不平，必要时可用工具修整。

(5)检查柱塞与柱塞套的摩擦面的磨损或刮伤情况。如不符合要求，应予成套更换。

(6)柱塞的端面、斜槽、柱塞套的油孔边缘等应是尖锐的，若有凸起、凹陷、倒棱、剥落及毛刺，应予更换。

同步练习

1. 液压缸如何对外做功？

2. 差动油缸的连接方式有什么特点？

3. 常见的液压缸有哪些？各有什么特点？各自的图形符号是怎样的？

4. 液压泵的工作原理是怎样的？

5. 常用的液压泵有哪些？各有什么特点？各自的图形符号是怎样的？

6. 液压马达的工作原理是怎样的？

7. 液压马达的图形符号是怎样的？

任务小结

　　液压泵是将原动机的机械能转换成输出送到系统中的油液的压力能的动力元件，液压马达是将压力能转变成机械能并对外做功的执行元件，它们的功用刚好相反。液压缸是将液压能转变为直线运动机械能的一种能量转换的液压执行元件。读者一定要认真体会一下它们各自的工作原理、区别及应用。

任务三　熟悉液压控制阀

任务内容

1. 理解单向阀的作用和工作原理。

2. 了解换向阀的作用，能识读其常用种类。

3. 了解滑阀式换向阀的工作原理，会认其图形符号。

4. 认识换向阀常用控制方法的图形符号。

5. 了解换向阀的常见结构。（选学）

6. 了解溢流阀的结构（选学）、工作原理（选学）、主要作用及图形符号。

7. 了解直动式减压阀的结构和工作原理、先导式减压阀的结构和工作原理、直动式顺序阀的结构、直动式内控顺序阀的工作原理（选学）。

8. 认识减压阀、顺序阀的作用及图形符号。

9. 了解普通节流阀与调速阀的结构（选学）。

10. 认识节流阀、调速阀的作用及图形符号。

11. 了解柱塞式压力继电器的工作原理及图形符号。

知识链接

　　液压控制阀是液压系统的控制元件，用来控制和调节液流方向、压力和流量，从而控制执行元件的运动方向、输出的力或力矩、运动速度、动作顺序，以及限制和调节液压系统的工作压力、防止过载等。根据用途和工作特点的不同，控制阀主要可以分以下三类：

　　方向控制阀——单向阀、换向阀等。

　　压力控制阀——溢流阀、减压阀、顺序阀等。

　　流量控制阀——普通节流阀、调速阀等。

一、方向控制阀

控制油液流动方向的阀称为方向控制阀，简称方向阀。它分为单向阀和换向阀两大类。

1. 单向阀

●单向阀的作用有哪些？其工作原理是怎样的？

单向阀的作用是使油液按一个方向流动，不能反向流动。

(1)普通单向阀。如图7-21(a)所示，压力油从阀体左端的通口 P_1 流入时，克服弹簧3作用在阀芯2上的力，使阀芯向右移动，打开阀口，并通过阀芯2上的径向孔a、轴向孔b从阀体右端的通口 P_2 流出。若压力油从阀体右端的通口 P_2 流入，油液压力和弹簧力一起使阀芯锥面压紧在阀座上，使阀口关闭，油液无法通过。钢球式单向阀的工作原理与锥阀式单向阀的工作原理相同。

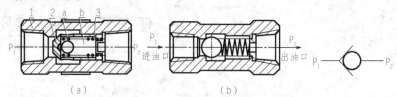

图 7-21　普通单向阀的结构及符号

(a)锥阀式单向阀；(b)钢球式单向阀

1—阀体；2—阀芯；3—弹簧；

a—径向孔；b—轴向孔

(2)液控单向阀。如图7-22所示，当控制口 K 处于无压力油通入时，它的工作机理和普通单向阀一样：压力油只能从通口 P_1 流向通口 P_2，不能反向倒流。

因控制活塞1的右侧有外泄油口a，当控制油口 K 通以一定压力的压力油时，活塞1向右移动，推动顶杆2顶开阀芯3，使

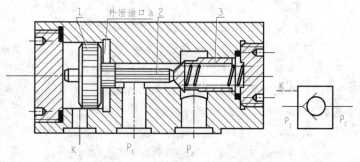

图 7-22　液控单向阀的结构及符号

1—控制活塞；2—顶杆；3—单向阀芯

通口 P_1 和 P_2 接通，阀就保持开启状态；这样油液就可由 P_1 流向 P_2，也可由 P_2 流向 P_1。

2. 换向阀

(1)换向阀的作用及常用种类。

●换向阀的作用有哪些？有哪些常用种类？

换向阀利用阀芯相对于阀体的相对运动，使油路接通、关断，或变换油夜流动的方向，从而使液压执行元件启动、停止或变换运动方向。

换向阀滑阀的工作位置数称为"位"，与液压传动系统中油路相连通的油口数称为"通"。

常用的换向阀种类有二位二通、二位三通、二位四通、二位五通、三位四通、三位五

通等，见表 7-4。

表 7-4　常用滑阀式换向阀主体部分的结构原理图和图形符号

名　称	结构原理图	图形符号	图形符号的含义
二位二通			
二位三通			（1）用方框表示阀的工作位置，有几个方框就表示有几"位"。 （2）方框内的箭头表示油路处于接通状态，但箭头方向不一定表示液体流动的实际方向。
二位四通			（3）方框内符号"⊥"或"T"，表示该通路不通。 （4）方框外部连接的接口数有几个，就表示几"通"。
二位五通			（5）一般，阀与系统供油路连接的进油口用字母 P 表示。阀与系统回油路连通的回油口用 T（有时用 O）表示。阀与执行元件连接的油口用 A、B 等表示。有时在图形符号上用 L 表示泄漏油口。
三位四通			（6）换向阀都有两个或两个以上的工作位置。其中一个为常态位，即阀芯未受到操纵力时所处的位置。图形符号中的中位是三位阀的常态位。利用弹簧复位的二位阀则以靠近弹簧的方框内的通路状态为其常态位。绘制系统图时，油路一般应连接在换向阀的常态位上
三位五通			

（2）滑阀式换向阀的工作原理。

●滑阀式换向阀的工作原理是怎样的？

在液压传动系统中广泛采用的是滑阀式换向阀。滑阀式换向阀主要由阀芯和阀体构成。

①二位四通滑阀式换向阀的工作原理。图7-23所示为二位四通滑阀式换向阀。

当阀芯处于左位时，P口与B口相通，A口与O口相通，压力油自P口流入、B口流出，回油经A、O口流回油箱。

当阀芯处于右位时，P口与A口相通，B口与O口相通，压力油由P口流入、A口流出，回油经B、O口流回油箱。

通过改变阀芯与阀体的相对位置，即可改变油流的方向，从而实现执行元件的换向。

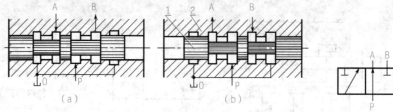

图7-23 二位四通滑阀式换向阀

(a)阀芯处于左位；(b)阀芯处于右位

②三位五通滑阀式换向阀。图7-24所示为三位五通滑阀式换向阀。阀体的内孔开有5个沉割槽，对应外接5个油口，称为五通阀。阀芯上有3个台肩与阀体内孔配合。

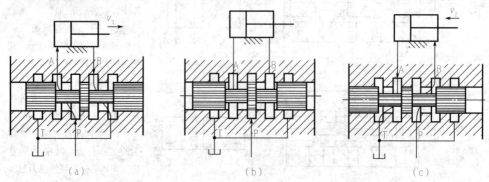

图7-24 三位五通滑阀式换向阀

在液压系统中，一般情况设P、T为压力油口和回油口；A、B为接负载的工作油口。

在图7-24(b)所示位置(中间位置)，各油口互不相通。

如果使阀芯相对于阀体右移，如图7-24(a)所示位置，则油液由P口流入、经A口流入液压缸左腔；液压缸右腔的油液从B口流出，经T口流回油箱；液压缸的活塞向右移动。

如果使阀芯相对于阀体左移，如图7-24(c)所示位置，则油液由P口流入、经B口流入液压缸右腔；液压缸左腔的油液从A口流出，经T口流回油箱；液压缸的活塞向左移动。

换向阀根据其驱动阀芯实现换向的操纵方式，可分为手动换向阀、机动换向阀、液动换向阀、电磁换向阀和电液换向阀等。

（3）换向阀常用控制方法的图形符号。

●换向阀常用控制方法的图形符号有哪些？

换向阀常用控制方法的图形符号如图 7-25 所示。

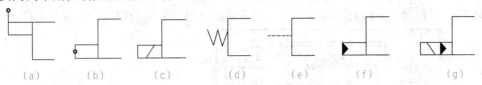

图 7-25 换向阀常用控制方法的图形符号

(a)手动式；(b)机动式；(c)电磁动；(d)弹簧控制；(e)液动；(f)液压先导控制；(g)电液控制

(4)换向阀的常见结构(选学)。

●换向阀的常见结构是怎样的？

①手动换向阀。图 7-26 所示为自动复位式三位四通手动换向阀。

向左摇手柄 1，阀芯 2 右移，则油液由 P 口流入，经 B 口流入液压系统；液压系统的油液从 A 口流出，经 T 口流回油箱。

向右摇手柄 1，阀芯 2 左移，则油液由 P 口流入，经 A 口流入液压系统；液压系统的油液从 B 口流出，通过阀芯中的孔流到 T 口流回油箱。

放开手柄 1，阀芯 2 在弹簧 3 的作用下自动回复中位，该阀适用于动作频繁、工作持续时间短的场合，操作比较安全，常用于工程机械的液压传动系统。

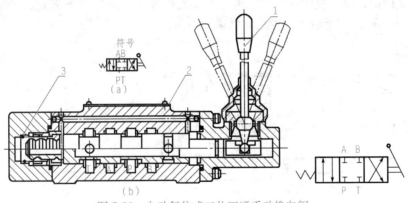

图 7-26 自动复位式三位四通手动换向阀

1—手柄；2—阀芯；3—弹簧

②机动换向阀。机动换向阀又称行程阀，它主要用来控制机械运动部件的行程；它借助于安装在工作台上的挡铁或凸轮来迫使阀芯移动，从而控制油液的流动方向。机动换向阀通常是二位的，其中二位二通机动阀又分为常闭和常开两种。

图 7-27 所示为二位二通常闭式机动换向阀。

在图示位置，阀芯 2 被弹簧 4 顶向上端，油腔 P 口和 A 口不相通。当挡铁或凸轮压住滚轮 1，阀芯 2 移动到下端，油腔 P 口和 A 口接通。油液从 P 口流入，从 A 口流出。

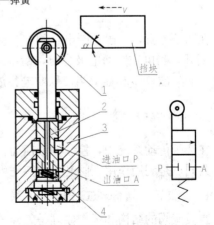

图 7-27 二位二通常闭式机动换向阀

1—滚轮；2—阀芯；3—阀体；4—弹簧

③液动换向阀。液动换向阀是利用控制油路的压力油来改变阀芯位置的换向阀。
图7-28所示为三位四通液动换向阀。阀芯是由其两端密封腔中油液的压差来移动的。

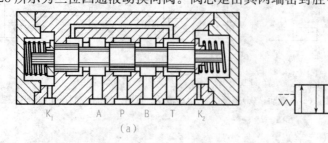

图7-28　三位四通液动换向阀

当控制油路的压力油从阀右边的控制油口 K_2 进入滑阀右腔时，K_1 接通回油，阀芯向左移动，使压力油口 P 与 B 口相通，A 口与 T 口相通。

当控制油路的压力油从阀左边的控制油口 K_1 进入滑阀左腔，K_2 接通回油时，阀芯向右移动，使压力油口 P 与 A 口相通，B 口与 T 口相通。

当 K_1、K_2 都通回油时，阀芯在两端弹簧和定位套作用下回到中间位置。B 口和 T 口相通，A 口也和 T 口相通。

④电磁换向阀。电磁换向阀是利用电磁铁的通电吸合与断电释放而直接推动阀芯来控制液流方向的。图7-29所示为二位三通电磁换向阀。

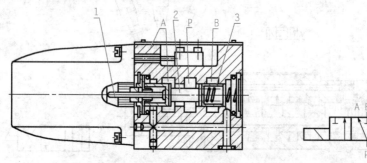

图7-29　二位三通电磁换向阀
1—推杆；2—阀芯；3—弹簧

在图示位置，电磁铁断电，阀芯 2 被弹簧 3 推向左端，使得油口 P 和 A 口相通，与油口 B 断开。当电磁铁通电吸合时，衔铁通过推杆 1 将阀芯 2 推向右端，这时油口 P 和 A 口断开，而与油口 B 相通。当磁铁断电释放时，弹簧 3 推动阀芯 2 复位。

二、压力控制阀

在液压传动系统中，控制油液压力高低的液压阀称为压力控制阀，简称压力阀。这类阀的共同点是利用作用在阀芯上的液压力和弹簧力相平衡的原理工作的。

1. 溢流阀的结构和工作原理

●溢流阀的结构和工作原理是怎样的？

溢流阀是通过阀口溢流，使被控系统或回路的压力保持稳定，实现稳压、调压或限压的压力控制阀。几乎所有的液压系统都需要用到它，其性能好坏对整个液压系统的正常工作有很大影响。

常用的溢流阀按其结构形式和基本动作方式分为直动式和先导式两种。

（1）直动式溢流阀（选学）。直动式溢流阀只能用于低压小流量场合。

图7-30为直动式溢流阀。压力油从进油口进入阀腔后，经阀芯径向孔和阻尼孔 a 后，作用于阀芯7的底面上。

当进油口压力较低，作用于阀芯底面上的液压力小于弹簧3的预紧力时，阀芯位于最下端位置；此时阀口关闭，进油口与出油口处于隔断状态。

当进油口的压力升高，使得作用于阀芯底面上的液压力大于弹簧预紧力时，阀芯7开始上移。当阀口打开时，进油口和出油口接通，油液溢流回油箱。此时，进口压力与弹簧力相平衡，进口压力基本保持恒定。调整螺帽2可以改变弹簧的压紧力，这样也就调整了溢流阀进口处的油液压力。

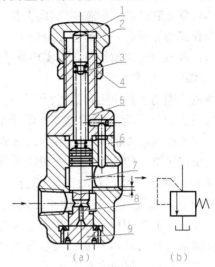

图7-30 直动式溢流阀

1—调节杆；2—调节螺帽；3—调压弹簧；4—锁紧螺母；
5—阀上盖；6—泵体；7—阀芯；8—阻尼孔；9—底盖

阻尼孔8用来避免阀芯动作过快造成的振动，以提高工作平稳性。

（2）先导式溢流阀（选学）。图7-31所示为先导式溢流阀。在图中，压力油从进油口 P 进入，油液通过阻尼孔3后，作用在导阀4上。

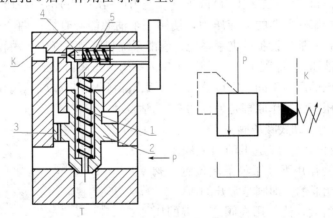

图7-31 先导式溢流阀

1—主阀弹簧；2—阀芯；3—阻尼孔；4—导阀；5—弹簧

当进油口压力较低时，作用在导阀4上的液压力不足以克服导阀右边的弹簧力时，导阀关闭。所以，在主阀弹簧1作用下，阀芯2处于最下端位置，溢流阀阀口 P 和 T 隔断，没有溢流。

当进油口压力升高，使得作用在导阀上的液压力大于导阀弹簧作用力时，导阀4打开，压力油就可通过阻尼孔 3，经导阀 4、阀芯 2 流入 T 口，流回油箱。

阻尼孔会造成压力下降，使主阀芯上端的液压力 p_2 小于下端的油压力 p_1，当这个压力差作用在面积为 AB 的主阀芯上的力大于或等于主阀弹簧力、轴向稳态液动力、摩擦力、主阀芯自重之和时，主阀芯开启（向上移动），油液从 P 口流入 T 口，流回油箱，实现溢流。

先导式溢流阀有一个远程控制口 K，若该口与远程调压阀接通，可实现液压系统的远程调压；若该口与油箱接通，可实现系统卸荷。

(3)溢流阀的主要作用。

●溢流阀的主要作用有哪些？

如图 7-32(a)所示，溢流阀 2 并联于系统中，进入液压缸 4 的流量由节流阀 3 调节。由于定量泵 1 的流量大于液压缸 4 所需的流量，油压升高，将溢流阀 2 打开，多余的油液经溢流阀 2 流回油箱。因此，此处的溢流阀的功用就是在不断的溢流过程中保持系统压力基本不变。在液压系统中维持定压是溢流阀的主要用途。

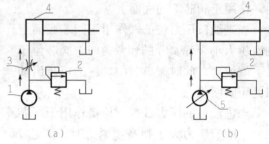

图 7-32 溢流阀的作用
(a)溢流恒压；(b)安全保护
1—定量泵；2—溢流阀；3—节流阀；4—液压缸

图 7-32(b)所示为变量泵调速系统。在正常工作时，溢流阀 2 关闭，不溢流，只有在系统发生故障，压力升至安全阀的调整范围时，阀口才打开，使变量泵排出的油液经溢流阀 2 流回油箱，以保证液压系统的安全。用于过载保护的溢流阀一般称为安全阀。

2. 减压阀

减压阀是使出口压力(二次压力)低于进口压力(一次压力)的一种压力控制阀。其作用是降低液压系统中某一回路的油液压力，使用一个油源能同时提供两个或几个不同压力的输出。减压阀在各种液压设备的夹紧系统、润滑系统和控制系统中应用较多。

此外，当油液压力不稳定时，在回路中串入一个减压阀可得到一个稳定的较低的压力。根据减压阀所控制的压力不同，它可分为定值输出减压阀、定差减压阀和定比减压阀等。

●直动式减压阀的工作原理是怎样的？（选学）

图 7-33 所示为直动式减压阀。

P_1 口是进油口，P_2 口是出油口。阀不工作时，阀芯在弹簧作用下处于最下端位置，阀的进、出油口是相通的，即阀是常开的。

若出口压力增大，使作用在阀芯下端的压力大于弹簧力时，阀芯上移，关小阀口，阀口处阻力加大，压降增大，使出口压力下降到调定值。

若出口压力减小，阀芯就下移，开大阀口，阀口处阻力减小，压降减小，使出口压力回升到调定值。

●先导式减压阀的结构和工作原理是怎样

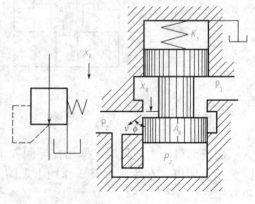

图 7-33 直动式减压阀

的？（选学）

图 7-34 所示为先导式减压阀。

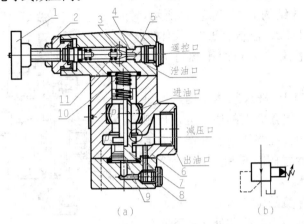

图 7-34　先导式减压阀

1—调压手轮；2—调节螺钉；3—先导阀；4—锥阀座；5—阀盖；
6—阀体；7—主阀芯；8—端盖；9—阻尼孔；10—主阀弹簧；11—调压弹簧

压力油（一次压力油）由进油口进入，经主阀芯 7 和阀体 6 所形成的减压口后从出油口流出。由于油液流过减压口的缝隙时有压力损失，所以出口油压 p_2（二次压力油）低于进口压力 p_1。出口压力油一方面送往执行元件，另一方面经阀体 6 下部和端盖 8 上的通道至主阀芯 7 下腔，再经主阀芯上的阻尼孔 9，引入主阀芯上腔和先导阀 3 的右腔，然后通过锥阀座 4 的阻尼孔作用在锥阀上。

当负载较小、出口压力低于调压弹簧 11 所调定的压力时，先导阀 3 关闭。主阀芯阻尼孔内无油液流动，主阀芯上、下两腔油压均等于出口油压力，主阀芯在主阀弹簧 10 作用下处于最下端位置，主阀芯与阀体之间构成的减压口全开，不起减压作用。

当出口压力 p_2 上升至超过调压弹簧 11 所调定的压力时，先导阀阀口打开，油液经先导阀和泄油口流回油箱。由于阻尼孔 9 的作用，主阀芯上腔的压力 p_3 将小于下腔的压力 p_2。当此压力差所产生的作用力大于主阀芯弹簧的预紧力时，主阀芯 7 上升，使减压口缝隙减小，p_2 下降，直到此压差与阀芯作用面积的乘积和主阀芯上的弹簧力相等，主阀芯处于平衡状态。此时减压阀保持一定开度，出口压力 p_2 稳定在调压弹簧 11 所调定的压力值上。

如果外来干扰使进口压力 p_1 升高，则出口压力 p_2 也升高，主阀芯向上移动，主阀开口减小，p_2 又降低，在新的位置上取得平衡，而出口压力基本维持不变；反之亦然。这样，减压阀能利用出油口压力的反馈作用，自动控制阀口开度，从而使出口压力基本保持恒定，因此，称它为定值减压阀。

减压阀的阀口为常开型，其泄油口必须由单独设置的油管通往油箱，且泄油管不能插入油箱液面以下，以免造成背压，使泄油不畅，影响阀的正常工作。

3. 顺序阀

顺序阀可用来控制液压系统中各执行元件动作的先后顺序。依控制压力的不同，顺序阀又可分为内控式和外控式两种。顺序阀也有直动式和先导式两种，前者一般用于低压系统，后者用于中高压系统。

●直动式顺序阀的结构是怎样的？（选学）

直动式顺序阀的结构如图 7-35（a）所示，主要由螺堵 1、下阀盖 2、控制活塞 3、阀体 4、阀芯 5、弹簧 6、上阀盖 7 和调压螺钉 8 等组成。

压力油从进油口 P_1 进入阀体 4 内，通过阀体 4 上的通道和下阀盖 2 上的通道进入控制活塞 3 的下端，作用在控制活塞上并产生向上的液压力。液压力通过阀芯 5 和上部的弹簧 6 产生的作用力相平衡。

当液压力小于弹簧的调定压力时，控制活塞下端油液向上的推力小，阀芯处于最下端位置，阀口关闭，油液不能从顺序阀出油口 P_2 流出。

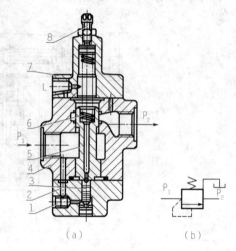

图 7-35　直动式顺序阀的结构及图形符号
1—螺堵；2—下阀盖；3—控制活塞；4—阀体；
5—阀芯；6—弹簧；7—上阀盖；8—调压螺钉；
P_1—进油口；P_2—出油口；L—泄油口

当液压力达到弹簧的调定压力时，阀芯上移，压缩弹簧，阀口被开启，压力油从顺序阀的出油口 P_2 流出，进入油路工作。此时，顺序阀是利用进油口压力控制，称为普通顺序阀（内控式顺序阀）。若将下阀盖 2 相对于阀体 4 转动 $90°$ 或 $180°$，将螺堵 1 拆掉，并接控制油管通入控制油，则顺序阀的开启和关闭由外控制油控制，顺序阀成为外控顺序阀。

顺序阀和溢流阀的结构基本相似，不同的只是顺序阀的出油口通向系统的另一压力油路，而溢流阀的出油口通油箱。此外，由于顺序阀的进、出油口均为压力油，所以它的泄油口 L 必须单独外接油箱。

●直动式内控顺序阀的工作原理是怎样的？（选学）

图 7-36 所示为直动式内控顺序阀的工作原理。

阀的进口压力油通过阀内部流道，作用于阀芯下部柱塞上，产生一个向上的液压推力。当液压泵启动后，压力油首先克服液压缸 I 的负载使其先行运动。当液压缸 I 运动到位后，压力 p_1 将随之上升。当压力 p_1 上升到作用于柱塞面积 A 上的液压力超过弹簧预紧力时，阀芯上移，接通 P_1 口和 P_2 口。压力油经顺序阀口后克服液压缸 II 的负载使活塞运动。这样用顺序阀就实现了液压缸 I 和液压缸 II 的顺序动作。

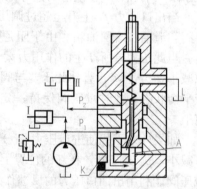

图 7-36　直动式内控顺序阀的工作原理

三、流量控制阀

流量控制阀在一定的压差下，依靠改变通流截面面积的大小来改变进入执行元件流量的大小，从而控制执行元件运动速度的大小。通常使用的有普通节流阀、调速阀等。

●普通节流阀的结构是怎样的？（选学）

如图 7-37 所示的节流阀是通过调节阀芯上的三角槽与阀体间构成的节流面积的大小实现流量调节的。压力油从进油口 P_1 流入孔道 a，通过阀芯 1 左端的三角槽进入孔道 b，再从出油口 P_2 流出。旋转手柄 3 可通过推杆 2 使阀芯做轴向移动，改变节流口的通流截面面积来调节流量。阀芯在弹簧的作用下始终贴紧在推杆上，这种节流阀的进出油口可互换。

采用三角槽结构的阀口可提高分辨率，即减少节流口面积对阀芯位移的变化率，提高调节的精确性。

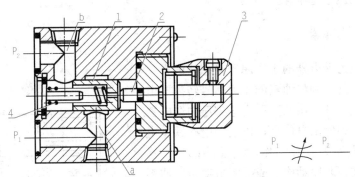

图 7-37　普通节流阀的结构及符号

1—阀芯；2—推杆；3—手柄；4—弹簧；a，b—孔道

●调速阀的结构是怎样的？（选学）

普通节流阀在工作时，若作用于执行元件上的负载发生变化，将会引起节流阀两端的压差变化，从而导致流过节流阀的流量随之变化，最终引起执行元件的速度随负载变化而变化。为使执行元件的速度不随负载而变，就需要采取措施，使流量阀节流口两端的压差不随负载而变。调速阀即是一种常用的可保持流量基本恒定的流量控制阀。图 7-38 所示为用调速阀调速的工作原理及符号。

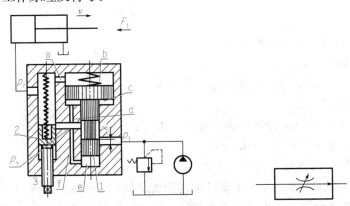

图 7-38　调速阀调速的工作原理及符号

1—定差减压阀；2—节流阀；3—流量调节杆

调速阀在节流阀前面串联一个定差式减压阀，当压力从 p_1 降到 p_m，该压力同时引到减压阀阀芯的无弹簧腔 e，作用于阀芯的下端面上，产生一个向上的液压推力。压力油经过

节流口后，其压力由 p_m 再降至负载压力 p_2，该负载压力同时引到减压阀阀芯的弹簧腔，产生一个向下的液压推力。所以，作用于减压阀阀芯两端面的压力差即为节流口前后的压力差，该压力差产生的液压推力与减压阀弹簧力相平衡。

当负载变化而引起负载压力 p_2 变化时，作用于减压阀阀芯上的液压力与弹簧力的平衡被破坏，减压阀阀芯产生一定的位移，以调节减压口的开口大小，使减压口后的压力 p_m 随之变化，直到液压力与弹簧力达到新的平衡为止。调速阀利用减压阀阀芯的自动调节作用，使节流口前后的压差基本保持不变。

四、压力继电器

●柱塞式压力继电器的工作原理是怎样的？

压力继电器是一种将油液的压力信号转换成电信号的电液控制元件。当油液压力达到压力继电器的调定压力时，即发出电信号，以控制电磁铁、电磁离合器、继电器等元件动作，使油路卸压、换向、执行元件实现顺序动作；或关闭电动机，使系统停止工作，起安全保护作用等。

图 7-39 所示为柱塞式压力继电器的结构及符号。当从压力继电器下端进油口通入的油液压力达到调定压力值时，推动柱塞 1 上移，此位移通过杠杆 2 放大后推动开关 4 动作，改变弹簧 3 的压缩量即可调节压力继电器的动作压力。

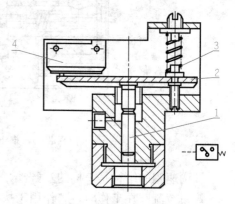

图 7-39 柱塞式压力继电器的结构及符号
1—柱塞；2—杠杆；3—弹簧；4—开关

任务实施

1. 任务

检查控制阀和动力缸的内泄情况。

2. 任务实施所需工具

压力传感器、15 mm 厚的金属垫板、扳手等。

3. 任务实施步骤

内泄可采用油路压力试验的方法来检查，具体步骤如下：

(1)测出油路油压的数值(油压正常)。

(2)将一块 15 mm 厚的金属垫板放在车轮转角限位螺栓(或凸块)上。

(3)左、右转动转向盘，其极限位置受到垫板限制，使限压阀不能卸荷。

(4)测量油路压力，若油压低于原测得值，说明控制阀和动力缸内部有泄漏现象。

同步练习

1. 单向阀的作用有哪些？液控单向阀和普通单向阀结构上有什么不同？它们的图形符号是怎样的？

2. 换向阀的作用有哪些？什么是换向阀的"位"和"通"？二位二通、二位三通、二位四通、二位五通、三位四通、三位五通的图形符号是怎样的？

3. 二位五通阀和二位四通阀有什么不同？

4. 换向阀常用控制方法的图形符号有哪些？

5. 常用的压力控制阀有哪些？它们的图形符号是怎样的？

6. 溢流阀的主要作用有哪些？它的图形符号是怎样的？

7. 减压阀的主要作用有哪些？它的图形符号是怎样的？

8. 顺序阀的主要作用有哪些？它的图形符号是怎样的？

9. 普通节流阀的主要作用有哪些？它的图形符号是怎样的？

10. 调速阀的主要作用有哪些？它的图形符号是怎样的？

11. 压力继电器的主要作用有哪些？它的图形符号是怎样的？

任务小结

液压控制阀是液压系统中用来控制油液的流动方向或调节其压力和流量的元件。借助于这些阀，便能对执行元件的启动、停止、运动方向、速度、动作顺序和克服负载的能力进行调节与控制，使各类液压机械都能按要求协调地进行工作。液压控制阀对液压系统的工作过程和工作特性有重要的影响。这三类阀还可以根据需要相互组合形成多种功能的组合阀，使液压系统结构紧凑、连接简单，并可提高效率。

任务四　分析液压基本回路及应用实例

任务目标

1. 能分析平面磨床液压传动系统的工作原理。

2. 熟记常用液压元件的图形符号。

3. 认识方向控制回路。

4. 认识压力控制回路。

5. 认识速度控制回路。

6. 认识速度换接回路。

7. 认识顺序动作回路。

8. 分析液压系统在机床中的应用实例。

任务引入

　　任何一个液压系统，无论它所要完成的动作有多么复杂，都是由一些基本回路组成的。所谓基本回路，就是由液压元件组成，用来完成特定功能的典型回路。熟悉和掌握这些基本回路的组成、工作原理及应用，是分析、设计和使用液压系统的基础。

　　机床上应用液压传动的地方很多，磨床的进给运动一般采用液压传动。下面介绍一个简化了的平面磨床工作台液压系统，以此说明机床液压传动系统的基本知识。

知识链接

一、平面磨床液压传动系统的工作原理

　　●平面磨床液压传动系统的工作原理是怎样的？

　　图 7-40(a)所示为平面磨床工作台往复运动的液压传动系统。液压泵 3 由电动机带动旋转，并从油箱 1 中吸油，油液经滤油器 2 进入液压泵，通过液压泵来输出压力油。

　　在图 7-40 所示的状态下，压力油经油管 16、节流阀 5、油管 17、电磁换向阀 7、油管 20 进入液压缸 10 左腔。由于液压缸固定在床身上，压力油迫使液压缸左腔容积不断增大，结果使活塞连同工作台向右移动。与此同时，液压缸右腔的油经油管 21、电磁换向阀 7、油管 19 排回油箱。

　　当磨床在磨削工件时，工作台必须做连续往复运动。在液压系统中，工作台的运动方向是由电磁换向阀 7 来控制的。当工作台上的装块 12 碰上行程开关 11 时，使电磁换向阀 7 左端的电磁铁断电而右端的电磁铁通电，将阀芯推向左端。这时，管路中的压力油将从油管 17 经电磁换向阀 7、油管 21 进入液压缸的右腔，使活塞连同工作台向左移动，同时，液压缸左腔的油经油管 20、电磁换向阀 7、油管 19 排回油箱。在行程开关 11 的控制下，电磁换向阀左、右两端电磁铁交换通电。工作台便往复运动，磨削加工则可持续进行下去。当左、右两端电磁铁都断电时，其阀芯处于中间位置，这时进油路及回油之间均不相通，工作台便停止不动。

　　磨床在磨削工件时，根据加工要求不同，工作台运动速度应能进行调整。在如图 7-40 所示的液压系统中，工作台的移动速度是通过节流阀 5 来调整的。当节流阀 5 开口开大时，进入液压缸的油液增多，工作台移动速度增大；当节流阀开口关小时，工作台移动速度减小。

　　磨床工作台在运动时要克服磨削力和相对运动件之间的摩擦力等阻力。要克服的阻力越大，缸中的油液压力就越高。反之，压力就越低。因此，液压系统中应有调节油液压力的元件。液压泵出口处的油液压力是由溢流阀 6 决定的。当油液的压力升高到超过溢流阀的调定压力时，溢流阀开启，油液经油管 18 排回油箱，油液的压力就不会继续升高，而稳定在调定的压力范围内。可见，溢流阀能使液压系统过载时溢流，维持系统压力近于恒定，从而起到安全保护作用。

　　图 7-40(a)所示为液压系统结构原理图，它直观性强，容易理解，但图形比较复杂，特别是当系统中元件较多时，绘制更不方便。因此，液压传动系统图一般以 GB/T 786.1-2009 规定的液压元件图形符号来绘制。图 7-40(b)所示为同一液压系统采用液压元件的图

形符号绘制成的工作原理图。

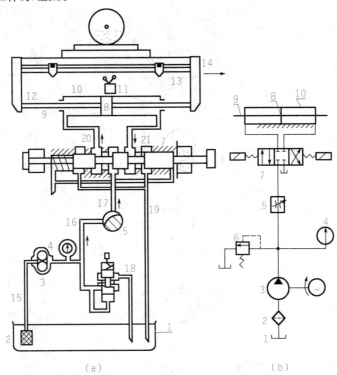

图 7-40　简单的磨床工作台液压系统

(a)液压系统结构原理图；(b)液压系统工作原理图

1—油箱；2—滤油器；3—液压泵；4—压力表；5—节流阀；6—溢流阀；7—电磁换向阀；8—活塞；

9—活塞杆；10—液压缸；11—行程开关；12，13—装块；14—工作台；15～21—油管

二、常用液压元件的图形符号

●常用液压元件的图形符号有哪些?

常用液压元件的图形符号见表 7-5。

表 7-5　常用液压元件的图形符号

名　称	符　号	说　明
液压源		一般符号
气压源		一般符号
电动机		
原动机		电动机除外
单向定量液压泵		单方向流动 单方向旋转 定排量

续表

名　　称	符　　号	说　　明
双向定量液压泵		双方向流动 双方向旋转 定排量
单向变量液压泵		单方向流动 单方向旋转 变排量
双向变量液压泵		双方向流动 双方向旋转 变排量
单向定量液压马达		
双向定量液压马达		
单向变量液压马达		
双向变量液压马达		
单活塞杆缸		简化符号
双活塞杆缸		
单向阀		

续表

名　称	符　号	说　明
液控单向阀		
直动式溢流阀		内部压力控制
		外部压力控制
先导式溢流阀		
直动式减压阀		
先导式减压阀		
直动式顺序阀		内部压力控制 外部泄油(左)
		外部压力控制
先导式顺序阀		

名　称	符　号	说　明
平衡阀（单向顺序阀）		
直动式卸荷阀		
节流阀		可调节
		不可调节
可调节单向节流阀		
截止阀		阻止介质流通
普通调压阀		
单向调速阀		
液压锁		

续表

名　称	符　号	说　明
二位二通换向阀		常闭
		常开
二位三通换向阀		
二位四通换向阀		
三位三通换向阀		
三位四通换向阀		
储能器		垂直绘制 一般符号
过滤器		一般符号
压力计		
行程开关		一般符号
压力继电器		一般符号

三、液压基本回路

●常用的液压基本回路有哪些？工作原理是怎样的？

常用的液压基本回路是用液压元件组成并能完成特定功能的典型回路。对于任何一种液压系统，不论其复杂程度如何，实际上都是由一些液压基本回路组成的。

1. 方向控制回路

控制液流的通、断和流动方向的回路称为方向控制回路。

●采用换向阀的换向回路的工作原理是怎样的？

液压系统中执行元件的换向动作大都由换向阀来实现，如图 7-41 所示。

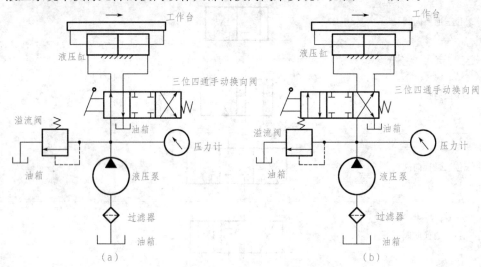

图 7-41　采用换向阀的换向回路

如图 7-41(a)所示，液压泵从油箱中吸油，油液经滤油器进入液压泵，通过液压泵来输出压力油。压力油经油管、手动换向阀、另一端油管进入液压缸左腔。由于液压缸固定在床身上，压力油迫使液压缸左腔容积不断增大，结果使活塞连同工作台向右移动。与此同时，液压缸右腔的油经油管、手动换向阀、另一端油管排回油箱。

若将阀芯右移，如图 7-41(b)所示，管路中的压力油将从油管经手动换向阀、油管进入液压缸的右腔，使活塞连同工作台向左移动，同时，液压缸左腔的油经油管、手动换向阀、另一端油管排回油箱。

当阀芯处于中间位置时，进油路及回油路之间均不相通，工作台便停止不动。

●采用 O 形或 M 形换向阀的闭锁回路的工作原理是怎样的？

图 7-42(a)所示为 O 形中位机能，图 7-42(b)所示为 M 形中位机能。

阀芯处于中间位置，液压缸的工作油口被封闭。由于在此之前，液压缸两腔已经都存在油液且被油液充满，而油液又不可压缩，所以向左或向右的外力都不能使活塞移动，于是活塞被双向锁紧。

这种闭锁回路，由于换向阀密封性差，存在泄漏现象，故锁紧效果也较差，但结构简单。

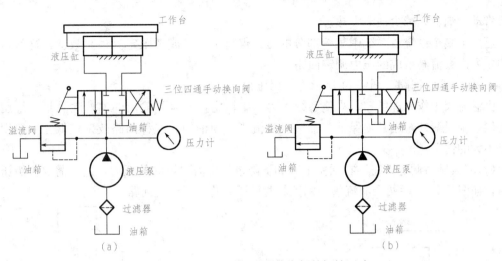

图 7-42　采用 O 形或 M 形换向阀的闭锁回路

●采用液控单向阀的闭锁回路的工作原理是怎样的？

图 7-43 所示为采用液控单向阀的闭锁回路。

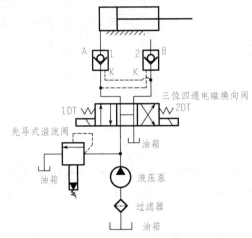

图 7-43　采用液控单向阀的闭锁回路

在图示位置时，液压泵输出油液通过换向阀回油箱，系统无压力，液控单向阀 A、B 关闭，液压缸两腔均不能回油，从而活塞被双向锁紧。

若要使活塞向右运动，则需换向阀 1DT 通电，换向阀左位接入系统，压力油经单向阀 A 进入液压缸左腔，同时也进入液控单向阀 B 的控制口 K，打开阀 B，液压缸右腔回油可经阀 B 及换向阀回油箱，活塞向右运动；反之，向左运动。液控单向阀的密封性好，故锁紧效果较好。

2. 压力控制回路

压力控制回路主要是调节系统或系统的某一部分压力。可用来实现调压、减压、增压、卸载等控制，满足执行元件在力或转矩上的要求。

●调压回路的工作原理是怎样的？

很多液压传动机械在工作时，要求系统的压力能够调节，以便与负载相适应，这样才能节省动力消耗，减少油液发热。

还要求整个系统或系统中某一部分的压力保持恒定，或者限定其最高数值，这就需要应用主要由溢流阀组成的压力调定回路。

(1)压力调定回路。图 7-44 所示为常用压力调定回路。

由溢流阀工作原理可知，为使系统压力基本恒定，液压泵输出的油液除满足系统用油和补偿系统泄漏外，还必须保证有油液经溢流阀流向油箱。这种回路效率较低，一般用于流量不大的情况。

(2)多级压力调定回路。在活塞上升和下降过程中需要不同的压力，这就需要多级压力回路，如图 7-45 中用两个溢流阀分别控制两种压力的二级压力回路。

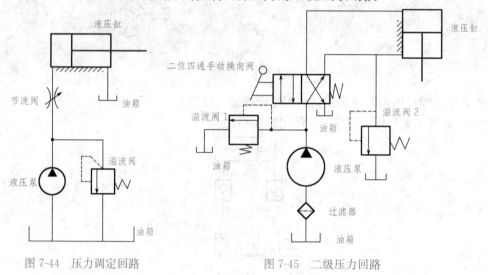

图 7-44 压力调定回路   图 7-45 二级压力回路

活塞下降是工作行程，需要压力大，由溢流阀 1 调定，溢流所需压力大。活塞上升是非工作行程，系统压力由溢流阀 2 调定，溢流所需压力小。上、下方向及压力变换可以用换向阀进行转换。

●用减压阀的减压回路的工作原理是怎样的？

在定量泵液压系统中，溢流阀按主系统的工作压力进行调定。控制系统需要的工作压力较低；润滑油路的工作压力更低。这时可以采用图 7-46 所示的减压回路。

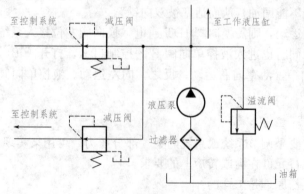

图 7-46 用减压阀的减压回路

●用增压缸的增压回路的工作原理是怎样的？

增压回路是用来使局部油路或个别执行元件得到比主系统油压高得多的压力。增压方法很多，图7-47就是利用增压缸的增压回路。

增压缸由大、小两个液压缸 a 和 b 组成，a 缸中的大活塞和 b 缸中的小活塞用一根活塞杆连接起来。当压力油进入液压缸 a 的左腔，油压就作用在大活塞上，推动大小活塞一起向右运动。这时，b 缸里就可产生更高的油压。

在工作油缸上升，液压缸的活塞左移时，补给箱的油液可以通过单向阀进入 b 缸，以补给管路的泄漏。

●用换向阀的卸载回路的工作原理是怎样的？

当液压系统的执行元件停止运动后，卸载回路可使液压泵输出的油液以最小的压力直接流回油箱。当 $p_泵$ 最小时，液压泵输出功率就最小，这样就可以节省驱动液压泵电动机的动力消耗，减小系统发热，并能延长液压泵的使用寿命。

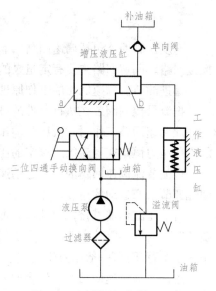

图 7-47 用增压缸的增压回路

图7-43和图7-42(b)所示分别是利用中位机能为"H""M"的三位换向阀的卸载回路。当换向阀处于中位时，液压泵输出的油液可以经过换向阀的中间通道直接回油箱，实现液压泵的卸载。

图7-48所示为二位二通换向阀的卸载回路。

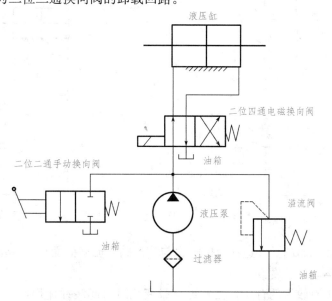

图 7-48 二位二通换向阀的卸载回路

当执行元件停止运动时，扳动二位二通手动换向阀，使其左位接入系统，这时液压泵输出的油液就可以通过该阀流回油箱，使泵卸载。二位二通换向阀除手动外，还可以选用机动、电动等，但它的流量规格应大于液压泵的最大流量。

3. 速度控制回路

速度控制回路包括调速回路（调节工作行程速度的回路），以及使不同速度相互转换的换接回路。调速回路主要有定量泵的节流调速、变量泵的容积调速、容积节流复合调速等。

●进油节流调速回路的工作原理是怎样的？

把流量控制阀装在执行元件的进油路上，该阀称为进油节流调速阀，如图 7-49 所示。

此调速回路工作时，液压泵输出的油液经节流阀进入液压缸，推动活塞运动。液压泵的工作压力恒定在溢流阀所调定的压力上。

进油节流调速回路的活塞运动速度 v 与节流阀通流截面面积 A 成正比。调节 A 即可方便地调节活塞运动的速度。

若液压缸回油直接接通油箱，回油压力（即背压力）为零；当负载突然变小、消失、为负值时，活塞要突然向前冲。为了提高进油节流调速回路运动的平稳性，通常在回油路上串联一个背压阀（一般用溢流阀或单向阀作为背压阀），或在回路中接入调速阀代替节流阀。

进油节流调速回路经节流阀而发热的油液直接进入液压缸，回路热量增多，油液黏度下降，泄油就增加。

进油节流调速回路一般应用于功率较小、负载变化不大的液压系统。

●回油节流调速回路的工作原理是怎样的？

把流量控制阀装在执行元件的回油路上，该阀称为回油节流调速阀，如图 7-50 所示。

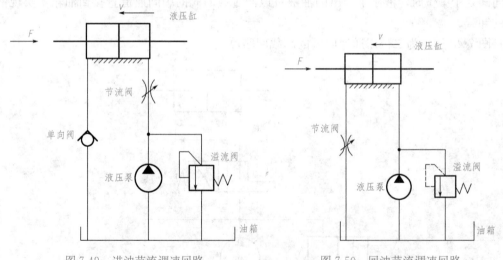

图 7-49　进油节流调速回路　　　　图 7-50　回油节流调速回路

回油节流调速回路的活塞运动速度 v 也与节流阀通流截面面积 A 成正比。调节 A 即可方便地调节活塞运动的速度。

由于回油路上有较大的背压，在外界负载变化时可起缓冲作用，运动平稳性较好。回油节流调速回路中，经节流阀而发热的油液随即流回油箱，容易散热。

回油节流调速回路广泛用于功率不大、负载变化较大或运动平稳性要求较高的液压系统中。

为使速度不随负载的变化而波动，回油节流调速回路也可以在回路中接入调速阀代替节流阀。

●变量泵调速回路的工作原理是怎样的？

变量泵调速回路是容积调速回路中的一种，如图 7-51 所示。液压泵输出的压力油全部进入液压缸，推动活塞运动。

调节变量泵转子与定子间的偏心量或倾斜角（轴向柱塞泵），以改变输油量的大小，就可以改变活塞运动的速度。系统中溢流阀起安全保护作用，在系统过载时才打开溢流，从而限定了系统的最高压力。

与节流调速相比，容积调速（变量泵调速）的主要优点是：效率高、压力与流量损耗少、回路发热量少，适用于功率较大的液压系统。其缺点是变量泵结构较复杂、价格较高。

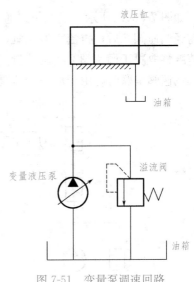

图 7-51　变量泵调速回路

4. 速度换接回路

●慢速与快速换接回路的工作原理是怎样的？

图 7-52 所示为短接流量阀的速度换接回路。短接就是从外部将阀的进、出通道进行贯通，这样即便阀处于截止状态，油路（气路）也能通过外部的通道从一端流向另一端。

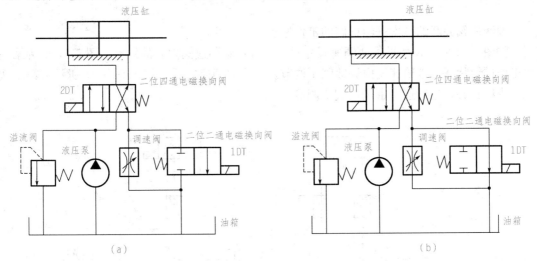

图 7-52　短接流量阀的速度换接回路
(a)慢速；(b)快速

如图 7-52(a)所示，油液回油经过调速阀，为速度换接回路的慢速。

如图 7-52(b)所示，二位二通阀的电磁铁 1DT 通电，调速阀被短接，回油经过二位二通阀流入油箱，液压缸活塞运动速度即由慢速转换为快速。这种回路比较简单，应用相当普遍。

●调速阀串联的二次进给回路的工作原理是怎样的？

图 7-53 所示为调速阀串联的二次进给回路。调速阀 1 用于第一次进给节流，调速阀 2 用于第二次进给节流。图(a)中，压力油经过调速阀 1 后，经二位二通阀流入液压缸，进给速度由调速阀 1 调节。

如图 7-53(b)所示，当二位二通电磁换向阀通电后，右位接入系统。流经调速阀 1 的油液需经调速阀 2 后，再流入液压缸。如果调速阀 2 调节的流量比调速阀 1 小，则第二次进给速度将取决于调速阀 2 的调节量。调节调速阀 2 的开口，即可改变第二次进给速度。

调速阀串联时，由于后一调速阀只能控制更低的速度，因而调节受到一定的限制。

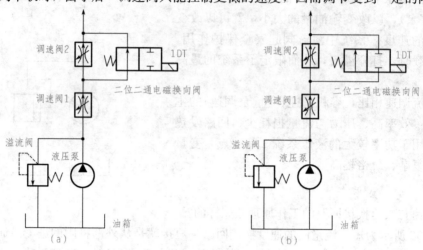

图 7-53　调速阀串联的二次进给回路

●调速阀并联的二次进给回路的工作原理是怎样的？

如图 7-54 所示，如果将两调速阀并联，就可克服调速阀串联的缺点。图 7-54(a)为第一次工作进给状态，进给速度由调速阀 1 调节。当换向阀换向后，如图 7-54(b)所示为第二次工作进给状态，进给速度由调速阀 2 调节。

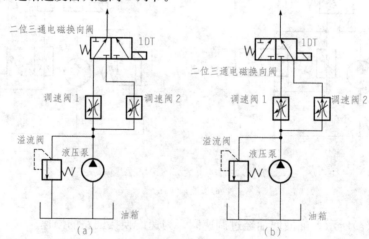

图 7-54　调速阀并联的二次进给回路

5. 顺序动作回路

在液压传动的机械中，有些执行元件的运动常常要求按严格顺序实现动作。例如，一些机床常先通过液压系统将工件夹紧，再通过该系统使工作台移动，以便进行切削加工。常用的顺序动作回路按控制原则分为压力控制和行程控制。

●用压力控制的顺序动作回路的工作原理是怎样的?

图 7-55 所示为用顺序阀的顺序动作回路。阀 A 和阀 B 是由顺序阀与单向阀构成的组合阀，称为单向顺序阀。动作顺序为：动作 1——夹紧缸活塞进给、夹紧工件，动作 2——钻孔缸活塞进给、钻孔，动作 3——钻孔结束、钻孔缸活塞退回，动作 4——夹紧液压缸活塞退回、松卸工件。

如图 7-55(a)所示，当换向阀左位接入系统时，压力油只能进入夹紧液压缸的左腔，回油经阀 B 的单向阀回油箱，实现动作 1。活塞右行到达终点后，夹紧工件，系统压力升高，打开阀 A 中的顺序阀，压力油进入钻孔液压缸左腔，回油经过换向阀回油箱，实现动作 2。

钻孔完毕以后，松开手柄，扳动换向阀换向，如图 7-55(b)所示。压力油先进入钻孔液压缸右腔，回油经阀 A 中的单向阀及手动换向阀回油箱，实现动作 3，钻头退回。左行到达终点后，油压升高，打开阀 B 中的顺序阀，压力油进入夹紧缸右腔，回油经换向阀回油箱，实现动作 4。

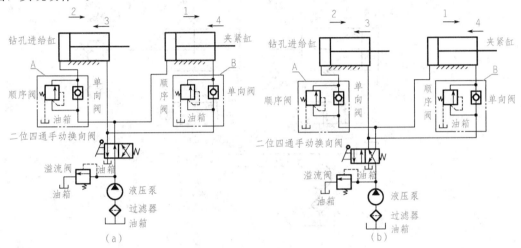

图 7-55　用顺序阀的顺序动作回路

至此，完成一个工作循环。此回路适用于液压缸数目不多，阻力变化不大的场合。注意：为保证严格的动作顺序，应使顺序阀的调定压力大于先动作的液压缸的最高工作压力。

●用压力继电器的顺序动作回路的工作原理是怎样的?

图 7-56 所示为用压力继电器的顺序动作回路。

按下按钮，使换向阀 1DT 通电，如图 7-56(b)所示。压力油进入缸 A(夹紧缸)左腔，推动活塞向右运动。碰上定位挡块(或夹紧工件)后，系统压力升高，安装在缸 A(夹紧缸)进油腔附近的压力继电器发出电信号。

压力继电器发出的电信号使换向阀 2DT 通电，如图 7-56(c)所示。压力油又进入缸 B(钻孔进给缸)的左腔，推动活塞向右运动(钻削工件)。这种利用压力继电器实现顺序动作的回路简单易行，应用普遍。

为了防止压力继电器误发信号，其压力调整数值要比缸 A 动作的最高压力高，还要比溢流阀的调定压力低。

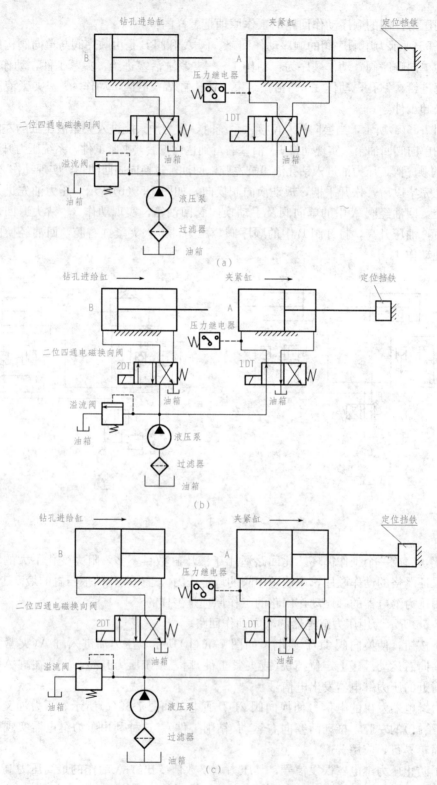

图 7-56 用压力继电器的顺序动作回路

(a)回路的非工作状态;(b)液压缸动作;(c)钻孔进给缸动作

●用电气行程开关的顺序动作回路的工作原理是怎样的?

图 7-57 所示为用电气行程开关的顺序动作回路。

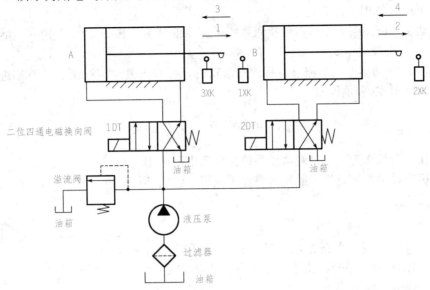

图 7-57　用电气行程开关的顺序动作回路

首先按动电钮,左侧换向阀的电磁铁 1DT 通电,左位接入系统,压力油流入液压缸 A 的左腔,油液从右腔回油,缸 A 实现动作 1。

液压缸 A 活塞的挡块右行到终点时,压下行程开关 1XK,右侧换向阀的电磁铁 2DT 通电,左位接入系统,液压油流入液压缸 B 的左腔,缸 B 实现动作 2。

液压缸 B 活塞的挡块右行到终点时,压下行程开关 2XK,左侧换向阀的电磁铁 1DT 断电,右位接入系统,液压油流入液压缸 A 的右腔,左腔回油,活塞返回,缸 A 实现动作 3。

液压缸 A 活塞的挡块左行到终点时,压下行程开关 3XK,右侧换向阀的电磁铁 2DT 断电,右位接入系统,液压油流入液压缸 B 的右腔,活塞返回,缸 B 实现动作 4。

采用电气行程开关的顺序动作回路,各缸顺序由电气线路保证,改变电气线路,即可改变顺序动作,并且调整行程比较方便。但这种回路可靠性取决于电气元件,电气线路比较复杂。

●用行程阀的顺序动作回路的工作原理是怎样的?

图 7-58 所示为用行程阀的顺序动作回路。

动作开始时,液压缸 A 的活塞杆在左方,液压缸 B 的活塞杆在上方。

扳动换向阀,使其左位接

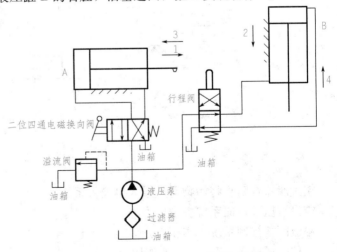

图 7-58　用行程阀的顺序动作回路

入系统，液压油从液压缸 A 的左腔进入，活塞向右运动，液压缸 A 实现动作 1。

液压缸 A 的活塞到达右端终点时，活塞挡块将二位四通阀压下，液压缸 B 的活塞向下运动，液压缸 B 实现动作 2。

当手动换向阀换向，使其右位接入系统，液压油从液压缸 A 的右腔进入，活塞向左退回，液压缸 A 实现动作 3。

当液压缸 A 的活塞挡块离开行程阀的滚轮时，行程阀复位。液压缸 B 下端进油，活塞上升，液压缸 B 实现动作 4。

四、液压系统在机床中的应用实例

以镗孔组合机床为例，讲解液压系统在机床中的应用。

组合机床是适合批量生产的高效率加工机床，它的部件标准化程度高，设计制造简单，自动化程度高。

1. 镗孔组合机床的动作循环

操作人员只需按一个按钮，此机床镗孔便可自动实现如下循环（图 7-59）：快进—工进—碰到固定挡铁停留—快退—原位停止。

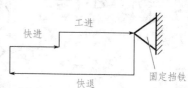

图 7-59　镗孔组合机床的动作循环

2. 镗孔组合机床的液压系统图

图 7-60 所示为镗孔组合机床的液压系统图。

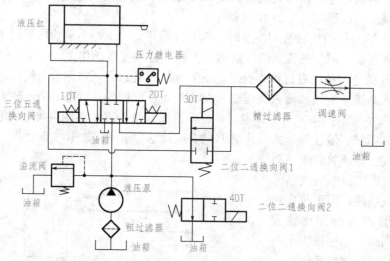

图 7-60　镗孔组合机床的液压系统图

3. 主要元件及其作用

粗过滤器：防止将污物通过泵入口吸入系统。

定量液压泵：向系统提供压力油。

溢流阀：控制系统工作压力。

二位二通换向阀 2：起卸荷作用。

二位二通换向阀 1：控制快进和工进的换接。它导通时，可以让油缸左、右两腔相通实

现差动。它关断时，油缸右腔的回油只能经调速阀回油箱。

三位五通换向阀：控制液压缸活塞的前进和后退。该阀采用电磁控制，易于实现自动化。

精过滤器：进一步过滤，确保调速阀可靠工作（因为油速越慢，调速阀的开口应越小，被脏物堵塞的可能性越大）。

调速阀：控制油缸排油流量，从而控制油缸工进速度。它的性能比节流阀好，能使速度更稳定。

压力继电器：发出电信号，指挥下一步动作。

差动液压缸：对外做功。

4. 系统的工作过程

分析图 7-60 所示液压系统图时可查阅表 7-6。

表 7-6　镗孔组合机床的电磁动作表

项目	1DT	2DT	3DT	4DT
快进	+	−	+	+
工进	+	−	−	+
快退	−	+	−	+
停留	−	−	−	−

（1）快进。按下启动按钮以后，三位五通换向阀接入左位，二位二通换向阀 1 接上位。此时的油路是：

"快进"的进油路：粗滤油器—定量液压泵—三位五通换向阀左位—液压缸左腔。

"快进"的回油路：液压缸右腔—三位五通换向阀左位—二位二通换向阀 1—液压缸左腔。

由于液压缸左、右两腔都通压力油，形成差动连接。此时，尚未镗孔，荷载较小，故系统工作压力较低，溢流阀关闭，液压缸的输出流量全部进入液压缸左腔。

（2）工进。当油箱走完"快进"行程时，活塞挡块压上预先设定的行程电气开关，于是二位二通换向阀 1 的电磁铁 3DT 失电松开。二位二通换向阀 1 换成下位，油缸工进。

"工进"的进油路：粗过滤器—定量液压泵—三位五通换向阀左位—液压缸左腔。

"工进"的回油路：液压缸右腔—三位五通换向阀左位—精过滤器—调速阀（控制油缸"工进"速度）—油箱。

（3）死挡铁停留。液压缸走完"工进"行程即被预先设定的挡块顶死不能前进。此时液压缸出口油管内的油液得不到压缩，压力将逐渐下降为零。压力继电器会发出信号，指挥下一步动作。

（4）快退。压力继电器会发出信号，三位五通换向阀的电磁铁 2DT 通电，三位五通换向阀的右位接入油路。此时的油路是：

"快退"的进油路：粗过滤器—定量液压泵—三位五通换向阀右位—液压缸右腔。

"快退"的回油路：液压缸左腔—三位五通换向阀右位—油箱。

（5）原位停留。液压缸退到原位，压上起始处的行程电气开关，二位二通换向阀 2 的电磁铁 4DT 失电，左位接入，油泵卸载。

油路：粗过滤器—定量液压泵—二位二通换向阀 2—油箱。

任务实施

1. **任务**

诊断液压动力转向加力装置的故障。

2. **任务实施所需工具**

扳手、油液等。

3. **任务实施步骤**

汽车动力转向系统最常见的故障为转向困难。诊断时应首先排除机械转向系统的故障，液压加力装置的故障多为使用中加力不足或不均匀。液压转向加力装置的故障诊断步骤如下：

(1)查看驱动液压泵的传动带使用状况，如传动带张紧度不够而打滑，应予以调整；如已损坏，应更换。

(2)检查整个转向系各油管是否破裂或接头松动，如发现有漏油之处，应加以修理。

(3)检查转向油罐油质及油量。如油已脏污，应更换新油并清洗液压泵体和滤网。如油量不足，应加油补足。使动力缸在全行程往复运动，以排出油路中的空气，并注意填足油液。

(4)检查液压泵、安全阀、动力缸内的油封、密封环等是否完好，调整是否适当，油压是否达到规定值。

同步练习

1. 常用液压元件的图形符号有哪些？

2. 换向阀的换向回路有什么特点？主要应用在什么场合？

3. 换向阀、液控单向阀的闭锁回路各有什么特点？主要应用在什么场合？

4. 减压阀的减压回路有什么特点？主要应用在什么场合？

5. 增压缸的增压回路有什么特点？主要应用在什么场合？

6. 换向阀的卸载回路有什么特点？主要应用在什么场合？

7. 进油节流调速回路有什么特点？主要应用在什么场合？

8. 回油节流调速回路有什么特点？主要应用在什么场合？

9. 变量泵调速回路有什么特点？主要应用在什么场合？

10. 慢速与快速换接回路各有什么特点？主要应用在什么场合？

11. 调速阀串联的二次进给回路有什么特点？主要应用在什么场合？

12. 调速阀并联的二次进给回路有什么特点？主要应用在什么场合？

13. 用压力控制的顺序动作回路有什么特点？主要应用在什么场合？

14. 用压力继电器的顺序动作回路有什么特点？主要应用在什么场合？

15. 用电气行程开关的顺序动作回路有什么特点？主要应用在什么场合？

16. 用行程阀的顺序动作回路有什么特点？主要应用在什么场合？

任务小结

本任务通过对液压基本回路及液压系统的实例展示，详细地分解出液压系统工作的方式。液压传动最大的优点就是能方便地实现自动控制。

汽车作为当下国民经济发展的重要力量，要求节能、环保、安全。同样，我们使用或操作的任何机械，甚至所有的工业产品都必须要求如此。所以我们通过一些先进的工艺技术或措施来实现工业产品的节能、环保、安全就显得非常重要。

任务一　了解摩擦与磨损

任务目标

1. 了解常见摩擦的类型。
2. 熟悉磨损过程的几个阶段。

任务引入

摩擦是两相互接触的物体有相对运动或相对运动趋势时，在接触处产生阻力的现象。机械运动中普遍存在摩擦现象。摩擦会带来能量损耗，使相对运动表面发热，机械效率降低，还会引起振动和噪声等。

磨损是摩擦体接触表面的材料在相对运动中由于机械作用或伴有化学作用而产生的不断损耗的现象。磨损会降低机械运动的精度和可靠性，是机械零件报废的主要原因；而对机械零件进行磨削、研磨和抛光等降低表面粗糙度值的精加工，以及对刀具的刃磨等也是利用磨损的原理。

知识链接

一、机械中的摩擦

●机械中常见摩擦有哪些类型？

机械中常见摩擦有两大类：一类是发生在物质内部，阻碍分子间相对运动的内摩擦；另一类是在物体接触表面上产生的阻碍使其相对运动的外摩擦。

相互摩擦的两个物体称为摩擦副。对于外摩擦，根据摩擦副的运动状态分为静摩擦和动摩擦；根据摩擦副的运动形式分为滑动摩擦和滚动摩擦；根据摩擦副的表面润滑状态分为干摩擦[图 8-1(a)]、边界摩擦[图 8-1(b)]、液体摩擦[图 8-1(c)]和混合摩擦。

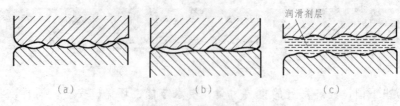

图 8-1　摩擦的种类

(a)干摩擦；(b)边界摩擦；(c)液体摩擦

●什么是干摩擦？什么是边界摩擦？什么是液体摩擦？什么是混合摩擦？

1. 干摩擦

通常把摩擦面不加润滑剂时的摩擦称为干摩擦，如图 8-1(a)所示。干摩擦时，摩擦面直接接触，摩擦因数大，摩擦力大，磨损和发热严重。除利用摩擦力工作的场合之外(如刹车片)，应尽量避免干摩擦。

2. 边界摩擦

两摩擦表面间有润滑油存在，由于润滑油与金属表面的吸附作用，在金属表面上形成极薄的边界油膜，边界油膜的厚度小于 $1\ \mu m$，不足以将两金属表面分隔开，所以相互运动时，两金属表面微观的高峰部分将互相搓削，这种状态称为边界摩擦，如图 8-1(b)所示。边界摩擦可起减轻磨损的作用。

边界摩擦的润滑剂膜强度低，容易破裂，致使摩擦副部分表面直接接触，从而产生磨损，但摩擦和磨损状况优于干摩擦。

3. 液体摩擦

在摩擦副间施加充足润滑剂后，摩擦副的表面被一层具有一定压力和厚度的压力油膜完全隔开；此时只有液体内部、液体与金属表面之间的摩擦，称为液体摩擦。如图 8-1(c)所示。换言之，形成的压力油膜可以将重物托起，使其浮在油膜上。液体摩擦中摩擦副的表面不直接接触，摩擦因数很小，显著减小了摩擦和磨损。这是一种理想的摩擦类型。

4. 混合摩擦

混合摩擦中摩擦表面仍有少量直接接触，大部分处于液体摩擦，故摩擦和磨损状况优于边界摩擦，但比液体摩擦差。

边界摩擦、液体摩擦和混合摩擦都是在施加润滑剂的条件下呈现的，故又分别称为边界润滑、液体润滑和混合润滑。另外，这三种摩擦状态与荷载、速度、润滑剂的黏度等参数有关。随着参数的改变，这三种摩擦状态可以相互转化。

二、机械中的磨损

●常见磨损有哪些类型？

磨损一般来源于摩擦，但在具体工作条件下影响磨损的因素很多。一般地说，磨损随着荷载和工作时间的增加而增加，软材料比硬材料磨损严重。

1. 磨损的类型

按磨损的损伤机理和破坏特点，可将磨损分为四种类型——黏着磨损、磨粒磨损、表面疲劳磨损、腐蚀磨损。

●什么是黏着磨损？什么是磨粒磨损？什么是表面疲劳磨损？什么是腐蚀磨损？

（1）黏着磨损。黏着磨损又称咬合磨损，它是指滑动摩擦时，摩擦副接触面局部发生金属黏着，在随后相对滑动中，黏着处被破坏，有金属屑粒从零件表面被拉曳下来或零件表面被擦伤的一种摩擦形式。

减缓或避免措施：合理地选择相互摩擦的材料（如相互摩擦的材料选择不同金属）；采用表面热处理；限制摩擦表面温度；控制压强；采用含有油性极压添加剂的润滑油等。

（2）磨粒磨损。磨粒磨损是指由外界硬质颗粒或硬表面的微峰，在摩擦副对偶表面相对运动过程中，引起表面擦伤与表面材料脱落的现象。其特征是在摩擦副对偶表面沿滑动方向形成划痕。如犁铧和挖掘机铲齿的磨损。

（3）表面疲劳磨损。表面疲劳磨损是指摩擦副对偶表面做滚动或滚滑复合运动时，交变接触应力的作用使表面材料疲劳断裂而形成点蚀或剥落的现象，常发生在滚动轴承、齿轮等接触面上。

减缓或避免措施：提高材料的纯洁度（如限制非金属夹杂物的含量）；表面应尽量光洁，避免刀痕或磨痕；采用表面强化工艺，以提高硬度；选用合适的润滑剂。

（4）腐蚀磨损。腐蚀磨损是指摩擦副对偶表面在相对滑动过程中，表面材料与周围介质发生化学反应或电化学反应，并伴随机械作用而引起的材料损失的现象。如化工设备中与腐蚀介质接触的零部件的腐蚀磨损。

2. 磨损的过程

除了液体摩擦状态外，其余的摩擦状态总要伴随着磨损。在规定的年限内，只要磨损量不超过许用值，可以认为是正常磨损。磨损量可以用体积、质量、厚度来衡量。单位时间（或单位行程、每一转、每一次摆动）内材料的磨损量称为磨损率，如图 8-2 所示。

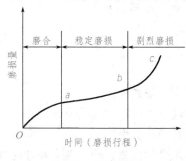

图 8-2　磨损过程

根据磨损曲线，可以将磨损过程分为三个阶段。磨损曲线上某点的切线反映了此点处磨损的快慢；切线斜率越大，磨损越快。

●磨损过程分为哪三个阶段？

（1）磨合阶段（Oa 段）。摩擦副在运行初期，由于摩擦表面的表面粗糙值较大，实际接触面积较小，因此磨损率较大。随着磨合的进行，表面微峰峰顶逐渐磨去，表面粗糙度值降低，实际接触面积增大，接触点数增多，磨损率降低，为稳定磨损阶段创造了条件。

为了避免磨合阶段损坏摩擦副，磨合阶段多采取在空车或低负荷下进行。为了缩短磨合时间，也可采用含添加剂和固体润滑剂的润滑材料，在一定负荷和较高速度下进行磨合。

磨合结束后，应进行清洗并换上新的润滑材料。

（2）稳定磨损阶段（ab段）。这一阶段磨损缓慢且稳定，磨损率基本保持不变，属正常工作阶段，图中相应的横坐标就是摩擦副的耐磨寿命。

（3）剧烈磨损阶段（bc段）。经过长时间的稳定磨损后，由于摩擦表面间的间隙和表面形貌的改变，以及表层的疲劳，磨损率急剧增大。这使机械效率下降，精度降低，产生异常振动和噪声，摩擦副温度迅速升高，最终导致摩擦副完全失效。

有时也会出现下列情况：

（1）在磨合阶段与稳定磨损阶段无明显磨损。当表层达到疲劳极限后，就产生剧烈磨损，滚动轴承多属于这种类型。

（2）磨合阶段磨损较快，当转入稳定磨损阶段后，在很长的一段时间内磨损甚微，无明显的剧烈磨损阶段。一般特硬材料（如刀具等）的磨损就属于这一类。

（3）某些摩擦副的磨损，从一开始就存在逐渐加速磨损的现象，如阀门的磨损就属于这种情况。

任务实施

1. 任务
了解摩擦磨损试验机。

2. 任务实施所需工具
计算机或智能手机、互联网等。

3. 任务实施步骤
（1）通过互联网，了解摩擦磨损试验机的类型、用途、工作原理、操作方法等。

（2）将所了解的内容列出表格，并填写出来。

同步练习

1. 什么是摩擦？常见摩擦有哪些类型？

2. 什么是干摩擦？什么是边界摩擦？什么是液体摩擦？什么是混合摩擦？

3. 什么是磨损？常见磨损有哪些类型？

4. 什么是黏着磨损？什么是磨粒磨损？什么是表面疲劳磨损？什么是腐蚀磨损？

5. 磨损失效过程分为哪三个阶段？各有什么特点？

任务小结

摩擦不但耗功耗能、降低生产效率、发热，而且还导致零件磨损，给"节能环保安全"带来很大的负面效应。读者可以看一看一些机器是怎么减小摩擦、降低磨损的，同时，请思考一下有没有更好的方法减小摩擦、降低磨损。

当然，摩擦也有有利的一面，在螺纹连接、摩擦传动和制动，以及各种车辆的驱动能力等方面还必须依赖摩擦。

任务二 了解机器的润滑

任务目标

1. 了解常见润滑材料的类型。
2. 能对机器进行正确的润滑。

任务引入

汽车零件的相对运动同样会产生摩擦、磨损，造成噪声和振动。为了减小摩擦、降低磨损，无论是汽车还是其他机械产品都要定期进行润滑。

知识链接

一、润滑材料

●润滑的主要目的是什么？常见润滑材料有哪些？

润滑的主要目的是减少摩擦和磨损，以提高零件的工作能力和使用寿命，同时起冷却、防尘、防锈作用。

常见润滑材料有润滑油和润滑脂。润滑油中矿物油用得最多。

1. 润滑油

●润滑油的主要性能指标是什么？什么是动力黏度，什么又是运动黏度？

润滑油的内摩擦系数小，流动性好，是应用最广的一种润滑剂。工业用润滑油有合成油和矿物油两类。其中，矿物油资源丰富，价格便宜，适用范围广。

润滑油的主要性能指标是黏度，它表示润滑油流动时内部摩擦力的大小。黏度可分为：

(1)动力黏度。定义为长、宽、高各为 1 m 的油立方体，上、下平面产生 1 m/s 的相对速度所需的切向力，用 η 表示，单位为 Pa·s(即 N·s/m²)，主要用于流体动力计算。

(2)运动黏度。定义为液体动力黏度与其同温度下密度的比值，用 ν 表示，即 $\nu = \eta/\rho$，单位为 m²/s，常用 mm²/s。工业上常用运动黏度作为润滑油的性能指标。

润滑油的牌号是以 40 ℃时油的运动黏度中心值来划分的。例如，某一牌号 L-HL32 液压油是指温度在 40 ℃时运动黏度为 28.8～35.2 mm²/s(中心值为 32 mm²/s)的液压油。牌号越大的润滑油，其黏度值也越大，油越黏稠。

●工业上常用的润滑油有哪些，其用途有哪些？

工业上常用的润滑油及其用途见表 8-1。

表 8-1　工业上常用的润滑油及其用途

名　称	牌号	主要质量指标					主要性能和用途
		运动黏度 /(mm² · s⁻¹) (40 ℃)	凝点 /℃ (≤)	倾点 /℃ (≤)	闪点 /℃ (≥)	黏度 指数 (≥)	
L—AN 全损耗系统用油 (GB 443-1989)	15	13.5～16.5	−15		150		适用于对润滑油无特殊要求的轴承、齿轮和其他低负荷机械等部件的润滑，不适用于循环系统
	22	19.8～24.2	−15		170		
	32	28.8～35.2	−15		170		
	46	41.4～50.6	−10		180		
	68	61.2～74.8	−10		190		
L—HL 液压油 (GB 11118.1-2011)	32	28.8～35.2		−6	175	80	抗氧化、防锈、抗浮化等性能优于普通机油。适用于一般机床主轴箱、齿轮箱和液压系统及类似的机械设备的润滑
	46	41.4～50.6		−6	185	80	
	68	61.2～74.8		−6	195	80	
	100	90.0～100		−6	205	80	
L—CKB 工业闭式齿轮油 (GB 5903-2011)	100	90～110		−8	180	90	具有抗氧防锈性能。适用于正常油温下运转的轻载荷工业闭式齿轮润滑
	150	135～165		−8	200	90	
	220	198～242		−8	200	90	
	320	288～352		−8	200	90	

● 工业上常用润滑油的主要质量指标有哪些？

（1）润滑油的凝点：是指油在规定条件下，冷却至停止移动时的最高温度，以℃表示。凝点越高，其低温流动性越差；反之则亦然。

（2）润滑油的倾点：是指油在规定条件下，被冷却了的试油在温度升高的过程中能流动时的最低温度，以℃表示。

倾点和凝点一样都是用来表示石油产品低温流动性能的指标，不同的是倾点和凝点测试过程刚好相反，其测试值也不尽相同，但对同一种润滑油品测试值趋于同一数值。

（3）润滑油的闪点：是指油在规定条件下，加热油品所逸出的蒸气和空气组成混合气体与火焰接触发生瞬间起火的最低温度，以℃表示。

润滑油的闪点从某种意义上决定了润滑油使用的最高温度，一般情况下实际的使用温度应比润滑油闪点低 20 ℃～30 ℃。

（4）润滑油的黏度指数：是表示油品黏度随温度变化的一个约定量值。

黏度指数高，表示油品的黏度随温度变化较小，反之亦然。也就是说，润滑油黏度指数越高，润滑油在使用过程中黏度随温度的变化越小。

● 如何选择润滑油？

高速和较高温度的场合，应优先选用油润滑。选择润滑油的黏度时，应考虑工作压力、滑动速度、摩擦表面状况、润滑方式等条件。一般原则如下：

（1）在压力大或冲击、变载等工作条件下，应选用黏度高的油。

（2）滑动速度高时，容易形成油膜，为了减小摩擦功耗，应采用黏度较低的油。

（3）加工粗糙或未经跑合的表面，应选用黏度较高的油。

(4)循环润滑、芯捻润滑或油垫润滑时，应采用黏度较低的油，飞溅润滑应选用高品质、能防止与空气接触而氧化变质或因激烈搅拌而乳化的油。

(5)低温工作的轴承应选用凝点低的油。在同一机器和相同工作条件下，对不同润滑油进行试验，功耗小而温升又较低的润滑油，其黏度较为适宜。

2. 润滑脂

●常用润滑脂的主要质量指标有哪些？

轴颈速度为 $1 \sim 2$ m/s 的滑动轴承可以采用润滑脂。润滑脂是润滑油（占 70 %～90 %）与稠化剂、添加剂等的膏状混合物，俗称黄油。它的稠度大，不易流失，承载力也较大，但物理和化学性质不如润滑油稳定，摩擦功耗大，不宜在温度变化大或高速下使用。润滑脂的主要物理性能指标是针入度和滴点。

针入度即润滑脂的稠度，是将重力为 1.5 N 的标准圆锥体放入 25 ℃ 的润滑脂试样中，经 5 s 后所沉入的深度，以 0.1 mm 为单位。

滴点是指在规定条件下加热，润滑脂从标准量杯的孔口滴下第一滴油时的温度为滴点，滴点决定润滑脂的最高使用温度。

●工业上常用的润滑脂有哪些？其用途有哪些？

工业上应用最广的润滑脂是钙基润滑脂，它在 100 ℃ 附近开始稠度急剧降低，因此一般在 60 ℃ 以下使用。钠基润滑脂滴点高，一般应在 120 ℃ 以下，比钙基润滑脂耐热，但怕水。锂基润滑脂有一定的抗水性和较好的稳定性，适用于 -20 ℃～120 ℃。常用的润滑脂及其用途见表 8-2。

表 8-2 常用的润滑脂及其用途

名称	代号	滴点 /℃(≥)	针入度 /(10^{-1} mm)	性能和主要用途
钙基润滑脂 (GB/T 491-2008)	1 2 3	80 85 90	310～340 265～295 220～250	耐水性好，但耐热性差，用于各种工农业、交通运输设备的中速、中低荷载轴承润滑，特别是有水、潮湿处
钠基润滑脂 (GB 492-1989)	2 3	160 160	265～295 220～250	耐热性很好但不耐水，用于工作温度在 -10 ℃～110 ℃ 的一般中等荷载机械设备中工作的轴承的润滑
通用锂基润滑脂 (GB/T 7324-2010)	1 2 3	170 175 180	310～340 265～295 220～250	多效通用润滑脂适用于各种机械设备的滚动轴承和滑动轴承及其他摩擦部位的润滑。使用温度为 -20 ℃～120 ℃
7407 号齿轮润滑脂 (SH/T 0469-1994)		160	75～90	用于各种低速，中、高荷载齿轮、链和联轴器的润滑。使用温度小于 120 ℃
滚珠轴承 润滑脂 (SY1514-1982)		120	250～290	具有良好的润滑性能，用于汽车、电动机、机车及其他机械中滚动轴承的润滑

二、润滑方法

选择润滑剂后，还必须用合适的方法输送到各摩擦部位，对摩擦部位的润滑情况进行监控、调节和维护，以确保机械设备处于良好的润滑状态。

1. 油润滑

●油润滑的供给方法有哪些？

润滑油供给可以是间歇的，也可以是连续的。用油壶注油或提起针阀通过油杯注油，只能达到间歇润滑作用。连续供油比较可靠。

(1)滴油润滑。低速和间歇工作的部件，可以定期用油枪向油孔内注油。为防止污物进入，可以在油孔上加装压注油杯，如图8-3(a)~(c)所示。

图8-3(d)所示为针阀式注油油杯。当手柄卧倒时，针阀受弹簧推压向下而堵住底部油孔。手柄转90°变为直立状态时针阀上提，下端油孔敞开，润滑油流进需润滑的部位，调节油孔开口大小可以调节流量。针阀式注油油杯也可用于连续润滑。

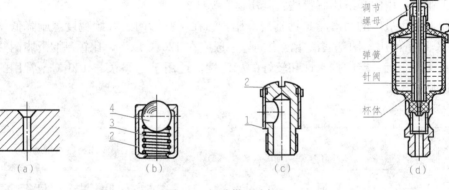

图 8-3　间歇供油油杯

(a)油孔；(b)压配式压注油杯；(c)旋套式注油油杯；(d)针阀式注油油杯

1—旋套；2—杯体；3—弹簧；4—钢球

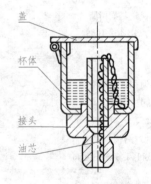

图 8-4　芯捻或线纱润滑

(2)芯捻或纱线润滑。用毛线或棉线做成芯捻或用线纱做成线团浸在油槽里，利用毛细管作用把油引到滑动表面，如图8-4所示。这种连续润滑办法不易调节供油量。

(3)油环润滑。轴颈上套有轴环(油环)，油环下垂浸到油池里，轴颈回转时把油带到轴颈上，如图8-5所示。这种连续供油装置只能用于水平而连续运转的轴颈。但是，速度过高，油环上的油液会被甩掉；速度过低，油环不能把油液带起。因此，其适用的转速范围为60~100 r/min<转速 n<1 500~2 000 r/min。

(4)飞溅润滑。飞溅润滑是当密封在机箱中的回转零件的旋转速度较大时，将润滑油从油池溅洒雾化成小滴带到摩擦副上形成自动润滑；或者是先集中到集油器中，然后再经过设计好的油槽流入润滑部位。飞溅润滑主要用于润滑齿轮、蜗轮减速器装置，齿轮圆周速度一般不超过12~14 m/s。以齿轮减速器为例，利用浸入油中的齿轮转动，将润滑油飞溅成的油沫沿着箱壁流入油槽，再流入轴承中，如图 8-6 所示。

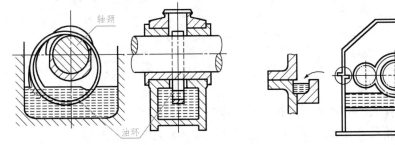

图 8-5　油环润滑

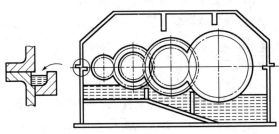

图 8-6　飞溅润滑

(5)浸油润滑。部分轴承直接浸在油中，以润滑轴承。

(6)压力循环润滑。压力循环润滑可以供应充足的油量来润滑和冷却需润滑的部件，如图 8-7 所示。它是利用油泵的压力让润滑油经过润滑系统强制地供给到需润滑的表面，油泵的供油压力通常为 0.1～0.5 MPa。在重载、振动或交变荷载的工作条件下，能取得良好的润滑效果。

2. 脂润滑

● 脂润滑的供给方法有哪些？

润滑脂只能间歇供应。润滑杯(黄油杯)是应用得最广的脂润滑装置，如图 8-8 所示。润滑脂储存在杯体里，杯盖用螺纹与杯体连接，旋拧杯盖可以将润滑脂压送到轴承孔内；也常见用黄油枪向轴承补充润滑脂。润滑脂也可以集中供应。

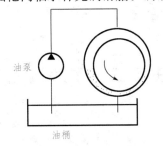

图 8-7　压力循环润滑

图 8-8　黄油杯

任务实施

1. 任务

清洗汽车发动机润滑系统中油道的油污。

2. 任务实施所需工具

稀机油或滤清的优质柴油、注油装置等。

3. 任务实施步骤

(1)将废机油放净。

(2)向发动机油底壳内注入稀机油或经过滤清的优质柴油，其数量相当于油底壳标准油面容量的 60%～70%。

(3)使发动机怠速运转 2～3 min。

(4)将洗涤油放净。

同步练习

1. 润滑的主要目的是什么？常用的润滑材料有哪些？
2. 润滑油的主要性能指标是什么？什么是动力黏度，什么又是运动黏度？
3. 工业上常用的润滑油有哪些，运用于什么场合？
4. 工业上常用的润滑油的主要质量指标有哪些？
5. 如何选择润滑油？
6. 常用的润滑脂的主要质量指标有哪些？
7. 工业上常用的润滑脂有哪些，用途有哪些？
8. 油润滑的供给方法有哪些？
9. 脂润滑的供给方法有哪些？

任务小结

润滑是目前机械产品中零件减小摩擦、降低磨损最主要、最有效的方法，当然我们也可从生产零件的材料、加工质量等方面去探索，读者可以在互联网上查找一下其他措施。

任务三　了解机械密封常识

任务目标

1. 了解密封的用途。
2. 认识密封的分类。

任务引入

为防止机械装置内部的水、油等液态物质的渗漏和外部水分、灰尘进入机器内部，机器常设置密封装置，如手表的防水圈，高压锅、水龙头的密封圈。

密封分为静密封和动密封两大类。两零件间结合面没有相对运动的密封称为静密封，如减速器上下箱体凸缘处的密封等。动密封可分为往复动密封、旋转动密封、盒螺旋动密封。下面只介绍旋转动密封，其又分为接触式和非接触式两类。

知识链接

密封的目的是阻止润滑剂流失，防止灰尘、水分等的侵入而加速轴承的磨损与锈蚀。

密封是在轴承盖内放置软材料与转动轴直接接触而起密封作用。常用的软材料有细毛毡、橡胶、皮革、软木等；或者放置耐摩性好的硬质材料（如加强石墨、青铜、耐磨铸铁等）与转动轴直接接触以进行密封。

密封方式主要分接触式密封、非接触式密封和组合密封三类。

一、接触式密封

●常用的接触式密封有哪些种类？

1. 毡圈密封

如图 8-9(a)所示，矩形截面的毛毡圈被安装在梯形槽内，它对轴产生一定的压力而起到密封作用。毡圈为标准化密封元件，毡圈内径略小于轴的直径。将毡圈装入轴承盖的梯形槽中，一起套在轴上，利用其弹性变形后对轴表面的压力，封住轴与轴承盖的间隙。装配前，毡圈应先放在黏度稍高的油中充分浸渍。

毡圈密封有压紧力不可调[如图 8-9(b)]和压紧力可调[如图 8-9(c)]两种形式。

毡圈密封主要用于脂润滑，工作环境是比较清洁的轴承密封。一般接触处的轴颈圆周速度 v 不超过 4～5 m/s，允许工作温度可达 90 ℃。如果轴表面经过抛光，毛毡质量较好，轴颈圆周速度 v 可允许到 7～8 m/s。毡圈密封结构简单，易于更换，成本较低。

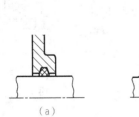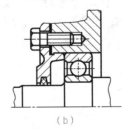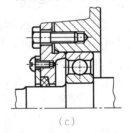

(a)　　　　　　　　(b)　　　　　　　　(c)

图 8-9　毡圈密封

(a)毡圈密封示意图；(b)压紧力不可调；(c)压紧力可调

2. 皮碗密封

唇形密封圈用皮革或耐油橡胶制成，有的具有金属骨架，有的没有骨架，唇形密封圈是标准件。有骨架的唇形密封圈如图 8-10(a)所示，它由骨架、紧箍弹簧和橡胶密封体组成。唇形密封圈依靠橡胶密封体自身的弹性和弹簧的压力，压紧在轴上实现密封。

密封唇向外，主要用于防止灰尘、杂质进入，如图 8-10(b)所示。密封唇向里，主要用于防止漏油，如图 8-10(c)所示。反向装两个密封圈（双唇式），既可防漏油，又可防尘，如图 8-10(d)所示。

皮碗密封效果好，易装拆，主要用于脂润滑或油润滑、轴线速度 $v≤12～14$ m/s、工作温度在−40 ℃~100 ℃的密封。

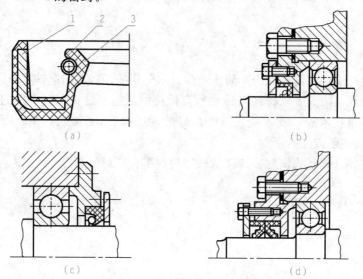

图 8-10 皮碗密封

(a)有骨架的唇形密封圈；(b)密封唇向外；(c)密封唇向里；(d)双唇式密封图

1—骨架；2—紧箍弹簧；3—橡胶密封体

3. 机械密封

如图 8-11 所示，动环 1 固定在轴上，随轴转动；静环 3 固定于轴承盖内。在液体压力和弹簧 2 的压力作用下，动环与静环的端面紧密贴合，构成良好密封，故又称端面密封。

机械密封已标准化。机械密封具有密封性好、摩擦损耗小、工作寿命长和使用范围广等优点，用于高速、高压、高温、低温或强腐蚀条件下的转轴密封。

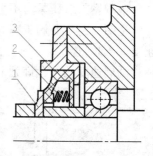

图 8-11 机械密封

1—动环；2—弹簧；3—静环

二、非接触式密封

使用接触式密封，总要在接触处产生滑动摩擦。而使用非接触式密封，就能避免此缺点。

●常用的非接触式密封有哪些种类?

1. 缝隙密封

如图 8-12(a)所示，在轴和轴承盖的通孔壁之间留一个细小的环形间隙，间隙越小越长，效果越好，半径间隙通常取0.1~0.3 mm。这对使用脂润滑的轴承来说，已具有一定的密封效果。如果在轴承盖上车出几个沟槽，在沟槽中填以润滑脂，可以提高密封效果，如图 8-12(b)所示。该

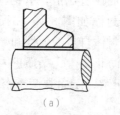
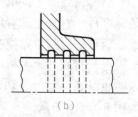

(a)　　　　(b)

图 8-12 缝隙密封

种密封适用于干燥、清洁环境中脂润滑的工作条件。

2. 曲路密封(迷宫式密封)

当环境比较脏和比较潮湿时，采用曲路密封是相当可靠的，如图 8-13 所示。迷宫式密封主要用于脂润滑或油润滑。工作温度不高于密封用脂的滴点。这种密封效果可靠。

曲路是将旋转的轴套和固定的轴承盖之间的间隙做成曲路(迷宫)形式；在间隙中充填润滑油或润滑脂，以加强密封效果。根据部件的结构，曲路的布置可以是径向的，如图 8-13(a)所示；也可以是轴向的，如图 8-13(b)所示。

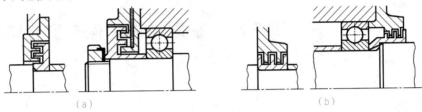

图 8-13　曲路密封(迷宫式密封)
(a)径向曲路密封；(b)轴向曲路密封

三、组合密封

组合密封是将接触式密封或非接触式密封进行组合，主要用于需要加强密封效果的场合，其组合方式很多。例如，毛毡加曲路密封，这是组合密封的一种形式，可充分发挥各自的优点，提高密封效果。

任务实施

1. 任务
了解汽车密封条。
2. 任务实施所需要的设备
计算机或智能手机、互联网等。
3. 任务实施步骤
(1)通过互联网，了解汽车密封条的类型、特点及应用场合等。
(2)将所了解的内容列出表格，并填写出来。

同步练习

1. 密封的主要目的是什么？如何进行密封？
2. 密封可分为哪三类？
3. 接触式密封主要有哪些？
4. 非接触式密封主要有哪些？

任务小结

通过对密封的学习，能够初步了解密封的相关方法，读者可去学校的实训室或工厂现场看一看、学一学。

任务四 掌握机械环保与安全防护常识

任务目标

1. 掌握机械振动与噪声的抑制方法。
2. 能对机械进行常规的安全防护。

任务引入

汽车作为一个工业产品，必须注重环保和安全。现在国家正大力推行电动汽车等节能环保汽车，安全更是汽车的第一生命。所有的机械产品都一样，我们必须全面考虑产品的环保与安全。

知识链接

一、机械环保常识

●机械环保常识有哪些内容？

1. 机械对环境的污染

环境污染物按性质分为化学污染、物理污染和生物污染。部分机械产品在工作时会产生噪声等物理污染，使用过的润滑油、机油、金属切削液等发生泄漏，会对环境产生化学污染。

2. 机械振动与噪声的抑制

(1)减振。采用减振措施可以有效地抑制与消除振动。在机械装置中，振动源与机座间设置弹簧、弹簧片，可以有效抑制振动、减少噪声。如电冰箱压缩机、洗衣机的甩干桶采用三根弹簧悬挂于机座上来减少振动；汽车采用板簧(图8-14)，以减少振动等。

(2)减振沟。磨床、空气锤采用减振沟来互相隔离，减少振动，并消除相互影响。

(3)消声器。发动机在工作时会产生很大的噪声，加装消声器可以有效减少噪声干扰。

常见的发动机消声器如图 8-15 所示。

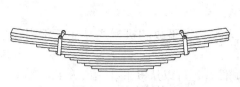

图 8-14　汽车板簧

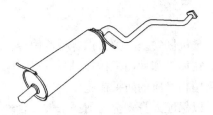

图 8-15　常见的发动机消声器

（4）消除噪声源。采用电动机代替发动机和采用液压传动代替机械传动，都可以从源头消除噪声。如电动自行车比摩托车噪声低很多。

（5）减少噪声干扰。大型空压机等噪声源单独设立在空气站机房中，与工作区间用管道相连；分体式空调器将噪声源设置于室外，都是减少噪声干扰的有效办法。

3. 机械"三废"的减少及回收

在机械生产中，难免会产生废气、废水与固体废弃物，合称"三废"。要采取有效的环保措施，减少"三废"。

（1）生产过程中注意防止泄漏。例如，为使切削液循环利用和有效回收铁屑，在车床上设置了油盘，如图 8-16 所示。

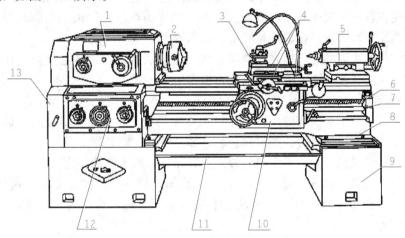

图 8-16　车床油盘

1—主轴箱；2—卡盘；3—刀架；4—滑板；5—尾座；6—丝杠；7—光杠；8—床身；
9—床腿；10—油板箱；11—油盘；12—进给箱；13—挂轮箱

（2）采用高效发动机，提高燃料利用功率；不轻易使用丙酮、氯仿、氟利昂、汽油等挥发性清洗剂；不在生产区焚烧废弃物等，都是减少废弃物的有效手段。

（3）"三废"又称为"放在错误地点的资源"，不能再使用的切削液、更换下来的机油、机器设备用过的电池应集中保存，送专业部门集中处理，将其回收利用，变废为宝，不可随意倒入下水道和随意丢弃。

二、机械安全防护常识

●机械安全防护常识有哪些内容？

在加工和使用机械产品的工程中，要防止人身伤害事故和机械产品非正常损坏事故，需采用相对应的防护措施。

以保证人身安全为前提条件，合理使用机械设备，可以从以下几方面入手：

(1)建立安全制度。根据行业特点和企业实际，建立相符合的安全制度。如机械加工厂规定：必须穿工作服上班，不留长辫子，不穿高跟鞋，不戴手套操作旋转机床，车间配置安全检查员，交接班制度等。

(2)采取安全措施。为防止人身伤害，机械产品在自身制造和使用过程中应采取相应安全措施。

①隔离。将运动的机械部件，带高温、高压的机械部件用防护罩隔离，如机床的防护罩。

②警告。在危险部位设置警告牌、采用语音提示等方式，如车间"起重臂下严禁站人"等提示。

③保护。设置保护机构，在可能发生安全事故时停止机器工作，保护人身安全。如冲床的保护装置，在操作人员失误时冲床可以自动停止工作，起到保护操作工安全的作用。

④降低伤害程度。采取措施降低伤害程度。如在噪声巨大的加工车间佩戴耳罩，在灰尘严重的铸造车间戴口罩，在焊接时使用护目镜等。

⑤机械零件的表面处理。抛光、电镀、发蓝等方法都能有效地起到防锈作用。常用的防锈方法如涂抹防锈油、油漆等也能起到防护作用。

(3)合理包装。

①对要求不高、不易损坏的机械，可以采取简易包装；体积小、轻质的机械产品或机械零件，可采用纸盒或塑料袋、塑料盒包装，如小螺钉、螺母等。

②要求较高的机械产品采用木箱包装，包装箱要求防水防潮，内部敷设油毡或塑料膜，机械先用塑料罩包装，放入干燥剂后再装入包装箱；较重的机械还要考虑包装箱的强度，在吊装和运输过程中不致损坏；包装箱要有明显标识，标明产品名称、质量、生产单位、放置要求等内容。

机械环保与安全防护是系统工程，涉及机械行业的方方面面，包括烟尘处理、污水处理、环境工程、安全工程、职业安全与健康、循环经济、安全管理等。机械环保与安全防护技术的迅速发展将推动我国整个机械工业的快速发展。

任务实施

1. 任务

深入制造企业了解其环保与安全防护常识。

2. 任务实施所需工具

笔、记录本、相机等。

3. 任务实施步骤

（1）深入本地企业，从墙上张贴的注意事项，制造车间的设备、工艺的安排，"三废"的处理等方面了解其环保与安全防护的内容和措施。

（2）将了解的内容记录下来。

同步练习

1. 环境污染物按性质分为哪几种？
2. 可以采取哪些方式对机械振动和噪声进行抑制？
3. 机械生产中"三废"是哪三种？
4. 机械安全防护可以从哪些方面入手？

任务小结

读者在以后生产或使用机械产品时一定要充分、全面考虑产品的环保与安全。读者更可以在产品的环保与安全方面做些创新和探索。

参 考 文 献

［1］王亚双．工程力学［M］．北京：机械工业出版社，2018．

［2］王希波．机械基础（第6版）［M］．北京：中国劳动社会保障出版社，2018．

［3］张国军．机械基础（多学时）［M］．北京：北京理工大学出版社，2016．

［4］李志江．模具机械加工与手工制作［M］．北京：机械工业出版社，2016．

［5］闫宏生．工程材料（第2版）［M］．北京：中国铁道出版社，2017．

［6］邱宣怀．机械设计（第四版）［M］．北京：高等教育出版社，1997．

［7］王毓敏．工程材料成型与应用［M］．重庆：重庆大学出版社，2005．

［8］郑志祥、徐锦康、张磊．机械零件［M］．北京：高等教育出版社，2000．

［9］马永林．机械原理［M］．北京：高等教育出版社，2005．

［10］劳动部培训司组织编写．机械基础（第二版）》［M］．北京：中国劳动出版社，
1997．